高等职业技术教育电子电工类系列教材

电子技术基础

（第四版）

主　编　苏莉萍
副主编　汪晓红　齐文庆
参　编　姚常青　杨建康　李付婷　冯秀萍
主　审　刘泉海

西安电子科技大学出版社

内 容 简 介

本书是依据教育部最新制定的《高职高专教育基础课程教学基本要求》编写的，自出版以来深受广大读者的厚爱，选作教材的学校遍及全国各地。在此基础上，第四版调整了部分内容，并删去或更换了个别例题和习题，使内容更加贴近高等职业技术教育的特点。

全书内容分为三篇，即模拟电子技术基础（常用电子元器件认知与测量，单管放大电路，多级放大电路及集成运算放大器，负反馈放大电路，集成运算放大器应用电路，正弦波振荡器，直流稳压电路）、数字电子技术基础（数字电路基础知识，集成逻辑门电路，组合逻辑电路，集成触发器，时序逻辑电路，脉冲产生电路和定时电路，模/数和数/模转换）和电子技术基础实验。

本书可作为高等职业院校电子电工类专业或相近专业的教材，也可供有关专业的工程技术人员参考。

图书在版编目(CIP)数据

电子技术基础/苏莉萍主编. —4 版.
—西安：西安电子科技大学出版社，2017.4(2020.11 重印)
ISBN 978 - 7 - 5606 - 4168 - 3

Ⅰ. ① 电… Ⅱ. ① 苏… Ⅲ. ① 电子技术 Ⅳ. ① TN

中国版本图书馆 CIP 数据核字(2017)第 050214 号

策　　划　马乐惠
责任编辑　马　琼　马乐惠
出版发行　西安电子科技大学出版社(西安市太白南路 2 号)
电　　话　(029)88242885　88201467　　邮　编　710071
网　　址　www.xduph.com　　　电子邮箱　xdupfxb@pub.xaonline.com
经　　销　新华书店
印　　刷　陕西天意印务有限责任公司
版　　次　2017 年 4 月第 4 版　2020 年 11 月第 24 次印刷
开　　本　787 毫米×1092 毫米　1/16　印张　21.5
字　　数　508 千字
印　　数　113 001～116 000 册
定　　价　43.00 元
ISBN 978 - 7 - 5606 - 4168 - 3/TN
XDUP 4460004 - 24

第 四 版 前 言

本书是在《电子技术基础》(第三版)的基础上重新修编的。

此次修订仍保持了第三版教材理论讲解与技能培养相结合的特点,重点突出,内容精练,通俗易懂,适合职业教育教学需求。修订中对部分章节进行了适当的调整和增减,主要修改内容如下:

(1)对教材各课题中的图形符号进行了规范处理,以保证全书符号的一致性和准确性。

(2)对教材各课题中的文字叙述部分进行了调整,使文字阐述更加规范严密,通俗易懂。

(3)根据电子技术的发展需求,在课题一中新增了"排电阻"等内容。

(4)根据读者建议,对课题三中"差动放大器"一节做了较大的修改,使该节知识更适合讲解和更容易被接受。同时,对课题十、课题十一和课题十二的内容也进行了较大幅度的改动,使其逻辑功能性更加明晰规范,容易被理解掌握。

(4)在实验部分增加了实验8"波形发生电路"。

(5)对附录部分进行了内容更新,以增强其实用性。

本书由陕西工业职业技术学院苏莉萍任主编。课题一、四、六由苏莉萍修编;课题二由陕西工业职业技术学院姚常青修编;课题三、七由咸阳师范学院冯秀萍修编;课题五由陕西能源职业技术学院杨建康修编;课题八、九、十、十一、十二由陕西工业职业技术学院汪晓红修编;课题十三、十四及实验部分由陕西工业职业技术学院齐文庆修编;附录部分由西安城市建设学院李付婷老师修编整理。

本教材由陕西工业职业技术学院刘泉海教授主审,国家级名师刘雨棣教授亦参加了审稿,并对本次修订工作提出了宝贵意见。

本书前三版得到了很多师生和读者的关怀,他们提出了许多宝贵的修改意见,陕西省茂陵博物馆的李利粉同志对本次修订工作给予了大力的支持和帮助,在此一并表示感谢。

由于编者水平有限,书中难免有疏漏和不妥之处,敬请广大教师和读者批评指正。

编　者
2016 年 5 月

第 一 版 前 言

本书是依据 1999 年 8 月教育部高教司制定的《高职高专教育基础课程教学基本要求》和《高职高专教育专业人才培养目标及规格》的精神，参照陕西省职业技术教育学会电子电工教学委员会组织讨论并确定的高等职业院校电子电工类专业"电子技术基础"教学大纲编写的，供高等职业院校电子电工类专业使用，近电专业亦可使用。

本书的任务是阐明电子元件及电子电路的组成、工作原理、特点及应用，注重培养学生理解、分析及正确使用电子电路的能力。本书内容力求少而精，理论联系实际，以实用、够用为度，适当降低纯理论分析的深度，加强实用技能的培养。本教材的教学时数为 100～130 学时，书中打 * 号的内容为选学部分，供多学时教学使用。各章学时分配见下表（供参考）：

章 次	学 时	章 次	学 时
第 1 章	10	第 8 章	8
第 2 章	8	第 9 章	6
第 3 章	8	第 10 章	6
第 4 章	10	第 11 章	6
第 5 章	6	第 12 章	8
第 6 章	6	第 13 章	4
第 7 章	8	第 14 章	4
		* 第 15 章	4
模拟实验	16	数字实验	12
合计	72	合计	58
总计		130	

本书由苏莉萍老师担任主编。全书分为三篇，即模拟电子技术基础、数字电子技术基础和电子技术基础实验。前两篇共 15 章，第 1 章由朱晓红老师编写，第 2、6、7 章由苏莉萍老师编写，第 3、5 章由白建设老师编写，第 8、9、13 章由王瑛老师编写，第 11、12 章由吴建喜老师编写，第 4、10、14、15 章由王拴存老师编写。第三篇中，模拟电子技术实验由刘泉海老师编写，数字电子技术实验由杨建康老师编写。

本书承蒙西安科技大学韦力教授担任主审工作，刘希立、李付婷老师对全书进行了校对。编者在此一并表示感谢。

由于编者水平有限，时间仓促，书中难免存在不妥之处，敬请广大读者批评指正。

编 者
2001 年 12 月

目　　录

第一篇　模拟电子技术基础

第二篇 数字电子技术基础

第三篇　电子技术基础实验

第一篇　模拟电子技术基础

　　电子电路中的信号就其变化规律的特点来看，可以分为两大类：一类是在时间和数值上都是连续变化的信号，称为模拟信号，如音频信号等；另一类是在时间和数值上都是离散的信号，称为数字信号，如脉冲信号等。按照工作信号的不同，电子电路通常分为模拟电路和数字电路。我们将工作在模拟信号下的电子电路称为模拟电路，而工作在数字信号下的电子电路称为数字电路。

课题一　常用电子元器件认知与测量

　　随着现代电子技术尤其是微电子技术的高速发展,电子产品日新月异,并且电子技术已渗透到各个领域。同时自动控制技术、计算机信息技术正向高、新、尖端方向发展,这些高新技术的发展必须依赖于电子技术的支持。电子元器件是构建电子技术平台的基础。本章主要介绍常用电子元器件的性能、用途及测试方法。

1.1　电　阻　器

1.1.1　电阻器的作用与分类

1. 电阻器的作用

　　电阻器是利用金属或非金属材料制成的在电路中对电流通过有阻碍作用的电子元件。电阻器在电子电路中的作用主要有:限制电流、降低电压、分配电压、向各种电子元器件提供必需的工作电压和电流等。

2. 电阻器的分类

1) 按结构分类

　　电阻器按其结构分为固定式电阻器、半可调式电阻器和电位器三大类。在电子电路中,它们的图形符号见表 1.1。固定式电阻器的电阻值不可调整;半可调式电阻器的电阻值可以在一定范围内调整,但调整不宜过于频繁;电位器实际上是一个可调电阻器,它的阻值可以在一定范围内方便地连续调整。

表 1.1　电阻器的图形符号

项目　　名称	固定式电阻器	半可调式电阻器	电位器
文字符号	R	R	R_P 或 RP
图形符号	 ▭	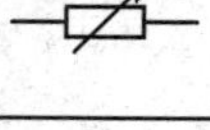 ⟋	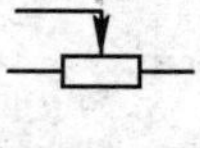 ↓▭

　　注:在实际电路中,电阻器常用斜体 R 表示,并同时表示其阻值。

2) 按材料分类

　　电阻器按其构成材料分为碳膜电阻器、金属膜电阻器、实心碳膜电阻器、碳膜电位器等。

　　常用电阻器的外形图如图 1.1 所示。

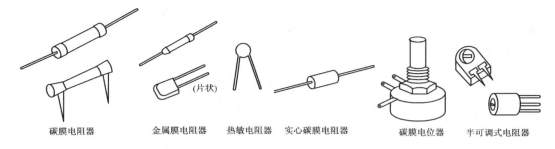

图 1.1 常用电阻器的外形图

1.1.2 电阻器的主要参数与标记

1. 电阻器的主要参数

电阻器的主要参数有标称值及允许误差、额定功率等。这些参数是电子电路中合理选用电阻器的主要依据。

1) 电阻器的标称值及允许误差

电阻器表面所标的电阻值就是标称值。常用单位有欧（Ω）、千欧（kΩ）和兆欧（MΩ），它们之间的换算关系为

$$1\ M\Omega = 1000\ k\Omega = 1\ 000\ 000\ \Omega$$

电阻器的标称值往往和其实际值不完全相符，有一定的误差。电阻器的实际值与标称值之差除以标称值所得的百分数称为电阻器的允许误差。一般电阻器允许误差分为三个等级：Ⅰ级为±5%；Ⅱ级为±10%；Ⅲ级为±20%。精密电阻器的允许误差为±2%、±1%、±0.5%等。

2) 电阻器的额定功率

当电流通过电阻器时，电阻器因消耗功率而发热。电阻器所承受的温度是有限的，若不加以限制，电阻器就会被烧坏，其所能承受的温度用其额定功率来加以控制。电阻器长时间工作时允许消耗的功率称为额定功率，常用瓦（W）表示。电阻器额定功率的标称值通常有 1/8 W、1/4 W、1/2 W、1 W、2 W、3 W、5 W 和 10 W 等。在电子电路中常用图 1.2 所示的符号来表示电阻器的额定功率。额定功率愈大，电阻器的体积愈大。

1/8 W	1/4 W	1/2 W	1 W
2 W	3 W	5 W	10 W

图 1.2 电阻器的额定功率（瓦数）图形符号

2. 电阻器的标记

电阻器的标称值及允许误差的表示方法有两种，一种是数标法，另一种是色环法。

1) 数标法

数标法是在电阻器表面直接用数字标出其阻值和允许误差等级。例如有一只电阻器上标有"47 kⅡ"的字样，表示它的标称值是 47 kΩ，允许误差不超过±10%。

2) 色环法

体积较小的电阻器采用色环法表示其阻值和允许误差。色环法是一种用颜色表示电阻

— 3 —

器标称值和允许误差的方法，一般使用四道色环或五道色环，名种颜色代表不同的数字。色环颜色代表的数字和意义见表 1.2。目前常用的固定电阻器都采用色环法来表示它们的标称值和允许误差。

表 1.2　色环颜色所代表的数字和意义

色　别	黑	棕	红	橙	黄	绿	蓝	紫	灰	白
数　值	0	1	2	3	4	5	6	7	8	9
倍乘数	10^0	10^1	10^2	10^3	10^4	10^5	10^6	10^7	10^8	10^9
偏　差	金色±5%		银色±10%			无色±20%				

色环的识读方法如下：

四道色环的固定电阻器如图 1.3(a)、(b)所示。拿到一只电阻器后，将金色或银色的那一道色环放在右边，从左至右便是第一、二、三、四道色环，第一道色环表示电阻值的第一位数字，第二道色环表示电阻值的第二位数字，第三道色环表示阻值后加几个零，即倍乘数，阻值单位为 Ω，第四道色环表示允许误差。读出的阻值大于 1000 Ω 时，应换算成较大单位的阻值，这就是"够千进位"的原则。这样就可读出图 1.3(a)所示电阻器的标称阻值是 1500 Ω（应换算成 1.5 kΩ），允许误差为±5%；图 1.3(b)所示电阻器的标称值是 100 000 Ω（应换算成 100 kΩ），允许误差为±10%。

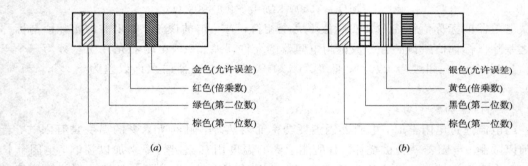

图 1.3　四道色环电阻器的表示方法

五道色环固定电阻（也称精密电阻器）如图 1.4(a)、(b)所示。目前精密电阻器的允许误差多为±1%，即第五道色环的颜色是棕色。拿到一只五环电阻器后，把棕色的那一道色环放

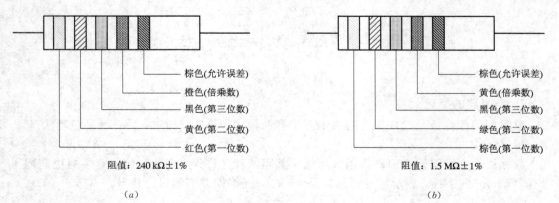

图 1.4　五道色环电阻器的表示方法

在右边，从左至右便是第一、二、三、四、五道色环。若电阻器的最左和最右环都是棕色，可以按照色环之间的间隔加以判别：对五道色环的电阻而言，第五环与第四环之间的间隔比第一环和第二环之间的间隔宽一些，据此可判断色环的排列顺序。第一、二、三道色环分别表示阻值的第一、二、三位数字，第四道色环表示倍乘数，第五道色环表示允许误差。

1.1.3 其他电阻器及电阻器的检测

1. 半可调式电阻器和电位器

1）半可调式电阻器

半可调式电阻器又称微调电阻器，其实物图如图1.5所示。它主要用在阻值不需要经常变动的电路中，例如偶尔需要调整三极管偏流的电路等。半可调式电阻器用于小电流电路中，多为碳膜电位器，其额定功率较小。

2）电位器

电位器实际上是一个可调电阻器，典型的电位器实物图如图1.6所示。它有三个引出端，其中1、3端电阻值最大，1、2端或2、3端之间的电阻值随着与轴相连的簧片位置不同而加以改变。电位器用于电路中需经常改变阻值的地方，如收音机中的音量控制，电视机中的音量、亮度、对比度调节等就是通过电位器来完成的。为了使用方便，有的电位器上还装有电源开关。图1.6中的电位器4、5端接电源后起开关作用。

  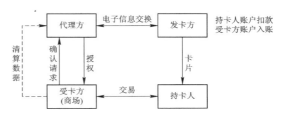

图1.5　半可调式电阻器实物图　　　　　　图1.6　电位器的实物图

2. 电阻器的质量检测

1）检测固定电阻器

固定电阻器的质量好坏比较容易鉴别。对新买的电阻器先进行外观检查，看外观是否端正，标志是否清晰，保护漆层是否完好。然后用万用表测量电阻值，看其测量阻值与标称值是否一致，相差值是否在允许误差的范围之内。

2）检测电位器

电位器的检测方法如下：

（1）检测电位器固定端的阻值。电位器固定端的阻值即为电位器的标称值，测试方法如图1.7(a)所示。

（2）检测电位器可变端的阻值。测量电位器活动端和固定端之间的可变电阻值，万用表的接法如图1.7(b)所示。缓慢旋转电位器的转轴，表针应平稳地移动而不应有急剧变化现象，所示值从0至电位器的标称值应平稳连续，若表针有突然变化或停止不动现象，则说明电位器接触点接触不良或已损坏。

若电位器带有开关，则先检测"开"或"关"，看万用表是否指示"通"或"断"。

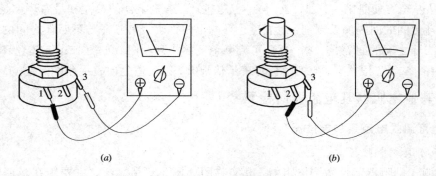

图 1.7　电位器的检测

(a) 测固定端阻值；(b) 测可变端阻值

1.1.4　排电阻

排电阻(Line of Resistance)也叫集成电阻，是一种集多只电阻于一体的电阻器件。

1. 识别方法

排电阻的外形及内部结构如图 1.8 所示。图 1.8(a)中，BX 表示产品型号，"10"表示有效数字，"3"表示有效数字后边加 0 的个数，103 即 10000(10k)，"9"表示此阻排有 9 个引脚，其中一个是公共引脚。公共引脚一般都在两边，用色点标示。

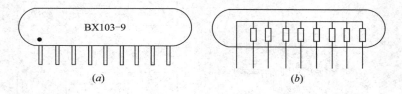

图 1.8　排电阻的外形与内部结构示意图

(a) 外形；(b) 内部结构

排电阻体积小，安装方便，适合多个电阻阻值相同而且每一个引脚都连在电路同一边的场合。

2. 测量方法

测量排电阻的方法比较简单。对已知引脚排列顺序的排电阻，可将一支表笔接公共引脚，用另一支表笔依次测量每个电阻，其阻值应符合标称值。

对于不知引脚排列顺序的排电阻，可先将红表笔任接被测量电阻的一个引脚，然后用黑表笔去测试其他引脚，若所得值相同，则说明红表笔所接的是被测量排电阻的公共引脚。

1.2　电　容　器

在我们生存的物质世界中有许多容器，如油桶、杯子、饭盒等。而在电子设备中，常用到一种特殊的容器，在它的内部可以储存电荷，人们称之为电容器。电容器是一种储存电能的电子元件。两块相互平行且互不接触的金属板就构成一个最简单的电容器，组成电容器的金属板叫做电极。电容器因用途、结构与材料的不同，其品种和规格有许多种。

1.2.1 电容器的作用与分类

1. 电容器的作用

如果把电容器的两块金属板分别接到电池的正、负极上，就会发现，接电池正极的金属板上由于其电子被电池的正极吸引过去而带正电荷；接电池负极的金属板会从电池的负极得到大量的电子而带负电荷。这种现象称为电容器的"充电"。充电时，电路中有电流流动。当两块金属板充电形成的电压与电池电压相等时，充电停止，电路中就没有电流流动了，相当于开路，因此电容器能隔断直流电。

若将电容器与充电网的电池分开，用导线把电容器的两块金属板连接起来，再接入一块电流表，则刚接上时，会发现电流表上有电流指示，说明电路中有电流流动。随着时间的推移，两金属板之间的电压很快降低，直到电流表指示为零，这种现象称为电容器的"放电"。

如果把电容器接到交流电源上，则电容器会交替地进行充电放电，电路中总是有电流流过，即电容器能通过交流电。

综上所述，不难看出电容器具有"隔直通交"的作用。这一特性被广泛应用，在电子电路中，电容器常用来隔断直流电、旁路交流电，还可以进行信号调谐、耦合、滤波、去耦等。

2. 电容器的分类与符号

1）电容器的分类

（1）按结构分类：电容器按结构分为固定电容器、可变电容器和微调电容器三类。

（2）按介质分类：电容器按介质分为陶瓷电容器、云母电容器、纸介电容器、油质电容器、薄膜电容器、电解电容器、钽电容器等。

常见电容器的外形图如图1.9所示。

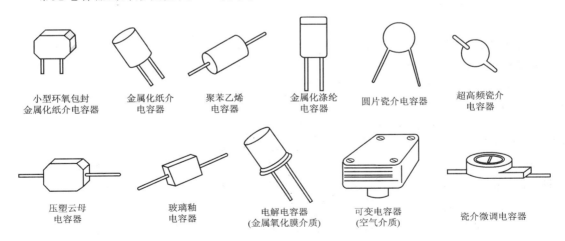

图 1.9　常见电容器的外形图

2）电容器的符号

电容器在电子电路中的符号见表1.3。

表 1.3 电容器的符号

名称 项目	固定电容器	可变电容器	微调电容器	电解电容器
文字符号	C	C	C	C
图形符号	⊣⊢	⊣⊬	⊣⊬	⊣⊢

注：在实际电路中，电容器常用斜体 C 表示，并同时表示其电容值。

1.2.2 电容器的主要参数与标记

1. 电容器的主要参数

电容器的主要参数有标称电容量、允许误差、耐压、绝缘电阻等。

1）标称电容量和允许误差

电容器的电容量是指电容器加上电压后储存电荷的能力大小，简称电容，用字母 C 表示。电容器储存电荷愈多，电容愈大。电容量与电容器的介质厚度、介质的介电常数、极板面积、极板间距等因素有关。

电容量的基本单位是法拉，用字母"F"表示。常用单位有微法（μF）、皮法（pF）以及纳法（nF）和毫法（mF），其换算关系如下：

$$1 \text{ 法拉} = 1000 \text{ 毫法} = 1\,000\,000 \text{ 微法}$$
$$1 \text{ 微法} = 1000 \text{ 纳法} = 1\,000\,000 \text{ 皮法}$$

或

$$1 \text{ F} = 10^3 \text{ mF} = 10^6 \text{ } \mu\text{F}$$
$$1 \text{ } \mu\text{F} = 10^3 \text{ nF} = 10^6 \text{ pF}$$

电容器上的标称电容量与实际电容量有一定的偏差，实际值与标称值之差除以标称值所得的百分数称为误差。电容器的允许误差分为三个等级：Ⅰ级±5%；Ⅱ级±10%；Ⅲ级±20%。电解电容器的允许误差可大于±20%。

2）耐压

电容器长期可靠工作时，能承受的最大直流电压就是电容器的耐压，也称为电容器的直流工作电压。应用时电容器实际承受的电压绝对不允许超过其耐压值；一旦超过，电容器就会被击穿短路，造成永久性损坏。

3）绝缘电阻

由于电容器两极板间的介质不是绝对的绝缘体，因而其电阻不是无穷大，而是一个有限值。电容器两极之间的电阻称为绝缘电阻，或称为漏电电阻。一般小容量无极性电容器的绝缘电阻可达 1000 MΩ 以上，而电解电容的绝缘电阻一般较小。电容器漏电会引起能量损耗，影响电容器的寿命和电路的工作性能，因此，电容器的绝缘电阻愈大愈好。

2. 电容器的标记

电容器的表面要求标出主要参数、商标及制造日期。常用的标记方法有直标法、数字符号法、数码标注法和色码标注法。

1）直标法

直标法就是将电容器的标称容量、允许误差、耐压等数值印在电容器表面上。另外，还有不标电容单位的直标法，即用一位到四位大于 1 的数字表示电容量，单位是 pF；用零点几表示容量大小时，单位是 μF，如图 1.10 所示。

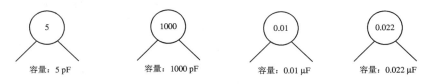

容量：5 pF　　　容量：1000 pF　　　容量：0.01 μF　　　容量：0.022 μF

图 1.10　电容器参数的直标法

2）数字符号法

将电容器的主要参数用数字和单位符号按一定规则进行标注的方法，称为数字符号法。其标注形式如下：

容量的整数部分　容量的单位符号　容量的小数部分

其中容量的单位符号就是用电容量单位代号中的第一个字母。

例如：10p 表示电容量为 10 pF；5p6 表示电容量为 5.6 pF；4m7 表示电容量为 4.7 mF。

3）数码标注法

用三位数字表示电容量大小的标注方法，称为数码标注法。三位数字中前两位数表示电容量值的第一、二位有效数字，第三位数字表示前两位有效数字后"0"的个数，这样得到的电容量单位是 pF，如图 1.11 所示。

101表示100 pF　　　103表示10 000 pF　　　104表示100 000 pF
　　　　　　　　　即0.01 μF　　　　　　　即0.1 μF

图 1.11　电容器参数的数码标注法

4）色码标注法

用三种色环表示电容量大小的标注方法，称为色码标注法。其颜色对应的数字及意义与色环电阻中的一样。识读方法是沿着引出线的方向，分别是第一、二、三道色环，第一、二道色环表示电容量的前两位有效数字，第三道色环表示有效数字后"0"的个数，这样读得的电容量单位是 pF，如图 1.12 所示。

黄色
紫色
橙色

电容量：47 000 pF
即0.047 μF

图 1.12　电容器参数的色码标注法

1.2.3　电容器的检测

1. 无极性电容器的检测

常用无极性电容器有陶瓷电容器、涤纶电容器、云母电容器、钽电容器等。

对于电容量在 $0.1\ \mu F$ 以上的无极性电容器,可以用万用表的欧姆挡($R \times 1\ \mathrm{k\Omega}$)来测量电容器的两极,表针应向右微微摆动,然后迅速回摆到"∞",这样说明电容器是好的。测量时若出现下列几种情况,则说明电容器质量有问题。

(1)测量时,万用表表针一下摆到"0"之后,并不回摆,说明该电容器已经被击穿短路。

(2)测量时,万用表表针向右微微摆动后,并不回摆到"∞",说明该电容器有漏电现象;其电阻值愈小,漏电愈大,该电容器的质量就越差。

(3)测量时,万用表表针没有摆动,说明该电容器已经断路。

对于电容量在 $0.1\ \mu F$ 以下的无极性电容器,可以用万用表的欧姆挡($R \times 10\ \mathrm{k\Omega}$)来测量电容器的两极,其质量好坏的判别方法同上。

2. 电解电容器的检测

电解电容器的容量较大,两极有正、负之分,长脚为正,短脚为负。在电子电路中,电容器正极接高电位,负极接低电位,极性接错了,电容器就会被击穿。一般在外壳上用"+"、"-"号分别表示正、负极。

检测时,一般用万用表的欧姆挡($R \times 1\ \mathrm{k\Omega}$),红表笔接电容器的负极,黑表笔接电容器的正极,迅速观察万用表指针的偏转情况。测量时表针首先向右偏转,然后慢慢地向左回叠,并稳定在某一数值上,如图 1.13 所示。表针稳定后得到的阻值是几百千欧以上,则说明被测电容是好的。

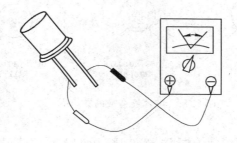

图 1.13 电解电容器的检测

测量时若出现下列几种情况,则说明电容器的质量有问题。

(1)测量时,万用表指针没有向右偏转的现象,说明该电容器因电解液已干涸而不能使用了。

(2)测量时,万用表指针向右偏转到很小的数值,甚至为零,且指针没有回叠现象,说明该电容器已被击穿而造成短路。

(3)测量时,万用表指针向右偏转,然后慢慢地向左回叠,但最后稳定的阻值在几百 $\mathrm{k\Omega}$ 以下,说明该电容器有漏电现象发生,一般就不能使用了。

3. 可变电容器的检测

可变电容器分为单连可变电容器和双连可变电容器。单连可变电容器只有动片和定片之分,与轴连接的为动片,另一片为定片。双连可变电容器有三个引出极,中间是动片,另外两个是定片,如图 1.14 所示。

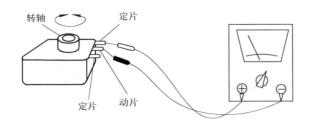

图 1.14　双连可变电容器的检测

　　检测前，首先分清动片和定片，然后来回转动转轴，若转不动或转动不灵活就表示不能使用。

　　检测时，一般用万用表的欧姆挡（$R\times 1\ k\Omega$），把万用表的表笔分别与可变电容器的动片和定片相连，来回缓慢转动转轴，观察万用表的指针情况。如果万用表指针始终在欧姆刻度的"∞"处，则说明该可变电容器是好的；如果转动时，万用表指针停在欧姆刻度的"0"处或有摆动现象，则说明该可变电容器的动片和定片之间有短路（碰片），就不能使用了。

　　以上检测方法和判断原则也适用于微调电容器。

1.3　电　感　器

　　电感器是指在电子电路中能产生电磁转换功能的电感线圈和各种变压器。在电子电路中，将电感器、电阻器、电容器及三极管等元件进行恰当组合，能构成放大器、振荡器等电子电路。

1.3.1　电感线圈的种类及主要参数

1. 电感线圈的种类

　　电感线圈是用漆包线或绕包线绕在绝缘管或铁芯上的一种电子元件。电感线圈简称为线圈，在电路中的文字符号用字母 L 表示，常用图形符号如图 1.15 所示。

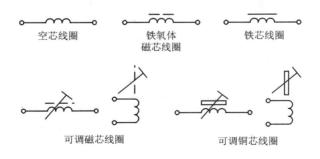

图 1.15　常用线圈的图形符号

　　线圈种类很多，按磁体性质分为空芯线圈和磁芯线圈；按线圈形式分为固定电感线圈和可变电感线圈。这里仅介绍以下几种线圈。

1）单层螺旋管线圈

这种线圈是用绝缘导线逐圈地绕在绝缘管上形成的，如图 1.16 所示。如果是一圈挨着一圈绕的，称为密绕法。这种绕法简单，容易制作，但分布电容较大，多用于中波段收音机中的天线线圈。如果是一圈与一圈之间有一定间隙的绕法，称为间绕法。这种绕法的优点是分布电容小，多用于短波收音机中。如果绕好后抽出管芯，并把线圈拉开一定距离，称为脱胎法。这种绕法的分布电容更小，多用在超短波收音机中。

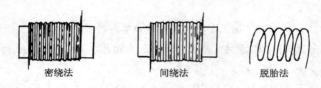

图 1.16　单层螺旋管线圈

2）磁棒式线圈

这种线圈是用绝缘导线或镀银线绕在磁棒上制成的，其电感量可以调节，如图 1.17 所示。

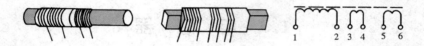

图 1.17　磁棒式线圈

3）铁氧体线圈

为了调整方便，在线圈中加入带螺纹的铁氧体磁芯，如图 1.18 所示。转动磁芯可以调整磁芯和线圈的相对位置，从而改变线圈的电感量。

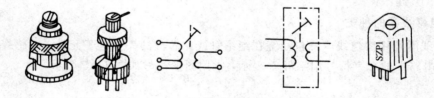

图 1.18　铁氧体线圈

2. 电感线圈的主要参数

1）线圈的电感量

我们从电工学中得知，当电流通过任何导体时，导体周围就会产生磁场，如果电流发生变化，则磁场也随之变化，而磁场变化又会产生感应电动势。这种感应电动势是由于导体本身电流变化而引发的，所以称为自感。

在一定变化电流的作用下，线圈产生感应电动势的大小，称为线圈的电感量，简称电感。电感量的单位是亨利，用字母 H 表示。它的物理意义是：当通过线圈的电流每秒钟变化为 1 安培，所产生的感应电动势为 1 伏时，线圈的电感量为 1 亨利。电感量常用单位有毫亨(mH)和微亨(μH)，其换算关系为

$$1\ \text{H} = 1000\ \text{mH} = 1\ 000\ 000\ \mu\text{H}$$

2）品质因数

品质因数是电感线圈的另一个主要参数。通常用字母 Q 表示，Q 值愈高表明线圈的功率损耗愈小，效率愈高。由于电感线圈的 Q 值与线圈的结构（导线的粗细、绕法、磁芯）有关，也和工作频率有关，所以线圈的 Q 值是在某一频率下测定的。

3）线圈的标称电流

线圈的标称电流是指线圈允许通过的电流大小。常用字母 A、B、C、D、E 分别代表标称电流值为 50 mA、150 mA、300 mA、700 mA、1600 mA。使用时，实际通过线圈的电流值不允许超过标称电流值。

3. 电感线圈的测量和使用

1）电感线圈的测量

电感线圈的精确测量要用专用的电子仪表，一般可用万用表测量电感线圈的电阻来大致判断其好坏。一般电感线圈的直流电阻很小，当线圈的电阻为无穷大时，说明线圈内部或引出端已断线。

2）电感线圈的使用

在使用线圈时，不要随意改变线圈的形状、大小和线圈的距离，否则会影响线圈原来的电感量。可调线圈应安装在易于调节的位置，以便调整线圈的电感量，使其达到最理想的工作状态。

1.3.2　变压器的分类及检测

变压器由初级线圈、次级线圈和铁芯组成，如图 1.19(a) 所示，其图形符号如图 1.19(b) 所示。

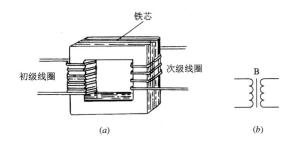

图 1.19　变压器的组成及图形符号

(a) 变压器的组成；(b) 变压器的图形符号

变压器的作用是用于升、降电压。如果初级线圈比次级线圈的匝数多，则是降压变压器；如果次级线圈比初级线圈匝数多，则是升压变压器。

1. 变压器的分类

变压器按照在交流电中使用不同的频率范围而分为低频变压器、中频变压器和高频变压器三类。低频变压器都有铁芯，中频和高频变压器一般是空气芯或特制的铁粉芯。

1）低频变压器

低频变压器可分为音频变压器和电源变压器。

（1）音频变压器。音频变压器在放大电路中的主要作用是耦合、倒相、阻抗匹配等。对于音频变压器的要求是频率特性好、分布电容和漏感小等。

音频变压器有输入、输出变压器之分。输入变压器是指接在放大器输入端的音频变压器，它的初级一般接话筒，次级接放大器的第一级。不过，半导体三极管放大器的低放与功放之间的耦合变压器习惯上也称为输入变压器。输出变压器是指接在放大器输出端的变压器，它的初级接在放大器的输出端，次级接负载（喇叭）。它的主要作用是将喇叭的较低阻抗通过输出变压器变成放大器所需的最佳负载阻抗，使放大器具有最大的不失真输出。

（2）电源变压器。电源变压器一般是将 220 V 的交流电变换成所需的低压交流电，以便在整流、滤波、稳压后能得到稳定的直流电，作为电子电路的供电电源。

2）中频变压器

中频变压器（俗称中周），是超外差收音机和电视机中频放大器中的重要元件。它对收音机的灵敏度、选择性及电视机的图像清晰度等整机技术指标都有很大的影响。中频变压器一般和电容器组成谐振回路。

3）高频变压器

收音机里所用的振荡线圈、高频放大器的负载回路和天线线圈都是高频变压器。因为这些线圈用在高频电路中，所以电感量很小。

2. 变压器的检测及使用

检测变压器最简便的方法是：选择万用表的 $R \times 10 \ \Omega$ 挡，分别测量初级线圈和次级线圈的电阻值，阻值在几欧至几百欧之间，说明变压器是好的；如果某级线圈的电阻值为无穷大，则说明这个线圈断路了。

使用电源变压器时要分清初级和次级。变压器工作时要发热，必须考虑到安放位置要有利于散热。

使用音频变压器时要分清同名端。同名端即表示变压器初、次级线圈电压极性相同的两点，而在电子电路中必须要注意电压极性。一般在变压器的塑料罩有凸点的一端即表示同名端。

变压器是一种磁感应元件，它对于周围的电感元件有所影响，因此，在安装变压器时一定要注意变压器之间的相互位置或变压器对周围元件的影响，有时还必须采取必要的屏蔽措施。

1.4 半导体二极管

1.4.1 半导体基础知识

半导体是一种导电能力介于导体与绝缘体之间的材料，常用的半导体材料有硅（Si）和锗（Ge）的单晶体。导体、半导体和绝缘体导电性能的差异，在于它们内部运载电荷的粒子——载流子浓度的不同。因为金属导体内的载流子只有一种，就是自由电子，而且数目很多，所以具有良好的导电性能。绝缘体中载流子的数目很少，因而导电性能很差，几乎不导电。半导体中的载流子数目也不多，远远低于金属导体，其导电性能比导体差而比绝缘体好。

纯净半导体导电能力很弱，称为本征半导体。为了改善半导体的导电能力，给纯净半导体掺入某些微量元素，其导电能力会明显增强，这种半导体称为掺杂半导体或杂质半导体。实际使用的半导体大多数是杂质半导体，如：在纯净半导体硅或锗中掺入微量的三价元素硼、铟等，或掺入微量的五价元素磷、砷、锑等。

当环境温度升高或光照加强时，半导体的导电能力随之增强。某些半导体还分别对气体、磁及机械力等十分敏感，利用这些特性可以制成具有特殊用途的半导体器件。

1.4.2 PN 结及其特性

1. P 型半导体和 N 型半导体

半导体中有两种载流子，一种是带负电的自由电子，另一种是带正电的空穴。在纯净半导体中两者数目相等，而杂质半导体中则数目不等。按照半导体中载流子主流形式的不同，把半导体分为 P 型半导体和 N 型半导体。

P 型半导体中空穴的数目多于自由电子的数目，空穴是多数载流子，自由电子是少数载流子。在纯净半导体中掺入微量三价元素硼或铟等，可得到 P 型半导体。

N 型半导体中自由电子的数目多于空穴的数目，自由电子是多数载流子，空穴是少数载流子。在纯净半导体中掺入微量五价元素磷或锑等，可得到 N 型半导体。

2. PN 结及其特性

在硅或锗的单晶基片上，分别加工出 P 型区和 N 型区，在它们的交界面上会形成一个特殊的薄层，称为 PN 结，如图 1.20 所示。PN 结具有单向导电的特性，这种特性可以通过实验加以证明。取一个 PN 结分别接成如图 1.21 所示的电路。实验证明如图 1.21(a) 所示电路的灯泡发亮，说明此时 PN 结电阻很小，处于"导通"状态。当把电路切换成如图 1.21(b) 所示的电路时灯泡不亮了，说明此时 PN 结电阻很大，处于"截止"状态。

通过以上实验可以看出，当 PN 结加上正向电压(P 区接电源正极，N 区接负极)时，PN 结导通；当 PN 结加上反向电压(P 区接电源负极，N 区接正极)时，PN 结截止。这就是 PN 结的单向导电性，这种特性是使 PN 结成为半导体器件的基础。

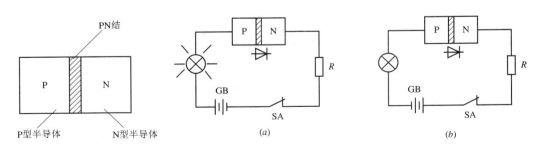

图 1.20 PN 结示意图   图 1.21 PN 结单向导电实验电路
(a) 正向导通；(b) 反向截止

1.4.3 半导体二极管的结构、符号、类型及特性

1. 半导体二极管的结构与符号

半导体二极管又称晶体二极管，简称二极管。二极管就是由一个 PN 结构成的最简单的半导体器件。在一个 PN 结的 P 型区和 N 型区分别引出一根线，然后封装在管壳内，就制成了一只二极管。P 区引出端称为正极（又称阳极），N 区引出端称为负极（又称阴极）。二极管的文字符号为 V_D，图形符号如图 1.22 所示，图形符号中箭头表示 PN 结的正向电流的方向。常见二极管的外形如图 1.23 所示。

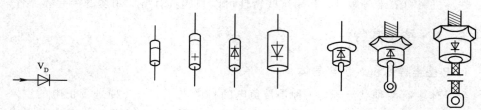

图 1.22 二极管符号   图 1.23 常见二极管的外形

2. 半导体二极管的类型

二极管按不同的材料分为硅二极管和锗二极管两大类。按 PN 结特点分为点接触型和面接触型两类。点接触型二极管不能承受高的反向电压和大电流，适用于制作高频检波和脉冲数字电路中的开关元件及小电流的整流管。面接触型二极管 PN 结面积大，可承受较大的电流，适用于制作大、中功率的整流管。

二极管按用途分为普通二极管、整流二极管、稳压二极管、热敏二极管、光敏二极管、开关二极管、发光二极管等。

3. 半导体二极管的特性

1）伏安特性

由于二极管的基本材料不同，其伏安特性也有所不同。如图 1.24(a) 所示为硅二极管的伏安特性；如图 1.24(b) 所示为锗二极管的伏安特性。现以如图 1.24(a) 所示的硅二极管为例来分析二极管的伏安特性。

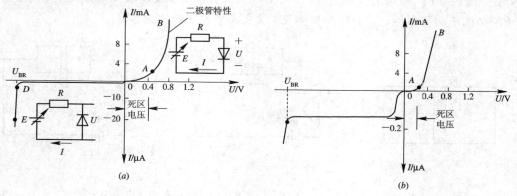

图 1.24 二极管的伏安特性

(a) 硅二极管 2CP6；(b) 锗二极管 2AP15

（1）正向特性。$0A$ 段称为"死区"，在这一区间，正向电压增加时正向电流增加甚微，近似为零。在该区，二极管呈现很大的正向电阻，对外不导通。AB 段称为正向导通区，随着外加电压的增加，电流急剧增大。此时二极管电阻很小，对外呈现导通状态，在电路中相当于一个闭合的开关。二极管在导通状态下，管子两端的正向压降很小（硅管为 0.7 V，锗管为 0.3 V），而且比较稳定，表现出很好的恒压特性。但所加的正向电压不能太大，否则 PN 结会因过热而被烧坏。

（2）反向特性。$0D$ 段称为反向截止区。当反向电压增加时，反向电流增加很小，几乎保持不变。此电流称为反向饱和电流，记作 I_S。I_S 愈大，表明二极管单向导电性能愈差。小功率硅管的 I_S 小于 1 μA，锗管的 I_S 为几微安～几千微安。这也是硅管和锗管的一个显著区别。这时二极管呈现很高的电阻，在电路中相当于一个断开的开关，电路呈现截止状态。DE 段称为反向击穿区。当反向电压增加到一定值时，反向电流急剧增大，这种现象称为反向击穿。发生反向击穿时所加的电压称为反向击穿电压，记作 U_{BR}。反向击穿电压愈大，表明二极管的耐压性能愈好。反向击穿后的电流不加以限制，PN 结同样也会因过热而被烧坏，这种情况称为热击穿。

2）温度特性

由于半导体的热敏性，使二极管对温度很敏感，温度对二极管伏安特性的影响如图 1.25 所示。

由图可见，温度对二极管伏安特性有下列影响：

（1）当温度升高时，二极管的正向特性曲线向左移动，正向导通电压减小。

（2）当温度升高时，二极管的反向特性曲线向下移动，反向饱和电流增大。

（3）当温度升高时，反向击穿电压减小。

综上所述，温度升高时，二极管的导通电压 U_F 降低，反向击穿电压 U_{BR} 减小，反向饱和电流 I_S 增大。

二极管的以上特性在电子技术领域中得到广泛利用。利用二极管的单向导电性可实现整流、检波；利用正向恒压特性可实现限幅；利用反向特性可制成稳压二极管；利用温度特性可实现电路的温度补偿。

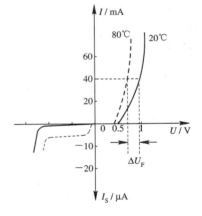

图 1.25　温度对二极管伏安特性的影响

1.4.4　半导体二极管的主要参数与测试

二极管的参数是定量描述二极管性能的质量指标，只有正确理解这些参数的意义，才能合理、正确地使用二极管。

1. 二极管的主要参数

1）最大整流电流 I_F

最大整流电流是指管子长期正常工作时，允许通过的最大正向平均电流。因为电流通过 PN 结时会引起管子发热。电流超过允许值时，发热量超过限度，PN 结就会被烧坏。例如 2AP3 管的最大整流电流为 25 mA。

2）最高反向工作电压 U_{RM}

最高反向工作电压是二极管长期正常工作时能承受的反向电压的最大值。当二极管反向连接时，如果把反向电压加大到某一数值，管子就会被击穿。二极管反向工作电压约为反向击穿电压的一半，其最高反向工作电压约为反向击穿电压的 2/3。例如，2AP3 管的最高反向工作电压为 30 V，而反向击穿电压大于或等于 45 V。

3）反向饱和电流 I_S

在室温下，二极管未被击穿时的反向电流值称为反向饱和电流。该电流越小，管子的单向导电性能就越好。由于温度升高，反向电流会急剧增加，因而在使用二极管时要注意环境温度的影响。

二极管的参数是正确使用二极管的依据，一般半导体手册中都给出不同型号管子的参数。在使用时，应特别注意不要超过最大整流电流和最高反向工作电压，否则管子很容易损坏。

2. 特殊二极管及其主要参数

特殊用途的二极管在电子设备中早已得到广泛的应用，这里简单介绍几种特殊用途的二极管。

1）稳压二极管

（1）稳压特性。稳压二极管的伏安特性曲线、图形符号及稳压管电路如图 1.26 所示，它的正向特性曲线与普通二极管相似，而反向击穿特性曲线很陡。在正常情况下稳压管工作在反向击穿区，由于曲线很陡，当反向电流在很大范围内变化时，端电压变化很小，因而具有稳压作用。图中的 U_{BR} 表示反向击穿电压，当电流的增量 ΔI_Z 很大时，只引起很小的电压变化 ΔU_Z。只要反向电流不超过其最大稳定电流，就不会造成破坏性的热击穿。因此，在电路中应与稳压管串联一个具有适当阻值的限流电阻。

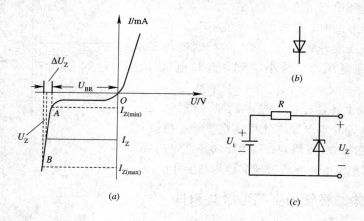

图 1.26 稳压管的伏安特性曲线、图形符号及稳压管电路

（a）伏安特性曲线；（b）图形符号；（c）稳压管电路

（2）基本参数。

① 稳定电压 U_Z：在规定的测试电流下，稳压管工作在击穿区时的稳定电压。由于制造工艺的原因，同一型号的稳压管的 U_Z 分散性很大，但对每一个稳压管来说，对应一定的工作电流只有一个确定值，选用时应以实际测量结果为准。

② 稳定电流 I_Z：稳压管在稳定电压时的工作电流，其范围在 $I_{Z(min)} \sim I_{Z(max)}$ 之间。

③ 最小稳定电流 $I_{Z(min)}$：稳压管进入反向击穿区时的转折点电流，稳压管工作时，反向电流必须大于 $I_{Z(min)}$，否则不能稳压。

④ 最大稳定电流 $I_{Z(max)}$：稳压管长期工作时允许通过的最大反向电流，其工作电流应小于 $I_{Z(max)}$。

⑤ 最大耗散功率 P_M：当管子的工作电流大于 $I_{Z(max)}$ 时管子功耗增加，使 PN 结温度上升而造成热击穿，这时的功耗称最大耗散功率（即 $P_M = I_{Z(max)} \cdot U_Z$）。

⑥ 动态电阻 r_Z：定义为 $r_Z = \Delta U_Z / \Delta I_Z$。$r_Z$ 越小，说明 ΔI_Z 引起的 ΔU_Z 变化越小，稳压性能就越好。

2）光电二极管

光电二极管的结构与普通二极管基本相同，只是在它的 PN 结处，通过管壳上的一个玻璃窗口能接收外部的光照。光电二极管的 PN 结在反向偏置状态下运行，其反向电流随光照强度的增加而上升。图 1.27(a) 是光电二极管的图形符号，图 1.27(b) 是它的等效电路，而图 1.27(c) 是它的特性曲线。光电二极管的主要特点是其反向电流与光照度成正比。

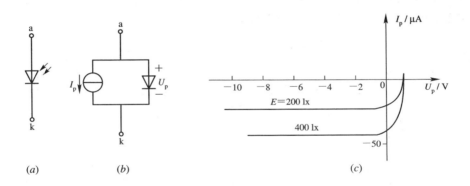

图 1.27　光电二极管

(a) 图形符号；(b) 等效电路；(c) 特性曲线

3）发光二极管

发光二极管是一种能把电能转换成光能的特殊器件。这种二极管不仅具有普通二极管的正、反向特性，而且当给管子施加正向偏压时，管子还会发出可见光和不可见光（即电致发光）。目前应用的有红、黄、绿、蓝、紫等颜色的发光二极管。此外，还有变色发光二极管，即当通过二极管的电流改变时，发光颜色也随之改变。如图 1.28(a) 所示为发光二极管的图形符号。发光二极管常用来作为显示器件，除单个使用外，也常做成七段式或矩阵式器件。发光二极管的另一个重要用途是将电信号变为光信号，通过光缆传输，然后用光电二极管接收，再现电信号。如图 1.28(b) 所示为发光二极管发射电路通过光缆驱动的光电二极管电路。在发射端，一个 (0~5) V 的脉冲信号通过 500 Ω 的电阻作用于发光二极管（LED），这个驱动电路可使 LED 产生一数字光信号，并作用于光缆。由 LED 发出的光约有 20% 耦合到光缆；在接收端，传送的光中约有 80% 耦合到光电二极管，这样在接收电路的输出端可复原为 (0~5) V 电压的脉冲信号。

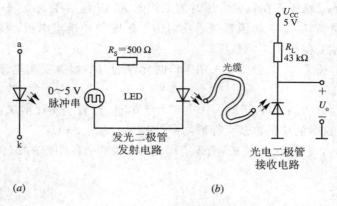

图 1.28　发光二极管

(a) 图形符号；(b) 光电传输系统

4）变容二极管

二极管结电容的大小除了与本身的结构和工艺有关外，还与外加电压有关。结电容随反向电压的增加而减小，这种效应显著的二极管称为变容二极管，其图形符号如图 1.29(a) 所示，图 1.29(b) 是某种变容二极管的特性曲线。

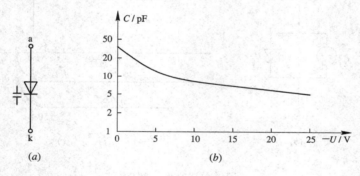

图 1.29　变容二极管

(a) 图形符号；(b) 结电容与电压的关系(纵坐标为对数刻度)

变容二极管的常见用途是作为调谐电容使用，改变其反偏电压以调节 LC 谐振回路的固有频率。例如：在电视机的频道选择器(高频头)中，通过变容二极管的微调作用来选择电视频道；调频电路中利用变容二极管将调制信号电压转化成频率的变化以实现调制；压控振荡器利用变容二极管的电容变化来实现电压对振荡频率的控制。

3. 二极管的测试与选用

1）二极管的测试

（1）普通二极管测试。鉴别二极管好坏最简单的方法是用万用表测其正、反向电阻，如图 1.30 所示，用万用表的红表笔接二极管的负极，黑表笔接正极，测得正向电阻，表笔对调后测得反向电阻。二极管的正向电阻一般在几百欧～几千欧之间，反向电阻在几百千欧左右。若测得反向电阻较小，则表明二极管已被击穿。

（2）稳压管的测试。判断稳压管是否断路或被击穿，选用 $R \times 100 \ \Omega$ 挡，测量方法同上。若测得正向电阻为无穷大，则说明二极管内部断路；若反向电压近似为零，则说明管

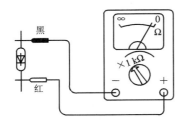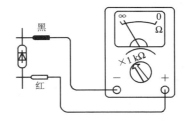

图 1.30　二极管的测试

子被击穿；若正、反向电阻值相差太小，则说明二极管性能变坏或失效。以上三种情况的二极管都不能使用。

（3）发光二极管测试。用 $R \times 10 \ \mathrm{k\Omega}$ 挡测其正、反向电阻，当正向电阻小于 $50 \ \mathrm{k\Omega}$，反向电阻大于 $200 \ \mathrm{k\Omega}$ 时为正常，若正、反向电阻均为无穷大，则说明管子已损坏。

（4）普通二极管极性判别。用万用表 $R \times 1 \ \mathrm{k\Omega}$ 或 $R \times 100 \ \mathrm{k\Omega}$ 挡测二极管的电阻值。如果阻值较小，则表明为正向电阻值，这时接黑表笔的一端为正极，另一端为负极；如果测得阻值很大，则表明为反向电阻值，这时接红表笔一端为正极，另一端为负极。

2）二极管的选用

工作中，一般可根据用途和电路的具体要求来选择二极管的种类、型号及参数。

选用检波二极管时，主要是工作频率符合电路频率的要求，结电容小的检波效果较好。常用检波二极管有 2AP 系列，也可用锗开关二极管 2AK 系列代替。

选用整流二极管时，主要考虑其最大整流电流和最高反向工作电压是否满足电路要求。常用的整流二极管有 2CP、2CZ 系列。

在修理电器时，如果不易找到原损坏的二极管型号，则可考虑使用其他型号的二极管来代换。代换方法是查清原二极管的特性和主要参数，然后换上与其参数相当的其他型号二极管。如：检波二极管代换时只要其工作频率不低于原型号的就可以用；对于整流二极管，只要反向电压和电流不低于原型号的要求就可以使用。

1.5　半导体三极管

半导体三极管根据其结构和工作原理的不同可以分为双极型和单极型半导体三极管。双极型半导体三极管（简称 BJT）又称为双极型晶体三极管或三极管、晶体管等。之所以称为双极型管，是因为空穴和自由电子两种载流子都参与导电。单极型半导体三极管又称为场效应管，只有一种载流子导电。

1.5.1　三极管（双极型半导体三极管）

1. 三极管的结构和类型

三极管是在一块半导体上用掺入不同杂质的方法制成两个紧挨着的 PN 结，并引出三个电极，如图 1.31 所示。三极管有三个区：发射区——发射载流子的区域；基区——载流子传输的区域；集电区——收集载流子的区域。各区引出的电极依次为发射极（e 极）、基极(b 极)和集电极(c 极)。发射区和基区在交界处形成发射结;基区和集电区在交界处形成集电结。根据半导体各区的类型不同,三极管可分为 NPN 型和 PNP 型两大类,如图 1.31(a)和图 1.31 (b)所示。常见三极管的外形如图 1.32 所示。

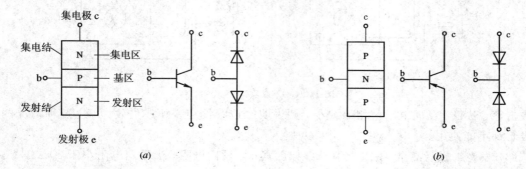

图 1.31　三极管的组成与符号
(a) NPN 型;(b) PNP 型

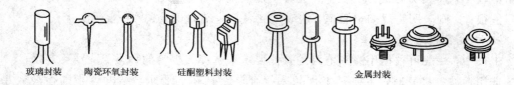

图 1.32　常见三极管的外形

目前 NPN 型管多数为硅管,PNP 型管多数为锗管。因硅 NPN 型三极管应用最为广泛,故本书以硅 NPN 型三极管为例来分析三极管及其放大电路的工作原理。

2. 三极管的放大作用

1) 三极管的工作电压和基本连接方式

(1) 工作电压。三极管要实现放大作用必须满足的外部条件为:发射结加正向电压,集电结加反向电压,即发射结正偏,集电结反偏。如图 1.33 所示,其中 V 为三极管,U_{CC} 为集电极电源电压,U_{BB} 为基极电源电压,两类管子外部电路所接电源极性正好相反,R_b 为基极电阻,R_c 为集电极电阻。若以发射极电压为参考电压,则三极管发射结正偏,集电结反偏这个外部条件也可用电压关系来表示,对于 NPN 型:$U_C > U_B > U_E$;对于 PNP 型:$U_E > U_B > U_C$。

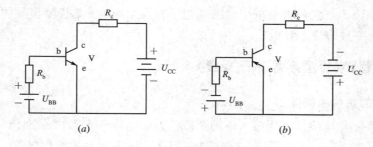

图 1.33　三极管电源的接法
(a) NPN 型;(b) PNP 型

（2）基本连接方式。三极管有三个电极，而在连成电路时必须由两个电极接输入回路，两个电极接输出回路，这样势必有一个电极作为输入和输出回路的公共端。根据公共端的不同，有以下三种基本连接方式：

① 共发射极接法（简称共射接法）。共射接法是以基极为输入端的一端，集电极为输出端的一端，发射极为公共端，如图1.34(a)所示。

② 共基极接法（简称共基接法）。共基接法是以发射极为输入端的一端，集电极为输出端的一端，基极为公共端，如图1.34(b)所示。

③ 共集电极接法（简称共集接法）。共集接法是以基极为输入端的一端，发射极为输出端的一端，集电极为公共端，如图1.34(c)所示。

图中"⊥"表示公共端，又称接地端。无论采用哪种接法，都必须满足发射结正偏、集电结反偏。

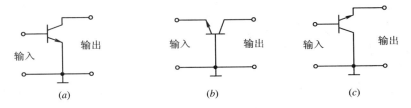

图 1.34　三极管电路的三种组态

（a）共发射极接法；（b）共基极接法；（c）共集电极接法

2）电流放大原理

在图 1.35 中，U_{BB} 为基极电源电压，用于向发射结提供正向电压，R_b 为限流电阻。U_{CC} 为集电极电源，要求 $U_{CC} > U_{BB}$，它通过 R_c、集电结、发射结形成电路。由于发射结获得了正向偏置电压，其值很小（硅管约为 0.7 V），因而 U_{CC} 主要降落在电阻 R_c 和集电结两端，使集电结获得反向偏置电压。图 1.35 中，发射极为三极管输入回路和输出回路的公共端，这种连接方式就是前面介绍的共发射极电路。

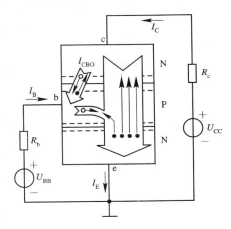

图 1.35　NPN 型三极管中载流子的运动和各极电流

在正向电压的作用下，发射区的多子（电子）不断向基区扩散，并不断由电源得到补充，形成发射极电流 I_E。基区多子（空穴）也要向发射区扩散，由于其数量很小，可忽略。到达基区的电子继续向集电结方向扩散，在扩散过程中，少部分电子与基区的空穴复合，形成基极电流 I_B。由于基区很薄且掺杂浓度低，因而绝大多数电子都能扩散到集电结边缘。由于集电结反偏，这些电子全部漂移过集电结，形成集电极电流 I_C。

可见，三极管在外加电压的作用下，发射区向基区注入的载流子大部分到达集电区而形成集电极电流 I_C，只有少部分载流子在基区复合形成基极电流 I_B，显然 $I_C \gg I_B$，且发射极电流为 $I_E = I_B + I_C$。

当发射结正向偏置电压改变时，从发射区扩散到基区的载流子数将随之改变，从而使

集电极电流 I_C 产生相应的变化。由于 I_B 很小的变化就能引起 I_C 较大的变化，因此就形成了三极管的电流放大作用。通常用集电极电流 I_C 与基极电流 I_B 之比值来反映三极管的放大能力，用 $\bar{\beta}$ 表示 ($\bar{\beta} \approx I_C / I_B$)，称为三极管共发射极电路的直流电流放大系数。当三极管制成后，$\bar{\beta}$ 也就确定了，其值远大于 1。

若考虑集电区及基区少数载流子漂移运动形成的集电结反向饱和电流 I_{CBO}（如图 1.35 所示），则 I_C 与 I_B 之间有关系

$$\bar{\beta} = \frac{I_C - I_{CBO}}{I_B + I_{CBO}}$$

上式也可写成

$$I_C = \bar{\beta} I_B + (1 + \bar{\beta}) I_{CBO} = \bar{\beta} I_B + I_{CEO} \qquad (1-1)$$

式中，I_{CEO} 为穿透电流，其计算公式为 $I_{CEO} = (1 + \bar{\beta}) I_{CBO}$，单位为 mA。

由此可见，三极管并非两个 PN 结的简单组合，不能用两个二极管来代替；在放大电路中也不可将发射极和集电极对调使用。

3. 三极管的特性曲线及主要参数

1）三极管的特性曲线

三极管的特性曲线是指各极电压与电流之间的关系曲线，它是三极管内部载流子运动的外部表现。从使用角度来看，外部特性显得更为重要。因为三极管的共射接法应用最广，故以 NPN 管共射接法为例来分析三极管的特性曲线。由于三极管有三个电极，它的伏安特性曲线比二极管更复杂一些，工程上常用到的是它的输入特性和输出特性。

（1）输入特性曲线。当 U_{CE} 不变时，输入回路中的电流 I_B 与电压 U_{BE} 之间的关系曲线被称为输入特性，即

$$I_B = f(U_{BE}) \big|_{U_{CE} = 常数} \qquad (1-2)$$

输入特性曲线如图 1.36 所示。

当 $U_{CE} = 0$ 时，三极管的输入回路相当于两个 PN 结并联，如图 1.37 所示。三极管的输入特性是两个正向二极管的伏安特性。

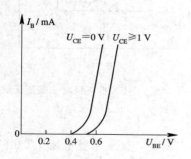

图 1.36 输入特性

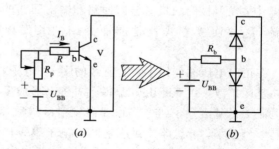

图 1.37 $U_{CE} = 0$ 时，三极管测试电路和等效电路
（a）测试电路；（b）等效电路

当 $U_{CE} \geq U_{BE}$ 时，b、e 两极之间加上正向电压。集电结反偏，发射区注入基区的电子绝大部分漂移到集电极，只有一小部分与基区的空穴复合形成基极电流 I_B。与 $U_{CE} = 0$ 时相比，在 U_{BE} 相同条件下，I_B 要小得多，输入特性曲线向右移动；若 U_{CE} 继续增大，则曲线继续右移。

当 $U_{CE} > 1$ V 时，在一定的 U_{BE} 条件之下，集电结的反向偏压足以将注入到基区的电子全部拉到集电极，此时 U_{CE} 再继续增大，I_B 也变化不大，因此 $U_{CE} > 1$ V 以后，不同 U_{CE} 值的各条输入特性曲线几乎重叠在一起，所以常用 $U_{CE} > 1$ V 的某条输入特性曲线来代表 U_{CE} 更高的情况。在实际应用中，三极管的 U_{CE} 一般大于 1 V，因而 $U_{CE} > 1$ V 时的曲线更具有实际意义。

由三极管的输入特性曲线可看出：三极管的输入特性曲线是非线性的，输入电压小于某一开启值时，三极管不导通，基极电流为零，这个开启电压又叫阈值电压。对于硅管，其阈值电压约为 0.5 V，锗管约为 (0.1~0.2)V。当管子正常工作时，发射结压降变化不大，对于硅管约为 (0.6~0.7)V，对于锗管约为 (0.2~0.3)V。

（2）输出特性曲线。当 I_B 不变时，输出回路中的电流 I_C 与电压 U_{CE} 之间的关系曲线称为输出特性曲线，即

$$I_C = f(U_{CE}) \mid_{I_B = 常数} \tag{1-3}$$

当 I_B 为一个固定值时，可得到一条输出特性曲线，改变 I_B 值即可得到一族输出特性曲线。

以硅 NPN 型三极管为例，其输出特性曲线族如图 1.38 所示。在输出特性曲线上可划分为三个区：放大区、截止区、饱和区。

① 放大区。当 $U_{CE} > 1$ V 以后，三极管的集电极电流 $I_C = \bar{\beta} I_B + I_{CEO}$，$I_C$ 与 I_B 成正比而与 U_{CE} 关系不大，所以输出特性曲线几乎与横轴平行。当 I_B 一定时，I_C 的值基本不随 U_{CE} 变化，具有恒流特性；I_B 等量增加时，输出特性曲线等间隔地平行上移。这个区域的工作特点是发射结正向偏置，集电结反向偏置，$I_C \approx \bar{\beta} I_B$。由于工作在这一区域的三极管具有放大作用，因而把该区域称为放大区。

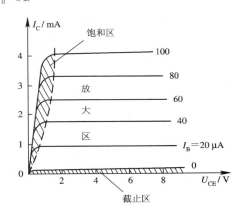

图 1.38 NPN 管共发射极输出特性曲线

② 截止区。当 $I_B = 0$ 时，$I_C = I_{CEO}$，由于穿透电流 I_{CEO} 很小，输出特性曲线是一条几乎与横轴重合的直线。通常将 $I_B = 0$ 时输出特性曲线以下的区域称为截止区。该区域的工作特点是发射结反向偏置（也可零偏），集电结反向偏置，$I_B \approx 0$，$I_C \approx 0$，三极管呈截止状态。

③ 饱和区。当 $U_{CE} < U_{BE}$ 时，I_C 与 I_B 不成比例，它随 U_{CE} 的增加而迅速上升，这一区域称为饱和区，$U_{CE} = U_{BE}$ 时称为临界饱和。饱和区域的工作特点是发射结和集电结均正向偏置，这时，三极管失去放大能力。

综上所述，对于 NPN 型三极管，工作于放大区时，$U_C > U_B > U_E$；工作于截止区时，$U_C > U_E > U_B$；工作于饱和区时，$U_B > U_C > U_E$。

例 1.1 判断图 1.39 中的三极管的工作状态。

解 在图 1.39(a) 中，$U_B = 2.7$ V，$U_C = 8$ V，$U_E = 2$ V，经比较：$U_C > U_B > U_E$，故发射结正偏，集电结反偏，所以图 1.39(a) 中的三极管工作于放大区。

在图 1.39(b) 中，$U_B = 3.7$ V，$U_C = 3.3$ V，$U_E = 3$ V，经比较：$U_B > U_C > U_E$，发射结和集电结均正向偏置，所以图 1.39(b) 中的三极管处于饱和区。

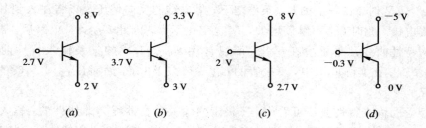

图 1.39 三极管的工作状态

在图 1.39(c) 中，$U_B = 2$ V，$U_C = 8$ V，$U_E = 2.7$ V，经比较：$U_C > U_E > U_B$，发射结和集电结均反向偏置，所以图 1.39(c) 中的三极管工作于截止区。

在图 1.39(d) 中，三极管为 PNP 型，对于 PNP 型三极管，工作在放大区时，各极电压的关系大小应为 $U_E > U_B > U_C$；工作于截止区时，各极电压的大小关系应为 $U_B > U_E > U_C$；工作于饱和区时，各极电压的大小关系应为 $U_E > U_C > U_B$。在图 1.39(d) 中，$U_B = -3$ V，$U_E = 0$ V，$U_C = -5$ V。经比较得：$U_E > U_B > U_C$，发射结正向偏置，集电结反向偏置，所以图 1.39(d) 中的三极管工作于放大区。

2) 三极管的主要参数

三极管的参数是表征管子性能和安全使用范围的物理量，是正确使用和合理选择三极管的依据。三极管的参数较多，这里主要介绍以下几个。

(1) 电流放大系数。电流放大系数的大小反映了三极管放大能力的强弱。

① 共发射极交流电流放大系数 β。β 指集电极电流变化量与基极电流变化量之比，其大小体现了共射接法时三极管的放大能力。即

$$\beta = \frac{\Delta I_C}{\Delta I_B} \bigg|_{U_{CE} = 常数}$$

② 共发射极直流电流放大系数 $\bar{\beta}$。$\bar{\beta}$ 为三极管集电极电流与基极电流之比，即

$$\bar{\beta} = \frac{I_C}{I_B}$$

因 $\bar{\beta}$ 与 β 的值几乎相等，故在应用中不再区分，均用 β 表示。

(2) 极间反向电流。

① 集电极-基极间的反向饱和电流 I_{CBO}。I_{CBO} 是指发射极开路时，集电极-基极间的反向电流，也称集电结反向饱和电流。温度升高时，I_{CBO} 急剧增大，温度每升高 10℃，I_{CBO} 增大 1 倍。选管时应选 I_{CBO} 小且 I_{CBO} 受温度影响小的三极管。

② 集电极-发射极间的反向电流 I_{CEO}。I_{CEO} 是指基极开路时，集电极-发射极间的反向电流，也称集电结穿透电流。它反映了三极管的稳定性，其值越小，受温度影响也越小，三极管的工作就越稳定。

(3) 极限参数。三极管的极限参数是指在使用时不得超过的极限值，以此保证三极管的安全工作。

① 集电极最大允许电流 I_{CM}。集电极电流 I_C 过大时，β 将明显下降，I_{CM} 为 β 下降到规定允许值(一般为额定值的 $1/2 \sim 2/3$)时的集电极电流。使用中若 $I_C > I_{CM}$，则三极管不一定会损坏，但 β 明显下降。

② 集电极最大允许功率损耗 P_{CM}。管子工作时，U_{CE} 的大部分降在集电结上，因此集电极功率损耗 $P_C = U_{CE} \cdot I_C$，近似为集电结功耗，它将使集电结温度升高而使三极管发热致使管子损坏。工作时的 P_C 必须小于 P_{CM}。

③ 反向击穿电压 $U_{(BR)CEO}$、$U_{(BR)CBO}$、$U_{(BR)EBO}$。$U_{(BR)CEO}$ 为基极开路时集电结不致击穿而允许施加在集电极-发射极之间的最高反向电压。$U_{(BR)CBO}$ 为发射极开路时集电结不致击穿而允许施加在集电极-基极之间的最高反向电压。$U_{(BR)EBO}$ 为集电极开路时发射结不致击穿而允许施加在发射极-基极之间的最高反向电压。

它们之间的关系为 $U_{(BR)CEO} > U_{(BR)CBO} > U_{(BR)EBO}$。通常，$U_{(BR)CEO}$ 为几十伏，$U_{(BR)EBO}$ 为几伏到几十伏。

根据极限参数 I_{CM}、P_{CM}、$U_{(BR)CEO}$ 可以确定三极管的安全工作区，如图 1.40 所示。三极管工作时必须保证工作在安全区内，并留有一定的余量。

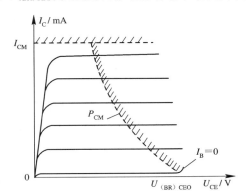

图 1.40　三极管的安全工作区

4. 三极管的型号与检测

1）三极管的型号

三极管的型号与命名方法按照国家标准规定一般由五个部分组成，详见附录 A。其中，第一部分用阿拉伯数字表示三极管的电极数目；第二部分用汉语拼音字母表示三极管的材料及极性；第三部分用汉语拼音字母表示三极管的类型；第四部分用阿拉伯数字表示序号；第五部分用汉语拼音字母表示规格号。

2）三极管的检测

三极管在装入电路前经常需要用简易的方法来判别其质量的好坏。以下是用万用表检测三极管的几种方法。

（1）判断三极管的极性和基极。由于 NPN 型和 PNP 型极性不同，因此工作时不能相互调换。用万用表判断的方法是：将万用表置于电阻 $R \times 1$ kΩ 挡，用黑表笔接三极管的某一管脚（假设它是基极），用红表笔分别接另外两个管脚。如果表针指示的两个阻值都很小，这个管便是 NPN 型管，这时黑表笔所接的管脚便是 NPN 型管的基极；如果表针指示的两个阻值都很大，这个管便是 PNP 型管，这时黑表笔所接的管脚便是 PNP 型管的基极。如果表针指示的阻值一个很大，另一个很小，这时黑表笔所接的管脚肯定不是三极管的基极，要换另一个管脚再检测。

（2）判断三极管的集电极和发射极。按照上述方法首先可以判断出三极管的基极，然后用万用表判断三极管的另外两个极。将万用表置于电阻 $R \times 1$ kΩ 挡，将两表笔分别接在剩下的两个管脚上，测其阻值，然后交换再测一次。对于 PNP 型管，在测出电阻值小的那次接法中，黑表笔接的是发射极；对于 NPN 型管，则黑表笔接的是集电极。这种测试方法不一定可靠，还可以用另一种方法测试，即根据两种管型的不同接法观察三极管的放大能力，从而做出准确的判断。

对于 NPN 型管，首先假定发射极和集电极，将万用表置于电阻 $R \times 1 \ \mathrm{k\Omega}$ 挡，用红表笔接假定的发射极，用黑表笔接假定的集电极，此时表针应基本不动。然后用手指将基极与假定的集电极捏在一起（注意不要短路），如图 1.41 所示，这时表针应向右偏转一个角度。调换所假定的发射极和集电极，按照上述方法重新测量一次，对两次表针偏转角度进行比较，偏转角度大的那一次的电极假定一定是正确的。

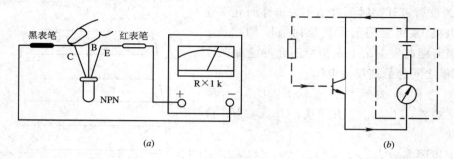

图 1.41　准确判断三极管的集电极和发射极
(a) 测试方法；(b) 等效电路

对于 PNP 型管，测试方法是一样的，不过要注意表笔极性的接法。应该用黑表笔接假定的发射极，用红表笔接假定的集电极，再用手指将基极与假定的集电极捏在一起（注意不要短路），观察表针的偏转情况。

（3）测量三极管的直流放大倍数。将万用表的功能选择开关调到 HFE 处，并调零，然后把三极管的三个极正确插入万用表面板上的小孔 e、b、c 内，这时万用表的指针会向右偏转，在表头刻度盘上标有 HFE 的刻度线上的指示值，就是所测三极管的直流放大倍数。

1.5.2　场效应管(单极型半导体三极管)

场效应管(简称 FET)是利用输入电压产生的电场效应来控制输出电流的，是一种电压控制型半导体器件。它工作时只有一种载流子(多数载流子)参与导电，故也叫做单极型半导体三极管。它具有很高的输入电阻，能满足高内阻信号源对放大电路的要求，所以是较理想的前置输入级器件。另外，它还具有热稳定性好、功耗低、噪声小、抗辐射能力强等优点，因而得到了广泛的应用。

根据结构不同，场效应管可以分为结型场效应管(JFET)和绝缘栅型场效应管(IGFET)或称 MOS 型场效应管两大类。其中绝缘栅型由于制造工艺简单，便于实现集成电路，因此发展很快。下面着重介绍绝缘栅型场效应管的结构特性及主要参数。

1. 绝缘栅型场效应管的结构和符号

绝缘栅型场效应管根据导电沟道的不同，可分为 N 型沟道和 P 型沟道两类。N 型沟道绝缘栅型场效应管是用一块杂质浓度较低的 P 型硅基片作衬底，在上面制作两个杂质浓度很高的 N 型区，分别用金属铝各引出一个电极，称为源极 S 和漏极 D，然后，在衬底表面制作一层二氧化硅绝缘层，并在上面引出一个电极，称为栅极 G，如图 1.42 所示。

因为栅极与漏极、源极、硅片之间是绝缘的，所以称为绝缘栅型场效应管。由于它是由金属、氧化物和半导体制成的，因此又称为金属氧化物半导体场效应管(MOSFET)，简称 MOS 管。由于栅极是绝缘的，所以 MOS 管的栅极电流几乎为零，输入电阻 R_{GS} 很高，可达 10^{14} Ω。

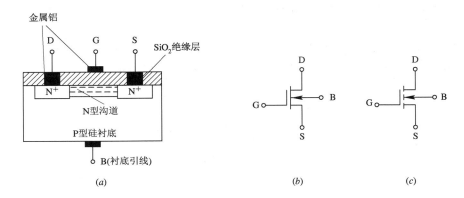

图 1.42　N 沟道 MOS 管的结构及图形符号

(a) 结构示意图；(b) 耗尽型；(c) 增强型

1）N 型沟道 MOS 管（NMOS 管）

制造 MOS 管时，在 SiO_2 绝缘层中掺入大量的正离子以产生足够强的内电场，使得 P 型衬底的硅表层中多数载流子空穴被排斥开，从而感应出很多负电荷，使漏极与源极之间形成 N^+ 型电子导电沟道，如图 1.42(a) 所示。这样，即使栅极与源极之间不加电压（$U_{GS}=0$），漏极与源极之间已经存在原始的导电沟道，这种场效应管称为耗尽型场效应管，其图形符号如图 1.42(b) 所示。

如果在 SiO_2 绝缘层中掺入的正离子量较少，不足以形成原始导电沟道，只有在栅极与源极之间加上一个正向电压，即 $U_{GS}>0$ 时，才能形成导电沟道。这种场效应管称为增强型场效应管，其图型符号如图 1.42(c) 所示。

2）P 型沟道 MOS 管（PMOS 管）

在制造 MOS 管时采用 N 型硅材料作衬底，使漏极与源极之间形成 P 型空穴导电沟道，如图 1.43(a) 所示。P 沟道耗尽型场效应管与 P 沟道增强型场效应管的图形符号如图 1.43(b) 和(c) 所示，其工作原理与 N 沟道场效应管一样，只是两者的电源极性、电流方向相反。

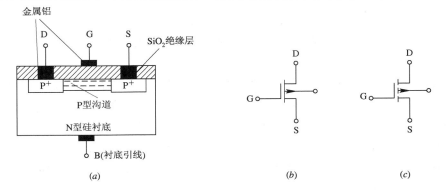

图 1.43　P 沟道 MOS 管的结构与符号

(a) 结构示意图；(b) 耗尽型；(c) 增强型

2. 绝缘栅型场效应管的特性

现以 N 沟道场效应管为例来分析其特性。在漏极与源极电压 U_{DS} 为常数的条件下，漏极电流 I_D 与栅源电压 U_{GS} 之间的关系曲线称为场效应管的转移特性曲线，如图 1.44(a) 和图 1.45(a) 所示。

在栅极与源极电压 U_{GS} 为常数的条件下，漏极电流 I_D 与漏源电压 U_{DS} 的关系曲线称为场效应管的输出（漏极）特性曲线，如图 1.44(b) 和图 1.45(b) 所示。

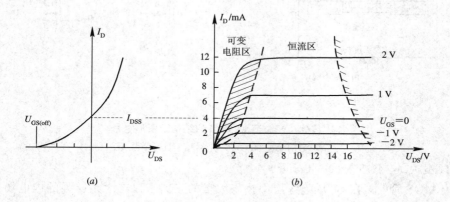

图 1.44 N 沟道耗尽型 MOS 管的特性曲线
(a) 转移特性曲线；(b) 输出（漏极）特性曲线

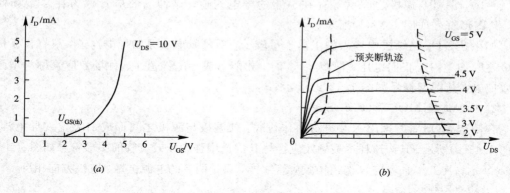

图 1.45 N 沟道增强型 MOS 管的特性曲线
(a) 转移特性曲线；(b) 输出（漏极）特性曲线

1）耗尽型场效应管特性分析

图 1.44(a) 是 N 沟道耗尽型场效应管的转移特性曲线。由于耗尽型场效应管存在原始导电沟道，在 $U_{GS}=0$ 时，漏、源极之间就能导电，这时在外加漏源电压 U_{DS} 的作用下，流过场效应管的漏极电流称为漏极饱和电流 I_{DSS}。当 $U_{GS}>0$ 时，沟道内感应出的负电荷增加，使导电沟道加宽，沟道电阻减小，I_D 增大。当 $U_{GS}<0$ 时，会在沟道内产生出正电荷与原始负电荷复合，使沟道变窄，沟道电阻增大，I_D 减小；当 U_{GS} 达到一定负值时，导电沟道内的载流子全部复合耗尽，沟道被夹断，$I_D=0$，这时的 U_{GS} 称为夹断电压，用 $U_{GS(off)}$ 表示。

图 1.44(b) 是 N 沟道耗尽型场效应管的输出（漏极）特性曲线，按场效应管的工作情况

可将漏极特性曲线分为可变电阻区、恒流区（放大区）、夹断区和击穿区。在可变电阻区内，漏源电压 U_{DS} 相对较小，漏极电流 I_D 随 U_{DS} 的增加而增加，输出电阻 $r_o = \Delta U_{DS}/\Delta I_D$ 相对较小，并且可以通过改变栅源电压 U_{GS} 的大小来改变输出电阻 r_o 的阻值。在恒流区内，当栅源电压 U_{GS} 为常数时，漏极电流 I_D 几乎不随漏、源电压 U_{DS} 的变化而变化，特性曲线趋向于与横轴平行，输出电阻 r_o 很大，在栅源电压 U_{GS} 增大时，漏极电流 I_D 随 U_{GS} 呈线性增大，因此，该区又称为放大区。在该区内 I_D 与 U_{GS} 之间的关系可用下面给出的近似公式表示，即

$$I_D = I_{DSS}\left(1 - \frac{U_{GS}}{U_{GS(off)}}\right)^2 \tag{1-4}$$

在夹断区，当 $U_{GS} \leqslant U_{GS(off)}$ 时，导电沟道完全被夹断，$I_D = 0$。

2）增强型场效应管特性分析

图 1.45(a) 是 N 沟道增强型场效应管的转移特性曲线，由于增强型场效应管不存在原始导电沟道，所以在 $U_{GS} = 0$ 时，场效应管不能导通，$I_D = 0$。

在栅极和源极之间加一个正向电压 U_{GS}，在 U_{GS} 作用下，会产生垂直于衬底表面的电场，使 P 型衬底内的空穴被排斥而向衬底方向运动，电子则被吸引到衬底和 SiO_2 绝缘层的表层来，随着 U_{GS} 的增加，被吸引的电子大量增加，便形成一个 N^+ 型薄层，把两个 N^+ 区连通，形成导电沟道，漏、源极之间便有 I_D 出现。在一定的漏源电压 U_{DS} 下，使管子导通的临界栅源电压称为开启电压，用 $U_{GS(th)}$ 表示。当 $U_{GS} \leqslant U_{GS(th)}$ 时，$I_D \approx 0$，当 $U_{GS} > U_{GS(th)}$ 时，随 U_{GS} 增加，I_D 也随之增大。图 1.45(b) 是 N 沟道增强型场效应管的输出（漏极）特性曲线，它与耗尽型场效应管的输出（漏极）特性曲线相似。

综上所述，场效应管的漏极电流 I_D 受栅源电压 U_{GS} 的控制，即 I_D 随 U_{GS} 的变化而变化。所以，场效应管是一种电压控制型元件。

3. 主要参数

场效应管的主要参数除前面提到的输入电阻 R_{GS}、夹断电压 $U_{GS(off)}$ 和开启电压 $U_{GS(th)}$ 外，还有以下重要参数。

1）漏源击穿电压 $U_{(BR)DS}$

漏源击穿电压是指漏极与源极之间能承受的最大反向电压，当 U_{DS} 值超过 $U_{(BR)DS}$ 时，漏、源间发生击穿，I_D 开始急剧上升。

2）栅源击穿电压 $U_{(BR)GS}$

栅源击穿电压是指栅极与源极之间能承受的最大反向电压，当 U_{GS} 值超过此值时，栅、源间发生击穿，I_D 由零开始急剧上升。

3）跨导 g_m

在 U_{DS} 为某一定值时，漏极电流 I_D 的变化量 ΔI_D 与引起这个变化的栅源电压 U_{GS} 的变化量 ΔU_{GS} 的比值称为跨导，即

$$g_m = \frac{\Delta I_D}{\Delta U_{GS}}\bigg|_{U_{DS}=常数}$$

g_m 反映了栅源电压对漏极电流的控制能力，其单位为 $\mu A/V$ 或 mA/V。它是表征场效应管放大能力的重要参数。

4）漏极最大耗散功率 P_{DM}

漏极最大耗散功率是漏极耗散功率 $P_D = U_{GS} \times I_D$ 的最大允许值，是从发热角度对管子提出的限制条件。

1.6　表面安装电子元器件

表面安装技术是当前电子组装制造的主流技术，表面安装电子元器件也自然成为元器件的主要封装形式。

1.6.1　表面安装电阻器

表面安装电阻器又称为片状电阻或无引线电阻，是当今电子设备、仪器当中应用最多的电子元件。它的特点是体积小、重量轻、高频特性好、电性能优异、形状简单、尺寸标准化，有矩形和圆柱形两种。

1. 矩形片状电阻器

矩形片状电阻器由陶瓷基片、电阻膜、玻璃釉保护层和端头电极四部分组成。阻值范围一般为 $10\ \Omega \sim 3.3\ M\Omega$，而国产电阻为 $1\ \Omega \sim 10\ M\Omega$。额定功率有 $1\ W$、$1/2\ W$、$1/4\ W$、$1/8\ W$、$1/10\ W$、$1/16\ W$ 和 $1/32\ W$。矩形片状电阻的焊接温度一般为 $235\pm 5\ ℃$，焊接时间为 $3\pm 1\ s$，最高焊接温度为 $260\pm 5\ ℃$（$10\pm 1\ s$）。矩

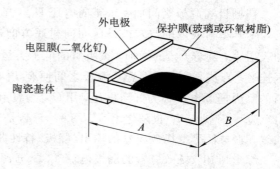

图 1.46　片状电阻器的结构及外形

形片状电阻器的工作电压为（$100\sim 200$）V，视其功率大小而定。片状电阻器的结构及外形如图 1.46 所示。

2. 圆柱形电阻

圆柱形固定电阻器即金属电极无引脚端面元件（Metal Electrode Face Bonding Type），简称 MELF 电阻器。MELF 主要有碳膜 ERD 型、高性能的金属膜 ERO 型及跨接用的 $0\ \Omega$ 电阻器三种。与片式电阻器相比，它无方向性和正反面性，包装使用方便，装配密度高，固定到印制板上有较高的抗弯曲能力，特别是噪声电平和三次谐波失真都比较低，常用于高档音响电器产品中。MELF 电阻器的外形尺寸如图 1.47 所示。

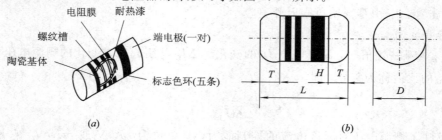

图 1.47　MELF 电阻器结构及外形尺寸

（a）MELF 电阻器结构；（b）MELF 电阻器外形尺寸

目前,我国暂用日本企业的标识方法来识别圆柱形电阻。圆柱形电阻色环的标识及其含义如图 1.48 及表 1.4 所示。

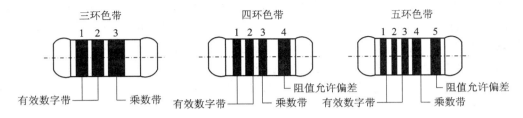

图 1.48　圆柱型固定电阻器 MELF 标识

表 1.4　表面安装电阻器色环含义

颜色	银	金	黑	棕	红	橙	黄	绿	蓝	紫	灰	白	无
有效数字	—	—	0	1	2	3	4	5	6	7	8	9	—
数量级	10^{-2}	10^{-1}	10^{0}	10^{1}	10^{2}	10^{3}	10^{4}	10^{5}	10^{6}	10^{7}	10^{8}	10^{9}	—
允许误差	±10	±5	—	±1	±2	—	—	±0.5	±0.25	±0.1	—	$+50$ -20	±20

1.6.2　表面安装电容器

表面安装电容器大约有 80% 是多层片状瓷介电容器,其次是钽电容器和铝电解电容器,有机薄膜和云母电容器很少。

1. 片状瓷介电容器

片状瓷介电容器有矩形、圆柱形两种。其中矩形片状陶瓷电容采用多层叠层结构,所以又称为片状独石电容,其外形如图 1.49(a)所示。

2. 片状固体电解电容器

片状固体电解电容器分为铝电解电容和钽电解电容。其中片状钽电解电容外形如图 1.49(b) 所示。

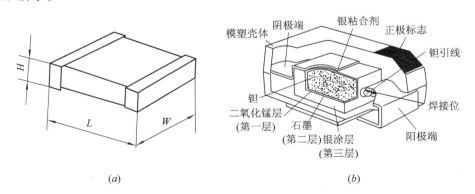

(a)　　　　　　　　　　(b)

图 1.49　表面安装电容器外形图

(a) 矩形片状陶瓷电容;(b) 片状固体钽电解电容

1.6.3 表面安装电感器

表面安装电感器常见的有片状叠层电感器和绕线电感器。线绕电感的外形多为片状矩形，用漆包线绕在磁芯上，以提高电感量；对于某些电源电路使用的升压电感，其漆包线较隐蔽。还有一些 LC 选频电路的电感，其外表呈白色、浅蓝色、绿色、一半白色一半黑色或两头是银色的镀锡层，中间为蓝色等颜色，形状类似普通小电容，这种电感即为层叠电感，又叫压模电感，可通过图纸和测量方法将其与电容进行区分。表面安装电感器外形如图 1.50 所示。

(a) (b)

图 1.50 表面安装电感器外形图

(a) 线绕形片状电感；(b) 叠层型片状电感

1.6.4 表面安装二极管

常见的表面安装二极管分为无引线圆柱形和矩形两种。圆柱形表面安装二极管一般为黑色，一端有一白色竖条，表示该端为负极。图 1.51(a) 所示是 AR25 系列圆柱形表面安装整流二极管的外形。矩形表面安装二极管有三条长度仅为 0.65 mm 的短引线。根据内部所含二极管的数量，可划分成单管、对管（亦称双管）。对管中又分共阳（正极）对管、共阴（负极）对管、串接对管等形式。矩形表面安装二极管内部结构如图 1.51(b) 所示，NC 表示空脚。

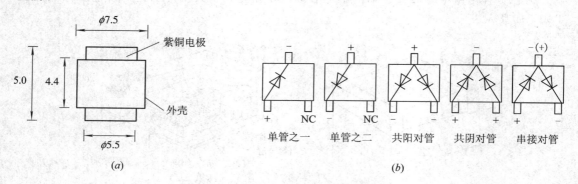

(a) (b)

图 1.51 表面安装二极管外形及内部结构

(a) AR25 系列圆柱形表面安装整流二极管外形；(b) 矩形表面安装二极管内部结构

表面安装二极管类别不同，在电路中的作用也不同。普通二极管用于开关、整流、隔离；发光二极管用于键盘灯、显示屏照明；变容二极管是一种电压控制元件，通常用于压控振荡器（VCO），改变数码电子产品本振和载波频率，使数码电子产品锁定信道；稳压二极管用于简单的稳压电路或产生基准电压。

1.6.5 表面安装三极管

表面安装三极管分为普通表面安装三极管、双栅场效应管、高频晶体管和功率较大的高频晶体管等。常见的普通表面安装三极管如图 1.52 所示。

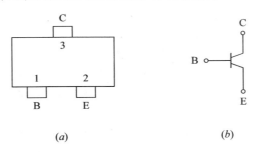

图 1.52 表面安装三极管外形及电路符号

(a) 外形图；(b) 符号

普通表面安装晶体三极管的功耗一般为(150~300) mW，均系小功率硅(或锗)管。普通表面安装三极管与对应的通孔三极管比较，体积小，耗散功率也较小，其他参数变化不大。电路设计时，应考虑散热条件，可通过给器件提供热焊盘，将器件与热通路连接，或使用那些在封装顶部加散热片的管子来加快散热。还可对三极管降额使用来提高其可靠性，即所选三极管的额定电流和电压为实际最大值的 1.5 倍，额定功率为实际耗散功率的 2 倍左右。

数码电子产品中的表面安装三极管一般为黑色，大多数有三只引脚，少数为四只引脚(三极管中有两个引脚相通，一般为发射极 e)，也有的采用双三极管封装形式。表面安装三极管的作用与场效应管极为相似，在电路板上较难区分，只有借助原理图和印刷电路图识别，判断时应注意区分，以免误判。表面安装三极管有 NPN、PNP 两种类型。它们的三个引出脚基极 b、发射极 e、集电极 c 对应于场效应管的栅极 G、源极 S、漏极 D。常用的还有双三极管、双场效应管封装方式。一类是单纯的两个管子封装在一起，还有一类是两个管子有逻辑关系并封装在一起，如构成电子开关等。

本 章 小 结

(1) 电阻器在电子电路中应用较为广泛，电阻器的主要作用是：限制电流、降低电压、分配电压、向各种电子元器件提供必需的工作电压和电流等。电阻器的种类较多，正确识读对使用很重要，因此，要熟练掌握电阻器的正确识读方法。

(2) 电容器在电子电路中起隔断直流电、旁路交流电，进行信号调谐、耦合、滤波、去耦等作用。要熟练掌握电容器的正确识读方法。

(3) 电感器是指电感线圈和各种变压器，在电子电路中起着电磁转换的功能。电感器是电子电路中的重要元件，与电阻器、电容器、三极管等能组成放大器、振荡器等电路。

(4) 半导体导电能力取决于其内部载流子的多少，由空穴和自由电子两种载流子参与导电。本征半导体有热敏性、光敏性和掺杂性。杂质半导体分为 N 型和 P 型两种。N 型半导体中电子是多子，空穴是少子；P 型半导体中空穴是多子，电子是少子。

（5）PN 结是制造半导体器件的基本部件。它是 P 型和 N 型半导体交界面附近的一个特殊带电薄层。PN 结正偏时，正向电流主要由多子的扩散运动形成，其值较大且随着正偏电压的增加而迅速增大，PN 结处于导通状态；PN 结反偏时，反向电流主要由少子的漂移运动形成，其值很小，且基本不随反偏电压的变化而变化，PN 结处于截止状态。

（6）二极管是由一个 PN 结为核心组成的，它的基本特性就是单向导电性。伏安特性曲线形象地反映了二极管的单向导电性和反向击穿特性。

（7）三极管由两个 PN 结组成，其伏安特性曲线为输入特性曲线和输出特性曲线。它有三种工作状态，即放大、截止和饱和。当发射结正偏、集电结反偏时，三极管具有电流放大作用。在放大区，只要控制基极电流就能控制其余两极的电流，因此半导体三极管也叫电流控制型器件。当集电结和发射结均反偏时，三极管工作在截止区；两者均正偏时工作在饱和区。

（8）场效应管是一种单极性半导体器件，其基本功能是利用栅、源极之间电压控制漏极电流，属于电压控制型器件，具有输入电阻高、噪声低、热稳定性好、耗电省等优点。其中绝缘栅型场效应管（简称 MOS 管）应用较为广泛。场效应管按导电沟道分为 N 型和 P 型两种；按导电特点又分为耗尽型和增强型两类。耗尽型管存在原始导电沟道，增强型管只有在栅源电压超过开启电压时才会形成导电沟道。场效应管的特性曲线常用的有转移特性曲线和输出（漏极）特性曲线。输出特性曲线分为可变电阻区、放大区、夹断区和击穿区。作为放大器件使用时，场效应管必须工作在放大区，此时栅源电压对漏极电流才有控制作用。

（9）表面安装电子元器件的特点是体积小、重量轻、高频特性好、电性能优异，是当今电子设备、仪器中应用最多的电子元器件。

思考与习题一

1.1　稳压管有何特点？为使稳压管正常工作，其工作电压、电流应如何选择？

1.2　在如题 1.2 图所示的电路中，设二极管正向压降可忽略不计，在下列情况下，试求输出端电压 U_F。

（1）$U_A = 3$ V，$U_B = 0$ V；

（2）$U_A = U_B = 3$ V；

（3）$U_A = U_B = 0$ V。

1.3　二极管组成如题 1.3 图所示的电路。已知二极管的导通压降 $U_F = 0.7$ V，u_i 为正弦波，幅值 $U_{im} > U_F$，试定性画出输出电压 u_o 的波形图。

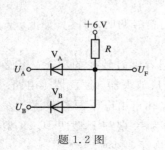

题 1.2 图

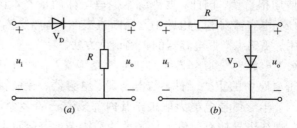

（a）　　　　　（b）

题 1.3 图

1.4　二极管组成如题 1.4 图所示的电路。已知 u_i 为正弦信号，幅值 $U_{im} \gg U_{CC}$，二极管的导通压降 U_F 可忽略，试定性画出输出电压 u_o 的波形图。

1.5　二极管接成如题 1.5 图所示的电路。二极管的导通压降 U_F 均为 0.7 V，正弦信号 u_i 的幅值 $U_{im} \gg U_{CC2}$，$U_{im} \gg U_F$。试定性画出输出电压 u_o 的波形图，并画出电压传输特性 $u_o = f(u_i)$ 的曲线。

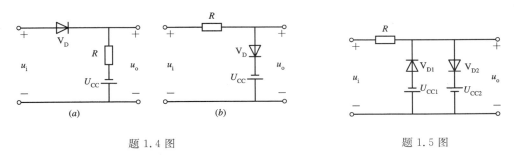

题 1.4 图　　　　　　　　　　题 1.5 图

1.6　如题 1.6 图 (a) 所示的电路中，V_{D1}、V_{D2} 为硅管，导通压降 U_F 均为 0.7 V，题 1.6 图 (b) 为输入 U_A、U_B 的波形，试画出输出电压 U_o 的波形图。

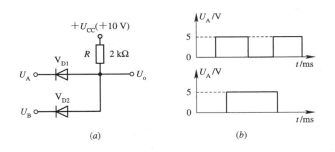

题 1.6 图

1.7　上题电路中，U_A、U_B 如果按下述方法连接，试确定相应的输出电压 U_o。

(1) U_A 接 +2 V，U_B 接 +5 V；

(2) U_A 接 +2 V，U_B 接 -2 V；

(3) U_A 悬空，U_B 接 +5 V；

(4) U_A 经 3 kΩ 电阻接地，U_B 悬空。

1.8　在如题 1.8 图所示的电路中，已知 $R = R_L = 100$ Ω，输入电压 $U_i = 24$ V，稳压管 V_{DZ} 的稳定电压 $U_Z = 8$ V，最大稳定电流 $I_{ZM} = 50$ mA，试求通过稳压管的稳定电流 I_Z 是否超过 I_{ZM}？若超过应采取何种措施来避免？

1.9　一个 NPN 型半导体三极管具有 e、b、c 三个电极，能否将 e、c 两个电极交换使用？为什么？

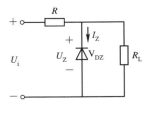

题 1.8 图

1.10　在一放大电路中，测得一个三极管三个电极的对地电压分别为 -6 V、-3 V、-3.2 V，试判断该三级管是 NPN 型还是 PNP 型？是锗管还是硅管？并确定三个电极。

1.11　放大电路中三极管三个电极的电压为下列各组数据,试确定各组电压对应的电极和三极管的类型(是 PNP 管还是 NPN 管;是硅管还是锗管)。

(1) 5 V, 1.2 V, 0.5 V;

(2) 6 V, 5.8 V, 1 V;

(3) 9 V, 8.3 V, 2 V;

(4) −8 V, −0.2 V, 0 V。

1.12　测得三极管三个电极的电压 U_B、U_C、U_E 分别为下列各组数据,试确定哪几组数据对应的三极管处在放大状态?

(1) 0.7 V, 6 V, 0 V;

(2) 0.7 V, 0.6 V, 0 V;

(3) 1.7 V, 6 V, 1.0 V;

(4) 4.8 V, 2.3 V, 5.0 V;

(5) −0.2 V, −3 V, 0 V;

(6) −0.2 V, −0.1 V, 0 V;

(7) 4.8 V, 5 V, 5 V;

(8) 0 V, 0 V, 6 V。

1.13　为什么说三极管是电流控制型元件,而场效应管是电压控制型元件?

1.14　绝缘栅型场效应管漏极特性曲线如题 1.14 图$(a) \sim (d)$所示。

(1) 试判断图$(a) \sim (d)$所示曲线对应的场效应管的类型。

(2) 根据图中标定值确定 $U_{GS(th)}$ 和 $U_{GS(off)}$ 的值。

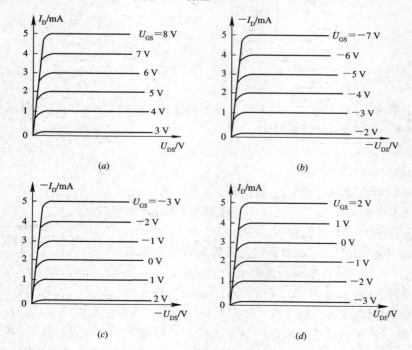

题 1.14 图

课题二　单管放大电路

三极管的一个基本应用就是构成放大电路，所谓放大，就是在保持信号不失真的前提下，使其由小变大，由弱变强。放大电路的功能就是在输入端加入一个微弱的电信号，在输出端可得到一个被放大了的电信号。利用三极管的电流放大作用或场效应管的压控电流作用，就可以组成放大电路。它在音像设备、电子仪器、计算机、图像处理、自动控制系统等方面有着广泛的应用。

放大电路并不能放大能量。实际上，负载得到的能量来自于放大电路的供电电源，放大电路的作用只不过是控制电源的能量，使其按输入信号变化规律向负载传送而已。因此，放大的实质是用微弱的（信号）能量控制较大的能量传输。

按照用途，放大电路分为电压（或电流）放大电路和功率放大电路，前者以放大电压（或电流）为主要任务，对于后者，主要要求有较大的功率输出。按照工作频率，放大电路又可分为直流放大电路和交流放大电路。此外，按照电路结构还可分为分立元件放大电路和集成放大电路。本章主要介绍几种基本放大电路的组成、工作原理、分析方法、特点及应用，为学习后续章节及课程打好基础。

2.1　基本放大电路的组成及工作原理

2.1.1　放大电路的组成及习惯画法

1. 放大电路的组成

一个放大电路可由输入信号源 U_S，三极管 V，输出负载 R_L 及电源偏置电路（U_{BB}、R_b、U_{CC}、R_c）组成。如图 2.1 所示，由于电路的输入端口和输出端口共有四个端点，而三极管只有三个电极，必然有一个电极共用，因而就有共发射极（简称共射极）、共基极、共集电极三种组态的放大电路。

如图 2.1 所示为最基本的共射极放大电路，其组成元件的作用如下：

（1）三极管（NPN 型硅管）V：起电流放大作用，用 I_B 控制 I_C，使 $I_C = \beta I_B$。

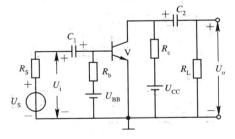

图 2.1　基本放大电路

（2）电源 U_{BB} 和 U_{CC}：使三极管发射结正偏，集电结反偏，三极管处在放大状态，同时也是放大电路的能量来源，提供 I_B 和 I_C。

（3）基极电阻 R_b：又称偏流电阻，用来调节基极直流电流 I_B，使三极管能工作在特性曲线的线性部分。

（4）集电极负载电阻 R_c：将受基极电流 I_B 控制而发生变化的集电极电流 I_C 转换成变化的电压 $U_{CE}(I_C R_c)$，这个变化的电压 U_{CE} 就是输出电压 U_o，假设 $R_c = 0$，则 $U_{CE} = U_{CC}$，当 I_C 变化时 U_{CE} 无法变化，因而就没有交流电压传送给负载 R_L。

（5）耦合电容 C_1、C_2：起"隔直通交"的作用，它把信号源与放大电路之间、放大电路与负载之间的直流隔开，在图 2.1 所示电路中，使 C_1 左边和 C_2 右边只有交流而无直流，中间部分为交直流共存。耦合电容一般多采用电解电容器。在使用时，应注意它的极性与加在它两端的工作电压极性相一致，正极接高电位，负极接低电位。

2. 放大电路的习惯画法

在实用电路中，用电源 U_{CC} 代替 U_{BB}，基极直流电流 I_B 由 U_{CC} 经 R_b 提供，这就是单电源供电的基本放大电路。在实际画法中，往往省略电源符号，只标出电压的端点，这样就得到如图 2.2 所示的习惯画法。

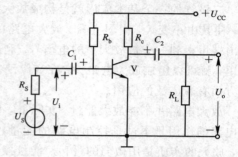

图 2.2　放大电路的习惯画法

2.1.2　放大电路的工作状态分析

1. 静态分析

在如图 2.2 所示电路中，当输入信号 $U_i = 0$ 时，放大电路的工作状态称为静态。这时电路中的电压、电流都是直流，没有交流成分。耦合电容 C_1、C_2 视为开路，直流通路如图 2.3(a) 所示。其中基极电流 I_B，集电极电流 I_C 及集电极与发射极间电压 U_{CE} 只有直流成分，而无交流输出，此时的对应值用 I_{BQ}、I_{CQ}、U_{CEQ} 表示，它们在三极管特性曲线上所确定的点称为静态工作点，用 Q 表示，如图 2.3(b) 所示。

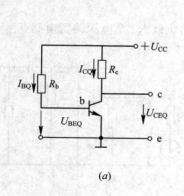

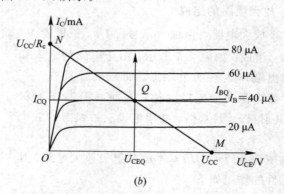

图 2.3　静态分析

(a) 直流通路；(b) 静态工作点

静态分析就是确定电路中的静态值 I_{BQ}、I_{CQ} 和 U_{CEQ}，常采用下列两种方法进行分析：

1）估算法

估算法是用放大电路的直流通路计算静态值，在图 2.3(a) 中

$$I_{BQ} = \frac{U_{CC} - U_{BE}}{R_b} \approx \frac{U_{CC}}{R_b} \qquad\qquad (2-1)$$

式中 $U_{BE} = 0.7$ V(硅管),可忽略不计。

$$I_{CQ} \approx \beta I_{BQ} \qquad\qquad (2-2)$$

$$U_{CEQ} \approx U_{CC} - I_{CQ}R_c \qquad\qquad (2-3)$$

2)图解法

根据三极管的输出特性曲线,用作图的方法求静态值称为图解法,如图 2.3(b)所示。其图解步骤如下:

(1)用估算法求出基极电流 I_{BQ}(如 40 μA)。

(2)根据 I_{BQ} 值在输出特性曲线中找到对应的曲线,如图 2.3(b)所示。

(3)作直流负载线。在图 2.3(a)中,因 $U_{CE} = U_{CC} - I_C R_c$,$I_C = \frac{U_{CC}}{R_c} - \frac{U_{CE}}{R_c}$,当 $I_C = 0$ 时,$U_{CE} = U_{CC}$,当 $U_{CE} = 0$ 时,$I_C = U_{CC}/R_c$,在输出特性曲线中找两个特殊点:$M(U_{CC}, 0)$,$N\left(0, \dfrac{U_{CC}}{R_c}\right)$。将 M、N 连线,其斜率为 $k = \tan\alpha = -\dfrac{1}{R_c}$,当 U_{CC} 选定后,这条直线就完全由直流负载电阻 R_c 确定,所以把这条直线叫做直流负载线。如图 2.3(b)所示。

(4)确定静态工作点 Q 及 U_{CEQ} 和 I_{CQ} 值。由 $I_B = I_{BQ}$ 决定的曲线与直流负载线 MN 的交点 Q 就是静态工作点。Q 点所对应的坐标就是要求的静态值 I_{CQ} 和 U_{CEQ}。

例 2.1 求如图 2.4(a)所示电路的静态工作点,并求静态值。电路中各参数如图所示,三极管为硅管,$\beta = 50$。

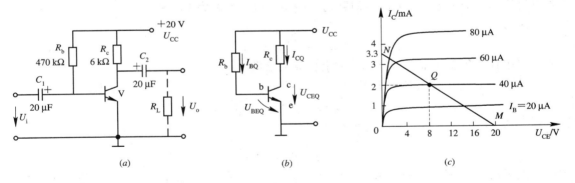

图 2.4 放大电路图解法

(a)放大电路;(b)直流通路;(c)静态工作点

解 (1)估算法。由式(2-1)、(2-2)和(2-3)可得

$$I_{BQ} = \frac{U_{CC} - U_{BE}}{R_b} = \frac{20 - 0.7}{470 \times 10^3} \approx 0.04 \text{ mA} = 40 \text{ μA}$$

$$I_{CQ} = \beta I_{BQ} = 50 \times 40 = 2 \text{ mA}$$

$$U_{CEQ} \approx U_{CC} - I_{CQ}R_c = 20 - (2 \times 10^{-3} \times 6 \times 10^3) = 8 \text{ V}$$

(2)图解法。在图 2.4(c)中,根据 $I_C = U_{CC}/R_c = 3.3$ mA,$U_{CC} = 20$ V 作直流负载线 MN,与 $I_B = I_{BQ} = 40$ μA 的曲线相交得静态工作点 Q,根据 Q 点所对应的坐标得 $I_{CQ} = 2$ mA,$U_{CEQ} = 8$ V。

2. 动态分析

动态分析就是计算放大电路在有信号输入时的放大倍数、输入阻抗、输出阻抗等。常用的分析方法有两种：图解法和微变等效电路法。图解法适用于分析大信号输入情况，而微变等效电路法只适合于微小信号的输入情况。

当输入端加上正弦交流信号电压 U_i 时，放大电路的工作状态称为动态。这时电路中既有直流成分，亦有交流成分，各极的电流和电压都包含两个分量。即

$$i_B = I_{BQ} + i_b$$
$$i_C = I_{CQ} + i_c$$
$$u_{CE} = U_{CEQ} + u_{ce}$$

其中，I_{BQ}、I_{CQ} 和 U_{CEQ} 是在电源 U_{CC} 单独作用下产生的，称为直流分量。而 i_b、i_c 和 u_{ce} 是在输入信号电压 U_i 作用下产生的，称为交流分量。在分析电路时，一般用交流通路来研究交流量及放大电路的动态性能。所谓交流通路，就是交流电流流通的途径，在画法上遵循以下两条原则：

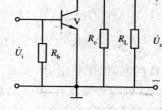

(1) 将原理图中的耦合电容 C_1、C_2 视为短路；

(2) 电源 U_{CC} 的内阻很小，对交流信号视为短路。

图 2.2 中放大电路的交流通路如图 2.5 所示。

图 2.5　放大电路的交流通路

1) 空载分析

放大电路的输入端有输入信号，输出端开路，这种电路称为空载放大电路，虽然电压和电流增加了交流成分，但输出回路仍与静态的直流通路完全一样。

因为

$$u_{CE} = U_{CC} - i_C R_c \qquad (2-4)$$

所以可用直流负载线来分析空载时的电压放大倍数。

设图 2.4(a) 中输入信号电压

$$u_i = 0.02\ \sin\omega t\ \text{V}$$

则

$$u_{BE} = U_{BEQ} + u_i$$

由图 2.6(a) 所示基极电流 i_B 为 $i_B = I_{BQ} + i_i = 40 + 20\ \sin\omega t\ \mu\text{A}$。根据 i_B 的变化情况，在图 2.6(b) 中进行分析，可知工作点是在以 Q 为中心的 Q_1、Q_2 两点之间变化，u_i 的正半周在 QQ_1 段，负半周在 QQ_2 段。因此我们画出 i_C 和 u_{CE} 的变化曲线如图 2.6(b) 所示，它们的表达式为

$$i_C = 1.8 + 0.7\ \sin\omega t\ \text{mA}$$
$$u_{CE} = 9 - 4.3\ \sin\omega t\ \text{V}$$

输出电压为

$$u_o = -4.3\ \sin\omega t = 4.3\ \sin(\omega t + \pi)\ \text{V}$$

所以电压放大倍数为

$$\dot{A}_u = \frac{\dot{U}_o}{\dot{U}_i} = \frac{U_{om}}{U_{im}} = \frac{-4.3}{0.02} = -215$$

从图中可以看出，输出电压与输入电压反相。

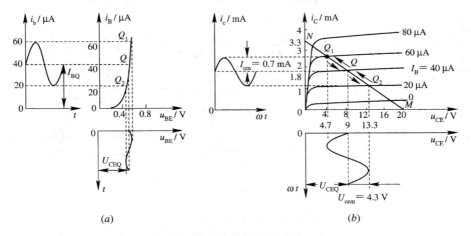

(a)   (b)

图 2.6　空载图解分析法

2）带负载分析

在如图 2.4(a)所示电路中接上负载 R_L，其交流通路如图 2.7 所示。从输入端看 R_b 与发射极并联，从集电极看 R_c 和 R_L 并联。此时的交流负载为 $R_L' = R_c /\!/ R_L$，显然 $R_L' < R_c$。且在交流信号过零点时，其值在 Q 点，所以交流负载线是一条通过 Q 点的直线，其斜率为

$$k' = \tan\alpha' = \frac{-1}{R_L'}$$

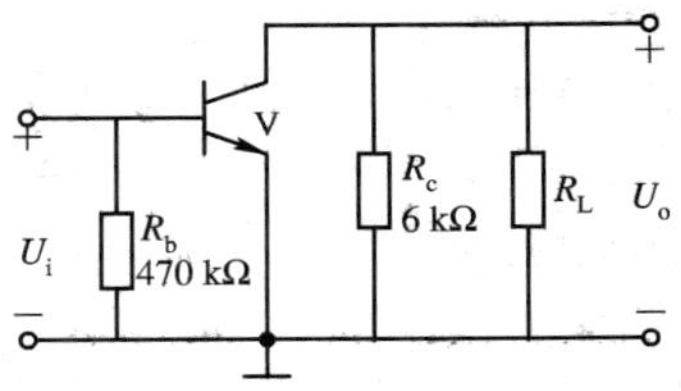

画出一条斜率为 k'，过 Q 点的直线即为交流负载线，通过交流负载线可求得带负载时的放大倍数。

图 2.7　交流通路

例 2.2　在如图 2.8(a)所示电路中，已知 $R_b = 300$ kΩ，$R_c = 4$ kΩ，$R_L = 4$ kΩ，$U_{CC} = 12$ V，输入电压 $u_i = 0.02 \sin\omega t$ V，三极管特性曲线如图 2.8(b)所示。试画出电路直流负载线，求静态工作点；画出交流负载线，求空载和带负载时的电压放大倍数。

解　（1）画直流负载线，求静态工作点。因为 $U_{CE} = U_{CC} - I_C R_c$，当 $I_C = 0$ 时，$U_{CE} = U_{CC} = 12$ V，得点 $M(12, 0)$，当 $U_{CE} = 0$ 时，$I_C = \dfrac{U_{CC}}{R_c} = \dfrac{12 \text{ V}}{4 \text{ k}\Omega} = 3$ mA，得点 $N(0, 3)$，将 M、N 连线即为直流负载线。

$$I_{BQ} = \frac{U_{CC} - U_{BEQ}}{R_b} \approx \frac{12 - 0.7}{300} \approx 0.04 \text{ mA} = 40 \text{ }\mu\text{A}$$

静态时，$I_B = I_{BQ} = 40$ μA 这条输出特性曲线与直流负载线 MN 的交点即为静态工作点 Q，其值为 $I_{BQ} = 40$ μA，$I_{CQ} = 1.5$ mA，$U_{CEQ} = 6$ V，如图 2.8(c)所示。

（2）求空载放大倍数。从输入特性曲线图 2.8(b)上找出 $I_{BQ} = 40$ μA 的 Q 点，得 $U_{BEQ} \approx 0.6$ V，叠加输入电压 u_i，则

$$u_{BE} = U_{BEQ} + u_i = 0.6 + 0.02 \sin\omega t \text{ V}$$

$$i_B = 40 + 20 \sin\omega t \text{ }\mu\text{A}$$

根据 i_B 的变化，可知工作点在直流负载线 MN 的 Q_1 和 Q_2 两点之间变化，当 i_B 为正

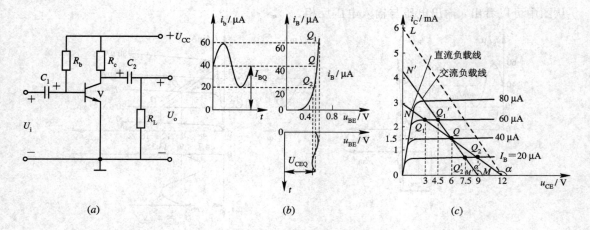

图 2.8　带负载动态图解分析法

(a) 电路原理图；(b) 输入特性曲线及图解分析；(c) 输出特性曲线及图解分析

半周时在 Q_1Q 段，i_B 为负半周时在 Q_2Q 段，如图 2.8(b) 所示。

在输出曲线上有

$$u_{CE} = 6 - 3 \sin\omega t \ \text{V}$$

输出交流电压为

$$u_o = -3 \sin\omega t \ \text{V} = 3 \sin(\omega t - \pi) \ \text{V}$$

电压放大倍数为

$$\dot{A}_u = \frac{U_{om}}{U_{im}} = \frac{-3}{0.02} = -150$$

(3) 画交流负载线。交流负载电阻 $R'_L = R_L /\!/ R_c = \dfrac{R_c \times R_L}{R_c + R_L} = \dfrac{4 \times 4}{4 + 4} = 2 \ \text{k}\Omega$，通过 Q 点，斜率 $k' = -\dfrac{1}{2} \ \text{k}\Omega$ 的直线 $M'N'$ 即为交流负载线。

(4) 用交流负载线求带负载后的放大倍数。依据 i_B 的变化可知，接上负载后工作点在交流负载线上点 Q'_1 与 Q'_2 之间变化，当 i_B 为正半周时在 Q'_1Q 段，i_B 为负半周时在 Q'_2Q 段，如图 2.8(c) 所示。所以有

$$u_{CE} = 6 - 4.5 \sin\omega t \ \text{V}$$

$$u_o = -1.5 \sin\omega t = 1.5 \sin(\omega t - \pi) \ \text{V}$$

$$\dot{A}_u = \frac{\dot{U}_o}{\dot{U}_i} = \frac{U_{om}}{U_{im}} = -\frac{1.5}{0.02} = -75$$

由此可见，接负载后输出电压减小，放大倍数减小，R_L 愈小，这种变化愈明显。因为 R_L 愈小→R'_L 愈小→交流负载线愈陡→i_C 变化范围愈大→u_{CE} 的变化愈小，所以输出电压减小，放大倍数降低。

3. 静态工作点对输出波形失真的影响

对一个放大电路而言，要求输出波形的失真尽可能地小。但是，如果静态值设置不当，即静态工作点位置不合适，将出现严重的非线性失真。在图 2.9 中，设正常情况下静态工作点位于 Q 点，可以得到失真很小的 i_C 和 u_{CE} 波形。当调节 R_b，使静态工作点设置在 Q_1

点或 Q_2 点时,输出波形将产生严重失真。

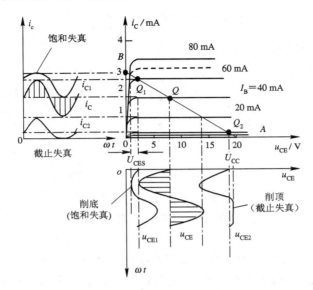

图 2.9　静态工作点对输出波形失真的影响

1)饱和失真

静态工作点设置在 Q_1 点,这时虽然 i_B 正常,但 i_C 的正半周和 u_{CE} 的负半周出现失真。这种失真是由于 Q 点过高,使其动态工作进入饱和区而引起的失真,因而称作"饱和失真"。

2)截止失真

当静态工作点设置在 Q_2 点时,i_B 严重失真,使 i_C 的负半周和 u_{CE} 的正半周进入截止区而造成失真,因此称作"截止失真"。

饱和失真和截止失真都是由于晶体管工作在特性曲线的非线性区所引起的,因而叫作非线性失真。适当调整电路参数使 Q 点合适,可降低非线性失真程度。

2.2　微变等效电路

三极管各极电压和电流的变化关系,在较大范围内是非线性的。如果三极管工作在小信号情况下,信号只是在静态工作点附近小范围变化,三极管特性可看成是近似线性的,可用一个线性电路来代替,这个线性电路就称为三极管的微变等效电路。

2.2.1　三极管微变等效

1. 输入端等效

图 2.10(a)是三极管的输入特性曲线,是非线性的。如果输入信号很小,在静态工作点 Q 附近的工作段可近似地认为是直线。在图 2.11 中,当 u_{CE} 为常数时,从 b、e 看进去三极管就是一个线性电阻

$$r_{be} = \frac{\Delta U_{BE}}{\Delta I_B}$$

低频小功率晶体管的输入电阻常用下式计算：

$$r_{be} = 300 + \frac{(\beta+1) \times 26 \ (\text{mV})}{I_E(\text{mA})} \qquad (2-5)$$

式中，I_E 为射极静态电流。

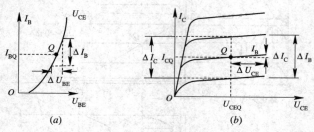

图 2.10　三极管特性曲线

（a）输入特性曲线；（b）输出特性曲线

2. 输出端等效

图 2.10(b) 是三极管的输出特性曲线族，若动态是在小范围内，特性曲线不但互相平行、间隔均匀，且与 u_{CE} 轴线平行。当 u_{CE} 为常数时，从输出端 c、e 极看，三极管就成了一个受控电流源，如图 2.11 所示，则

$$\Delta I_C = \beta \Delta I_B$$

由上述方法得到的晶体管微变等效电路如图 2.11 所示。

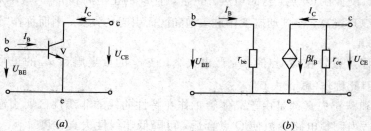

图 2.11　晶体三极管及微变等效

（a）晶体三极管；（b）晶体三极管的微变等效

2.2.2　放大电路的微变等效电路

通过放大电路的交流通路和三极管的微变等效，可得出放大电路的微变等效电路，如图 2.12 所示。

2.2.3　用微变等效电路求动态指标

静态值仍由直流通路确定，而动态指标可用微变等效电路求得。

1. 电压放大倍数 $\dot{A}_u$

设在图 2.12(b) 中输入为正弦信号，因为

$$\dot{U}_i = \dot{I}_b r_{be}$$
$$\dot{U}_o = -\dot{I}_c R'_L = -\beta \dot{I}_b R'_L$$

故

$$\dot{A}_u = \frac{\dot{U}_o}{\dot{U}_i} = -\frac{\beta R_L'}{r_{be}}$$

当负载开路时

$$\dot{A}_u = -\frac{\beta R_c}{r_{be}}$$

式中

$$R_L' = R_L /\!/ R_c$$

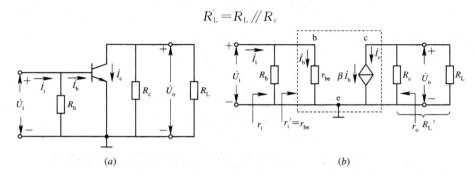

(a)   (b)

图 2.12　基本放大电路的交流通路及微变等效电路

(a) 交流通路；(b) 微变等效电路

2. 输入电阻 r_i

r_i 是指电路的动态输入电阻，由图 2.12(b)中可看出

$$r_i = \frac{\dot{U}_i}{\dot{I}_i} = R_b /\!/ r_{be} \approx r_{be}$$

3. 输出电阻 r_o

r_o 是由输出端向放大电路内部看到的动态电阻，因 r_{ce} 远大于 R_c，所以

$$r_o = r_{ce} /\!/ R_c \approx R_c$$

例 2.3　在图 2.13(a)所示电路中，$\beta = 50$，$U_{BE} = 0.7$ V，试求：

(1) 静态工作点参数 I_{BQ}、I_{CQ}、U_{CEQ}、U_o 的值；

(2) 动态指标 $\dot{A}_u$、r_i、r_o 的值。

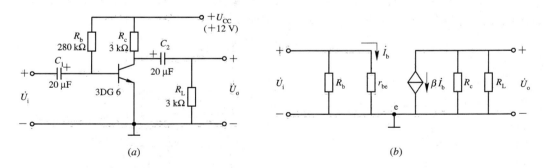

(a)   (b)

图 2.13　用微变等效电路求动态指标

(a) 原理图；(b) 微变等效电路

解　(1) 求静态工作点参数

$$I_{BQ} = \frac{U_{CC} - 0.7}{R_b} = \frac{12 - 0.7}{280 \times 10^3} \approx 0.04 \text{ mA} = 40 \text{ μA}$$

$$I_{CQ} = \beta I_{BQ} = 50 \times 0.04 \times 10^{-3} = 2 \text{ mA}$$

$$U_{CEQ} = U_{CC} - I_{CQ} R_c = 12 - 2 \times 10^{-3} \times 3 \times 10^3 = 6 \text{ V}$$

画出微变等效电路如图 2.13(b)所示。

$$r_{be} = 300 + \frac{(\beta+1)26(\text{mV})}{I_E} = 300 + \frac{51 \times 26 \ (\text{mV})}{2 \ (\text{mA})} = 963 \ \Omega \approx 0.96 \text{ kΩ}$$

（2）计算动态指标

$$\dot{A}_u = \frac{-\beta R_L'}{r_{be}} = \frac{-50 \times (3 /\!/ 3) \text{ kΩ}}{0.96 \text{ kΩ}} = -78.1$$

$$r_i = R_b /\!/ r_{be} \approx r_{be} = 0.96 \text{ kΩ}$$

$$r_o \approx R_c = 3 \text{ kΩ}$$

2.3 放大器的偏置电路与静态工作点稳定

在放大器中偏置电路是必不可少的组成部分，在设置偏置电路时应考虑以下两个方面：
（1）偏置电路能给放大器提供合适的静态工作点。
（2）温度及其他因素改变时，能使静态工作点稳定。

2.3.1 固定偏置电路

图 2.14 所示电路为固定偏置电路，设置的静态工作点参数为

$$I_{BQ} = \frac{U_{CC} - U_{BE}}{R_b} \approx \frac{U_{CC}}{R_b}$$

$$I_{CQ} = \beta I_{BQ} + (1+\beta) I_{CBO}$$

$$U_{CEQ} = U_{CC} - I_{CQ} R_c$$

当 U_{CC} 和 R_b 一定时，U_B 基本固定不变，故称固定偏置电路。但是在这种电路中，由于晶体管参数 β、I_{CBO} 等随温度而变，而 I_{CQ} 又与这些参数有关，因此当温度发生变化时，导致 I_{CQ} 的变化，使静态工作点不稳定，如图 2.15 所示。

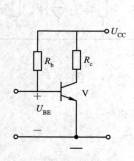

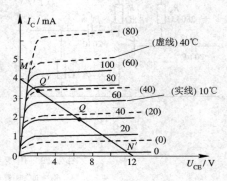

图 2.14　固定偏置电路　　　　图 2.15　温度对静态工作点的影响

2.3.2 分压式偏置电路

前面分析的固定偏置电路在温度升高时，三极管特性曲线膨胀上移，Q 点升高，使静态工作点不稳定。为了稳定静态工作点，我们采用了分压偏置电路，如图 2.16 所示。

为了使静态工作点稳定，必须使 U_B 基本不变，温度 $T \uparrow \rightarrow I_{CQ} \uparrow (I_{EQ} \uparrow) \rightarrow U_E \uparrow \rightarrow U_{BE} \downarrow \rightarrow I_{BQ} \downarrow \rightarrow I_{CQ} \downarrow$。反之亦然。由上述分析可知，分压式偏置电路稳定静态工作点的实质是固定 U_B 不变，通过 $I_{CQ}(I_{EQ})$ 变化，引起 U_E 的改变，使 U_{BE} 改变，从而抑制 $I_{CQ}(I_{EQ})$ 改变。所以在实现上述稳定过程时必须满足以下两个条件：

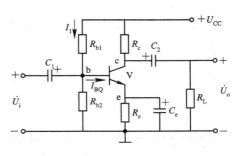

图 2.16　分压偏置电路

（1）只有 $I_1 \gg I_{BQ}$ 才能使 $U_{BQ} = \left(\dfrac{U_{CC} \times R_{b2}}{R_{b1} + R_{b2}} \right)$ 基本不变。一般取

$$I_1 = (5 \sim 10)I_{BQ} \quad （硅管）$$
$$I_1 = (10 \sim 20)I_{BQ} \quad （锗管）$$

（2）当 U_B 太大时必然导致 U_E 太大，使 U_{CE} 减小，从而减小了放大电路的动态工作范围。因此，U_B 不能选取太大。一般取

$$U_B = (3 \sim 5)\text{ V} \quad （硅管）$$
$$U_B = (1 \sim 3)\text{ V} \quad （锗管）$$

1. 静态分析

作静态分析时，先画出直流通路如图 2.17(a) 所示。根据 $U_B = \dfrac{U_{CC}R_{b2}}{R_{b1} + R_{b2}}$，可得

（1）　　　　　$I_{CQ} \approx I_{EQ} = \dfrac{U_B - U_{BEQ}}{R_e} \approx \dfrac{R_{b2}}{R_{b1} + R_{b2}} \cdot \dfrac{U_{CC}}{R_e}$

（2）　　　　　$I_{BQ} = \dfrac{I_{CQ}}{\beta}$

（3）　　　　　$U_{CEQ} = U_{CC} - I_{CQ}R_c - I_{EQ}R_e \approx U_{CC} - I_{CQ}(R_c + R_e)$

例 2.4　在图 2.17(a) 中，若已知 $\beta = 50$，$U_{BEQ} = 0.7$ V，$R_{b2} = 20$ kΩ，$R_{b1} = 50$ kΩ，$R_c = 5$ kΩ，$R_e = 2.7$ kΩ，$U_{CC} = 12$ V，求静态工作点参数。

解

$$U_{BQ} = \frac{R_{b2} \times U_{CC}}{R_{b1} + R_{b2}} = \frac{20 \times 12}{20 + 50} = 3.4 \text{ V}$$

$$I_{CQ} \approx I_{EQ} = \frac{U_{BQ} - U_{BEQ}}{R_e} = \frac{3.4 - 0.7}{2.1 \times 10^3} = 1 \text{ mA}$$

$$I_{BQ} = \frac{I_{CQ}}{\beta} = 0.02 \text{ mA} = 20 \text{ } \mu\text{A}$$

$$U_{CEQ} = U_{CC} - I_{CQ}(R_c + R_e) = 12 - 1 \times (5 + 2.7) = 4.3 \text{ V}$$

2. 动态分析

当发射极电阻 R_e 有直流 I_{EQ} 通过时，产生压降 U_{EQ} 会自动稳定静态工作点，但交流分

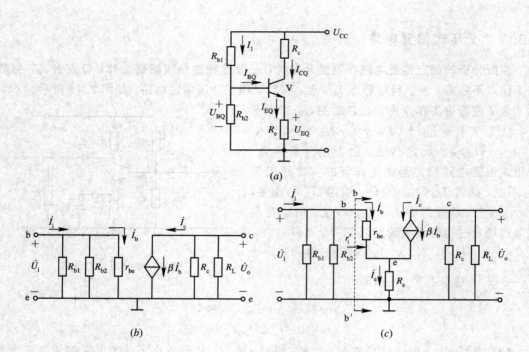

图 2.17 分压式偏置电路的分析电路

(a) 直流通路；(b) 微变等效电路；(c) 微变等效电路(C_e 开路)

量 $\dot{I}_e$ 通过时，也会产生交流压降，使 u_{be} 减小，这样会降低电压放大倍数，为此在 R_e 两端可并联一个电容 C_e。下面分两种情况来讨论其动态情况。

1）带 C_e 情况

动态时，C_e 短路掉 R_e，其微变等效电路如图 2.17(b) 所示，这时与固定偏流电路放大倍数相同。

(1) $\dot{A}_u = \dfrac{\dot{U}_o}{\dot{U}_i} = \dfrac{-\beta \dot{I}_b R_L'}{\dot{I}_b r_{be}} = \dfrac{-\beta R_L'}{r_{be}}$

(2) $r_i = \dfrac{\dot{U}_i}{\dot{I}_i} = R_{b1} \,/\!/\, R_{b2} \,/\!/\, r_{be}$

(3) $r_o = r_{ce} \,/\!/\, R_c \approx R_c$

例 2.5 在例 2.4 中，若 $R_L = 5 \text{ k}\Omega$，求 $\dot{A}_u$，r_i，r_o。

解
$$r_{be} = 300 + (1+\beta)\frac{26}{I_{EQ}} = 300 + (1+50)\frac{26}{1} = 1.326 \text{ k}\Omega$$

$$R_L' = R_c \,/\!/\, R_L = 5 \times \frac{5}{5} + 5 = 2.5 \text{ k}\Omega$$

$$\dot{A}_u = -\frac{\beta R_L'}{r_{be}} = -\frac{50 \times 2.5}{1.326} = -94.3$$

$$r_i = R_{b1} \,/\!/\, R_{b2} \,/\!/\, r_{be} = 20 \,/\!/\, 10 \,/\!/\, 1.326 = 1.1 \text{ k}\Omega$$

$$r_o = R_c = 51 \text{ k}\Omega$$

2）C_e 开路情况

C_e 开路时的微变等效电路如图 2.17(c) 所示。

（1）电压放大倍数

$$\dot{A}_u = \frac{\dot{U}_o}{\dot{U}_i} = \frac{-\beta\dot{I}_bR'_L}{\dot{I}_br_{be} + \dot{I}_eR_e} = \frac{-\beta R'_L}{r_{be} + (1+\beta)R_e}$$

（2）输入电阻。从 bb′ 看进去，似乎 r_{be} 与 R_e 相串，其实不然，因为 r_{be} 与 R_e 通过的不是同一个电流。可以等效地认为发射极接有 $(1+\beta)R_e$ 电阻，而通过电流为 $\dot{I}_b$，$\dot{U}_e = (1+\beta)R_e \times \dot{I}_b$ 其值不变，这样就可看成

$$r'_i = r_{be} + (1+\beta)R_e$$

所以

$$r_i = R_{b1} /\!/ R_{b2} /\!/ r'_i = R_{b1} /\!/ R_{b2} /\!/ (r_{be} + (1+\beta)R_e)$$

（3）输出电阻。由于受控恒流源的开路作用，因而

$$r_o = R_c$$

2.4 共集电极和共基极电路

2.4.1 共集电极电路组成及分析

共集电极放大电路如图 2.18(a) 所示，它是从基极输入信号，从发射极输出信号。从它的交流通路图 2.18(b) 可看出，输入、输出共用集电极，所以称为共集电极电路。

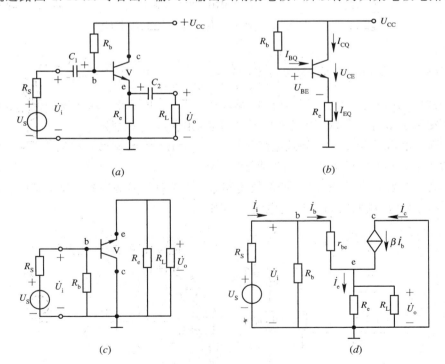

图 2.18 共集电极放大电路

（a）共集电极放大电路；（b）直流通路；（c）交流通路；（d）微变等效电路

共集电极电路分析：

1. 静态分析

由图 2.18(b)的直流通路可得出：

$$U_{CC} = I_{BQ}R_b + U_{BEQ} + I_{EQ}R_e$$

即得

$$I_{CQ} \approx I_{EQ} = \frac{U_{CC} - U_{BEQ}}{R_e + \dfrac{R_b}{1+\beta}}$$

$$I_{BQ} = \frac{I_{CQ}}{\beta}$$

$$U_{CEQ} \approx U_{CC} - I_{EQ}R_e$$

共集电极放大电路中的电阻 R_e 具有稳定静态工作点的作用。例如：

$$温度\ T \uparrow \to I_{CQ} \uparrow \to U_{EQ} \uparrow \to U_{BEQ} \downarrow \to I_{BQ} \downarrow \to I_{CQ} \downarrow$$

2. 动态分析

(1) 电压放大倍数可由图 2.18(d)所示的微变等效电路得出。

因为

$$\dot{U}_o = \dot{I}_e R_L' = (1+\beta)\dot{I}_b R_L'$$

式中

$$R_L' = R_e \mathbin{/\mkern-5mu/} R_L$$

$$\dot{U}_i = \dot{I}_b r_{be} + \dot{I}_e R_L' = \dot{I}_b r_{be} + (1+\beta)\dot{I}_b R_L'$$

所以

$$\dot{A}_u = \frac{\dot{U}_o}{\dot{U}_i} = \frac{(1+\beta)\dot{I}_b R_L'}{\dot{I}_b r_{be} + (1+\beta)\dot{I}_b R_L'} = \frac{(1+\beta)R_L'}{r_{be} + (1+\beta)R_L'} \leqslant 1$$

由于式中的 $(1+\beta)R_L' \gg r_{be}$，因而 $\dot{A}_u$ 略小于 1，又由于输出、输入同相位，输出跟随输入，且从发射极输出，故又称射极输出器或射极跟随器，简称射随器。

(2) 输入电阻 r_i 可由微变等效电路得出，由 $r_i = R_b \mathbin{/\mkern-5mu/} [r_{be} + (1+\beta)R_L']$ 可见，共集电极电路的输入电阻很高，可达几十千欧到几百千欧。

(3) 输出电阻 r_o 可由图 2.19 的等效电路来求得。将信号源短路，保留其内阻，在输出端去掉 R_L，加一交流电压 $\dot{U}_o$，产生电流 $\dot{I}_o$，则

$$\dot{I}_o = \dot{I}_b + \beta\dot{I}_b + (1+\beta)\dot{I}_b = \frac{\dot{U}_o}{r_{be} + R_S \mathbin{/\mkern-5mu/} R_b} + \frac{\beta\dot{U}_o}{r_{be} + R_S \mathbin{/\mkern-5mu/} R_b} + \frac{\dot{U}_o}{R_e}$$

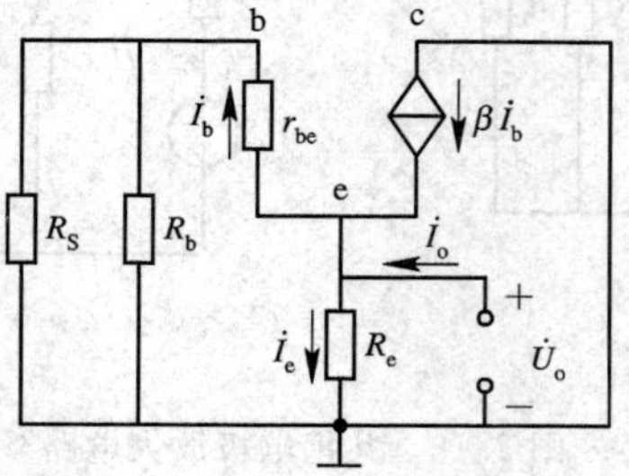

图 2.19　计算 r_o 等效电路

式中

$$\dot{I}_\text{b} = \frac{\dot{U}_\text{o}}{r_\text{be} + R_\text{S} \mathbin{/\mkern-6mu/} R_\text{b}}$$

所以

$$r_\text{o} = \frac{\dot{U}_\text{o}}{\dot{I}_\text{o}} = \frac{R_\text{e}\left[r_\text{be} + (R_\text{S} \mathbin{/\mkern-6mu/} R_\text{b})\right]}{(1+\beta)R_\text{e} + \left[r_\text{be} + (R_\text{S} \mathbin{/\mkern-6mu/} R_\text{b})\right]}$$

通常

$$(1+\beta)R_\text{e} \gg \left[r_\text{be} + (R_\text{S} \mathbin{/\mkern-6mu/} R_\text{b})\right]$$

故

$$r_\text{o} \approx \frac{r_\text{be} + R_\text{S} \mathbin{/\mkern-6mu/} R_\text{b}}{\beta}$$

由上式可见，射极输出器的输出电阻很小，若把它等效成一个电压源，则具有恒压输出特性。

3. 射极输出器的特点及应用

虽然射极输出器的电压放大倍数略小于 1，但输出电流 $\dot{I}_\text{e}$ 是基极电流的 $(1+\beta)$ 倍。它不但具有电流放大和功率放大的作用，而且具有输入电阻高、输出电阻低的特点。

由于射极输出器输入电阻高，向信号源汲取的电流小，对信号源影响也小，因而一般用它作输入级。又由于它的输出电阻小，负载能力强，当放大器接入的负载变化时，可保持输出电压稳定，适用于多级放大器的输出级。同时它还可作为中间隔离级。在多级共射极放大电路耦合中，往往存在着前级输出电阻大，后级输入电阻小而造成的耦合中的信号损失，使得放大倍数下降。利用射极输出器输入电阻大、输出电阻小的特点，可与输入电阻小的共射极电路配合，将其接入两级共射极放大电路之间，在隔离前后级的同时，起到阻抗匹配的作用。

2.4.2 共基极电路组成及分析

1. 静态分析

在图 2.20 所示的共基极放大电路中，如果忽略 I_BQ 对 R_b1、R_b2 分压电路中电流的分流作用，则

$$U_\text{B} \approx \frac{U_\text{CC} R_\text{b2}}{R_\text{b1} + R_\text{b2}}$$

$$I_\text{CQ} \approx I_\text{EQ} = \frac{U_\text{E}}{R_\text{e}} = \frac{U_\text{B} - U_\text{BEQ}}{R_\text{e}} \approx \frac{U_\text{CC} R_\text{b2}}{(R_\text{b1} + R_\text{b2})R_\text{e}}$$

$$I_\text{BQ} = \frac{I_\text{EQ}}{1+\beta}$$

$$U_\text{CEQ} \approx U_\text{CC} - I_\text{CQ}(R_\text{e} + R_\text{c})$$

2. 动态分析

（1）放大倍数。利用图 2.20(c) 的微变等效电路，可得

$$\dot{U}_\text{o} = -\dot{I}_\text{c} R_\text{L}' = -\beta \dot{I}_\text{b} R_\text{L}'$$

式中

$$R_L = R_c /\!/ R_L$$

$$\dot{U}_i = -\dot{I}_b r_{be}$$

$$\dot{A}_u = \frac{\dot{U}_o}{\dot{U}_i} = \frac{\beta R'_L}{r_{be}}$$

共基极放大电路的电压放大倍数在数值上与共射极电路相同,但共基极放大电路的输入与输出是同相位的。

(2) 输入电阻。当不考虑 R_e 的并联支路时,

$$r'_i = \frac{\dot{U}_i}{-\dot{I}_e} = \frac{-r_{be}\dot{I}_b}{-(1+\beta)\dot{I}_b} = \frac{r_{be}}{1+\beta}$$

当考虑 R_e 时,

$$r_i = r'_i /\!/ R_e$$

(3) 输出电压。在图 2.20(c) 的微变等效电路中,电流源 $\beta\dot{I}_b$ 开路,

$$r_o \approx R_c$$

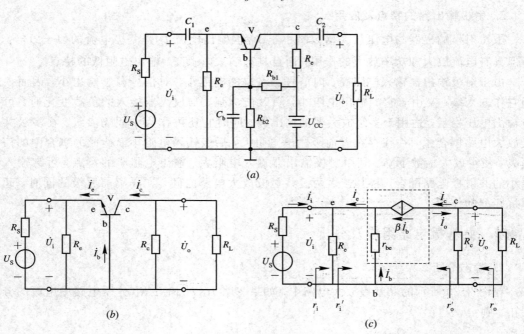

图 2.20 共基极放大电路

(a) 共基极放大电路;(b) 交流通路;(c) 微变等效电路

3. 共基极放大电路的特点及应用

共基极放大电路的特点是输入电阻很小,电压放大倍数较高。这类电路主要用于高频电压放大电路。

2.4.3 三种基本放大电路的比较

三种基本放大电路的特点见表2.1。

表 2.1　三极管放大电路三种基本组态的比较

	共发射极电路	共集电极电路	共基极电路
电路形式			
$\dot{A}_u$	$\ominus\dfrac{\beta R_L'}{r_{be}}$	$\oplus\dfrac{(1+\beta)R_L'}{r_{be}+(1+\beta)R_L'}\approx 1$	$\oplus\dfrac{\beta R_L'}{r_{be}}$
r_i	$R_{b1}\,//\,R_{b2}\,//\,r_{be}$（中）	$R_b\,//\,[r_{be}+(1+\beta)R_L']$（大）	$R_e\,//\,\left(\dfrac{r_{be}}{1+\beta}\right)$（小）
r_o	R_c	$R_e\,//\,\left(\dfrac{r_{be}+R_b\,//\,R_S}{1+\beta}\right)$（小）	R_c
应用	一般放大,多级放大器的中间级	输入级、输出级或阻抗变换、缓冲(隔离)级	高频放大、宽频带放大、振荡及恒流源电路

2.5　场效应管放大电路简介

　　场效应管具有输入电阻高的特点,它适用于作为多级放大电路的输入级,尤其对高内阻的信号源,采用场放管才能有效地放大。

　　场效应管与晶体三极管比较,源极、漏极、栅极相当于发射极、集电极、基极,即 S→e,D→c,G→b。场效应管有共源极放大电路和源极输出器两种电路。下面对最常用的共源极分压式偏置电路进行静态和动态分析。

2.5.1　场效应管放大电路的静态分析

　　场效应管是电压控制器件,它没有偏流,关键是建立适当的栅源偏压 U_{GS}。

　　分压式偏置电路如图 2.21 所示,其中 R_{G1} 和 R_{G2} 为分压电阻,R_{G3} 为自举电阻,

$$U_{GS}=U_G-I_DR_S\approx\frac{U_{DD}R_{G2}}{R_{G1}+R_{G2}}-I_DR_S$$

式中 U_G 为栅极电位,对 N 沟道耗尽型管,$U_{GS}<0$,所以,$I_DR_S>U_G$;对 N 沟道增强型管,$U_{GS}>0$,所以 $I_DR_S<U_G$。

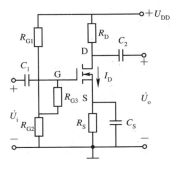

图 2.21　分压式偏置电路

2.5.2 场效应管放大电路的等效电路及动态分析

1. 场效应管等效电路

场效应管与晶体三极管等效电路对照图如图 2.22 所示,由于场效应管输入电阻 r_{gs} 很大,故输入端可看成开路。

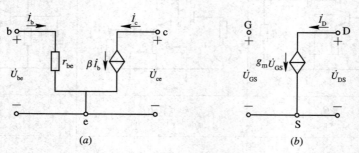

图 2.22 场效应管与晶体三极管等效电路对照图
(a) 三极管等效电路;(b) 场效应管等效电路

2. 动态分析

场效应管放大电路的动态分析可采用图解法和微变等效电路分析法,其分析方法和步骤与三极管放大电路相同,下面以图 2.21 所示的电路为例,用微变等效电路来进行分析。

1) 接有电容 C_S 的情况

图 2.21 电路的微变等效电路如图 2.23(a) 所示。

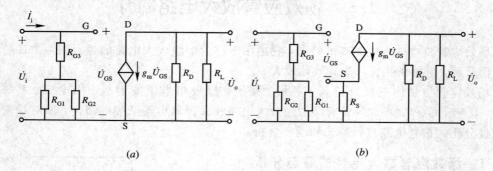

图 2.23 图 2.21 的场效应管等效电路
(a) 接有 C_S 时的等效电路;(b) C_S 开路时的等效电路

由图可知

$$\dot{U}_o = - g_m \dot{U}_{GS} R'_L$$
$$R'_L = R_D \mathbin{/\!/} R_L$$
$$\dot{U}_i = \dot{U}_{GS}$$

电压放大倍数 $$\dot{A}_u = \frac{\dot{U}_o}{\dot{U}_i} = g_m R'_L$$

输入电阻 $$r = \frac{\dot{U}_i}{\dot{I}_i} = R_{G3} + (R_{G1} \mathbin{/\!/} R_{G2}) \approx R_{G3}$$

输出电阻,当 $\dot{U}_i = 0$ 时,

$$\dot{U}_{GS} = 0$$

则恒流源

$$g_m \dot{U}_{GS} = 0 (\text{开路})$$

所以

$$r_o = R_D$$

2）电容 C_S 开路情况

其等效电路如图 2.23(b) 所示。由图可知

$$\dot{U}_o = -g_m \dot{U}_{GS} R'_L$$

$$\dot{U}_i = \dot{U}_{GS} + g_m \dot{U}_{GS} R_S = \dot{U}_{GS}(1 + g_m R_S)$$

电压放大倍数

$$\dot{A}_u = \frac{\dot{U}_o}{\dot{U}_i} = -\frac{g_m R'_L}{1 + g_m R_S}$$

输入电阻与输出电阻

$$r_i = \frac{\dot{U}_i}{\dot{I}_i} = R_{G3} + (R_{G1} // R_{G2}) \approx R_{G3}$$

$$r_o = R_D$$

例 2.6 在图 2.21 所示电路中，已知 $U_{DD} = 20$ V，$R_D = 10$ kΩ，$R_S = 10$ kΩ，$R_{G1} = 200$ kΩ，$R_{G2} = 51$ kΩ，$R_{G3} = 1$ MΩ，$R_L = 10$ kΩ，其场效应管参数为：$I_{DSS} = 0.9$ mA，$U_{GS(off)} = -4$ V，$g_m = 1.5$ mA/V。试求该电路的静态参数和动态指标 A_u、r_i、r_o。

解 （1）求静态参数，由电路图可知

$$U_G = \frac{U_{DD} R_{G2}}{R_{G1} + R_{G2}} = \frac{20 \times 51}{200 + 51} \approx 4 \text{ V}$$

$$\begin{cases} U_{GS} = U_G - I_D R_S = 4 - 10 I_D \\ I_D = 0.9 \left(1 + \dfrac{U_{GS}}{4}\right)^2 \qquad \left(I_D = I_{DSS}\left(1 - \dfrac{U_{GS}}{U_{GS(off)}}\right)^2\right) \end{cases}$$

方程组联立求解

$$I_D = 0.5 \text{ mA}, \quad U_{GS} = -1 \text{ V}$$

$$U_{DS} = U_{DD} - I_D(R_D + R_S) = 20 - 0.5(10 + 10) = 10 \text{ V}$$

（2）求动态指标

$$\dot{A}_u = -g_m R'_L = -g_m(R_D // R_L) = -1.5 \times \frac{10 \times 10}{10 + 10} = -7.5$$

$$r_i \approx R_{G3} = 1 \text{ MΩ}$$

$$r_o = R_D = 10 \text{ kΩ}$$

本 章 小 结

本章主要讨论了基本放大电路的组成、工作原理及放大电路性能的分析方法。

（1）图解分析法和微变等效电路法是分析放大电路的两种基本方法。图解分析方法的步骤是：① 作直流负载线，确定静态工作点；② 作交流负载线，画出相应的输出、输入信号波形。它适用于信号动态范围较大的场合。

微变等效电路法是在小信号工作条件下，将三极管输入端等效成一个动态电阻 r_{be}，输出端等效成一个 $\dot{I}_c = \beta\dot{I}_b$ 的受控恒流源，然后用线性电路的分析方法进行分析。

（2）放大电路中有交、直流两种成分，分析静态时用直流通路，分析动态时用交流通路。交流性能受静态工作点的影响。当静态工作点受温度等因素影响而不稳定时，可用分压式偏置电路来稳定静态工作点。

（3）三种基本组态的放大电路。共射极电路的电压放大倍数较大，应用广泛。共集电极放大电路输入电阻大，输出电阻小，电压放大倍数近似等于1，常用作输入级、输出级和中间隔离级。共基极放大电路适用于高频放大电路。

（4）与三极管放大电路相比，场效应管放大电路的最大特点是输入电阻很高，但电压放大倍数比三极管放大电路小。若将场效应管和三极管结合使用，可大大提高和改善电子电路的某些性能指标。

思考与习题二

2.1 画出 PNP 型三极管组成的基本放大电路，并标出电源的实际极性和各极的实际电流方向。

2.2 分析如题 2.2 图所示的四个电路有无电压放大作用，为什么？

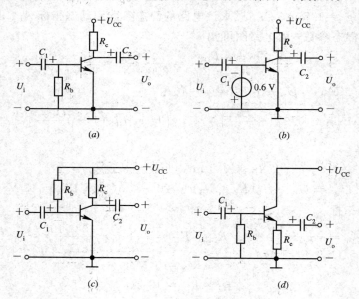

题 2.2 图

2.3 如题 2.3(a)图所示的电路图中，已知 $U_{CC} = 24$ V，$R_b = 800$ kΩ，$R_c = 6$ kΩ，$R_L = 3$ kΩ，三极管的输出特性曲线如图 2.3(b)所示。试用估算法和图解法求静态工作点（I_{BQ}、I_{CQ}、U_{CEQ}）。

2.4 现测得基本放大电路的 $U_{CE} = U_{CC}$，试分析可能发生了什么故障。若测得 $U_{CE} = 0$，又可能发生了什么故障？

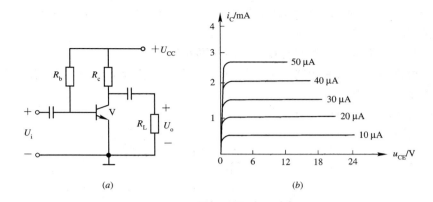

题 2.3 图

(a) 放大电路；(b) 输出特性曲线

2.5　如题 2.5 图所示的放大电路中，已知 $U_{CC}=12$ V，$R_b=120$ kΩ，$R_c=3$ kΩ，$R_S=1$ kΩ，$R_L=3$ kΩ，$β=50$，试求放大电路的静态工作点。

2.6　求如题 2.5 图所示放大器的电压放大倍数 $\dot{A}_u$（设 $β=50$，$r_{be}=930$ Ω）。

2.7　基本放大电路如题 2.7 图所示，三极管为 3DG100，$β=100$。

（1）估算放大器的电压放大倍数 $\dot{A}_u$；

（2）若 $β$ 改为 120，则 $\dot{A}_u$ 变为多大？

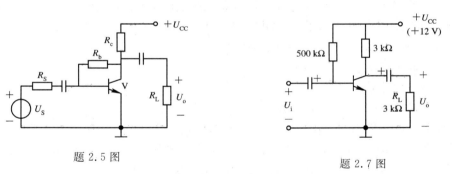

题 2.5 图　　　　　　　　　　题 2.7 图

2.8　如题 2.8 图所示的放大电路中，三极管 $U_{BE}=0.7$ V，$β=100$，试求：

（1）静态工作电流 I_{CQ}；

（2）画出微变等效电路；

（3）$\dot{A}_u$、r_i 和 r_o。

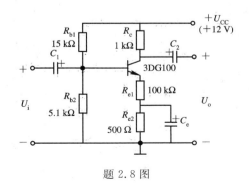

题 2.8 图

2.9 某放大电路若 R_L 从 6 kΩ 变为 3 kΩ，输出电压 U_o 从 3 V 变为 2.4 V，求输出电阻。如果 R_L 断开，求输出电压值。

2.10 共集电极电路有哪些特点？应用在哪些场合？

2.11 射极输出器电路如题 2.11 图所示。三极管为硅管，$\beta = 100$，试求：

（1）静态工作电流 I_{CQ}；

（2）输入电阻 r_i 和输出电阻 r_o。

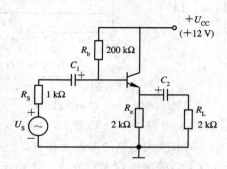

题 2.11 图

2.12 NPN 型三极管单极共射极放大器输出电压 u_o 波形的正半周出现了平顶，试说明失真的原因。

2.13 设置静态工作点偏高或偏低会对输出的波形有什么影响？

2.14 如题 2.14 图所示的电路中，已知 $U_{CC} = 12$ V，$R_{b1} = 33$ kΩ，$R_{b2} = 10$ kΩ，$R_c = R_e = R_L = R_S = 3$ kΩ，$U_{BE} = 0.7$ V，$\beta = 50$。

（1）试求静态值 I_{BQ}、I_{CQ}、U_{CEQ}；

（2）画出微变等效电路；

（3）试求输入电阻 r_i 和输出电阻 r_o；

（4）求电压放大倍数 $\dot{A}_u$ 和源电压放大倍数 $\dot{A}_{us}$。

2.15 如题 2.15 图所示的放大电路中，已知 $U_{DD} = 18$ V，$R_{G1} = 250$ kΩ，$R_{G2} = 50$ kΩ，$R_G = 1$ kΩ，$R_D = 5$ kΩ，$R_S = 5$ kΩ，$R_L = 55$ kΩ，$g_m = 5$ mA/V。

（1）试求放大器的静态值 I_{DQ} 和 U_{DSQ}；

（2）求电压放大倍数 $\dot{A}_u$、输入电阻 r_i 和输出电阻 r_o。

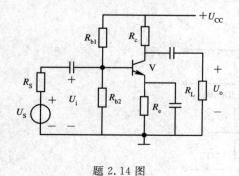

题 2.14 图

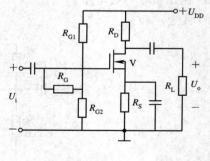

题 2.15 图

课题三　多级放大电路及集成运算放大器

3.1　多级放大电路

在实际的电子设备中，为了得到足够大的放大倍数或者使输入电阻和输出电阻达到指标要求，一个放大电路往往由多级组成。多级放大电路由输入级、中间级及输出级组成，如图 3.1 所示。于是，可以分别考虑输入级如何与信号源配合，输出级如何满足负载的要求，中间级如何保证放大倍数足够大。各级放大电路可以针对自己的任务来满足技术指标的要求，本章只讨论由输入级到输出级组成的多级小信号放大电路。

图 3.1　多级放大电路框图

3.1.1　级间耦合方式

多级放大电路是将各单级放大电路连接起来，这种级间连接方式称为耦合。要求前级的输出信号通过耦合不失真地传输到后级的输入端。常见的耦合方式有阻容耦合、变压器耦合及直接耦合三种形式。下面分别介绍三种耦合方式。

1. 阻容耦合

阻容耦合是利用电容器作为耦合元件将前级和后级连接起来。这个电容器称为耦合电容，如图 3.2 所示。第一级的输出信号通过电容器 C_2 和第二级的输入端相连接。

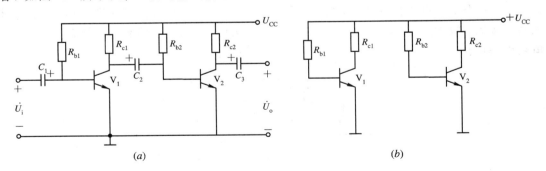

图 3.2　阻容耦合两级放大电路
（a）电路；（b）直流通路

阻容耦合的优点是：前级和后级直流通路彼此隔开，每一级的静态工件点相互独立，互不影响，便于分析和设计电路。因此，阻容耦合在多级交流放大电路中得到了广泛应用。

阻容耦合的缺点是：信号在通过耦合电容加到下一级时会大幅衰减，对直流信号（或变化缓慢的信号）很难传输。在集成电路里制造大电容很困难，不利于集成化。所以，阻容耦合只适用于分立元件组成的电路。

2. 变压器耦合

变压器耦合是利用变压器将前级的输出端与后级的输入端连接起来，如图 3.3 所示。V_1 的输出信号经过变压器 T_1 送到 V_2 的基极和发射极之间，V_2 的输出信号经 T_2 耦合到负载 R_L 上。R_{b11}、R_{b12} 和 R_{b21}、R_{b22} 分别为 V_1 管和 V_2 管的偏置电阻，C_{b2} 是 R_{b21} 和 R_{b22} 的旁路电容，用于防止信号被偏置电阻所衰减。

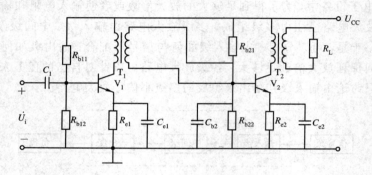

图 3.3　变压器耦合两级放大电路

变压器耦合的优点是：由于变压器不能传输直流信号，且有隔直作用，因此各级静态工作点相互独立，互不影响。变压器在传输信号的同时还能够进行阻抗、电压、电流变换。

变压器耦合的缺点是：体积大、笨重等，不能实现集成化应用。

3. 直接耦合

直接耦合是将前级放大电路和后级放大电路直接相连的耦合方式，如图 3.4 所示。直接耦合所用元件少，体积小，低频特性好，便于集成化。直接耦合的缺点是：由于失去隔离作用，使前级和后级的直流通路相通，静态电位相互牵制，使得各级静态工作点相互影响。另外还存在着零点漂移现象。现讨论如下：

（1）静态工作点相互牵制。如图 3.4 所示，不论 V_1 管集电极电位在耦合前有多高，接入第二级后，被 V_2 管的基极钳制在 0.7 V 左右，致使 V_1 管处于临界饱和状态，导致整个电路无法正常工作。

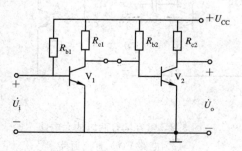

图 3.4　直接耦合放大电路

（2）零点漂移现象。由于温度变化等原因，使放大电路在输入信号为零时输出信号不为零的现象称为零点漂移。产生零点漂移的主要原因是由于温度变化而引起的。因而，零点漂移的大小主要由温度所决定。

要使用直接耦合的多级放大电路，必须解决静态工作点相互影响和零点漂移问题，解决方法我们将在差动式放大电路中讨论。

3.1.2 耦合对信号传输的影响

1. 信号源和输入级之间的关系

信号源接放大电路的输入级，输入级的输入电阻就是它的负载，因此可归结为信号源与负载的关系。如图 3.5 所示，放大电路的输入电压和输入电流可用下面两式计算：

$$\dot{U}_\mathrm{i} = \dot{U}_\mathrm{S} \frac{r_\mathrm{i}}{R_\mathrm{S} + r_\mathrm{i}} \tag{3-1}$$

$$\dot{I}_\mathrm{i} = \dot{I}_\mathrm{S} \frac{R_\mathrm{S}}{R_\mathrm{S} + r_\mathrm{i}} \tag{3-2}$$

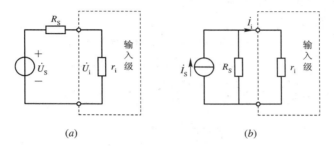

图 3.5　信号源内阻、放大电路输入电阻对输入信号的影响

（a）信号源内阻降低输入电压；（b）信号源内阻降低输入电流

2. 各级间关系

中间级级间的相互关系归结为：前级的输出信号为后级的信号源，其输出电阻为信号源内阻，后级的输入电阻为前级的负载电阻。如图 3.6 所示，第二级的输入电阻为第一级的负载，第三级的输入电阻为第二级的负载，依此类推。

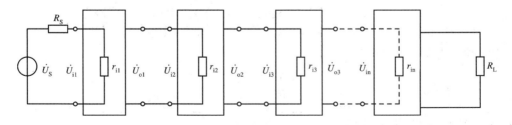

图 3.6　多级放大器级间关系

3. 多级放大电路的动态分析

由于变压器耦合、阻容耦合的多级放大电路的直流通路彼此独立，所以，它们的静态分析与单级放大电路的分析方法相同，这里不再赘述。

1）多级放大电路电压放大倍数

因为

$$\dot{A}_{u1}=\frac{\dot{U}_{o1}}{\dot{U}_{i1}}, \ \dot{A}_{u2}=\frac{\dot{U}_{o2}}{\dot{U}_{i2}}, \cdots, \ \dot{A}_{un}=\frac{\dot{U}_{on}}{\dot{U}_{in}}$$

$$\dot{U}_{o1}=\dot{U}_{i2}, \ \dot{U}_{o2}=\dot{U}_{i3}, \cdots, \ \dot{U}_{on}=\dot{U}_{i(n+1)}$$

所以总的电压放大倍数为

$$\dot{A}_u=\frac{\dot{U}_{on}}{\dot{U}_{i1}}=\dot{A}_{u1}\cdot\dot{A}_{u2}\cdot\cdots\cdot\dot{A}_{un} \tag{3-3}$$

即总的电压放大倍数为各级放大倍数的连乘积。

2）多级放大电路的输入、输出电阻

多级放大电路的输入电阻就是第一级的输入电阻，其输出电阻就是最后一级的输出电阻，如图 3.6 所示。

例 3.1 电路如图 3.2 所示，已知 $U_{CC}=6\ \text{V}$，$R_{b1}=430\ \Omega$，$R_{c1}=2\ \text{k}\Omega$，$R_{b2}=270\ \text{k}\Omega$，$R_{c2}=1.5\ \text{k}\Omega$，$r_{be2}=1.2\ \text{k}\Omega$，$\beta_1=\beta_2=50$，$C_1=C_2=C_3=10\ \mu\text{F}$，$r_{be1}=1.6\ \text{k}\Omega$，求：（1）电压放大倍数；（2）输入电阻、输出电阻。

解 （1）电压放大倍数

$$r_{i2}=R_{b2}\ /\!/\ r_{be2}=270\ \text{k}\Omega\ /\!/\ 1.2\ \text{k}\Omega\approx1.2\ \text{k}\Omega$$

$$R'_{L1}=R_{c1}\ /\!/\ r_{i2}=2\ \text{k}\Omega\ /\!/\ 1.2\ \text{k}\Omega=0.75\ \text{k}\Omega$$

$$\dot{A}_{u1}=-\frac{\beta R'_{L1}}{r_{be1}}=-\frac{50\times0.75\ \text{k}\Omega}{1.6\ \text{k}\Omega}=-23.4$$

$$\dot{A}_{u2}=-\frac{\beta R_{c2}}{r_{be2}}=-\frac{50\times1.5\ \text{k}\Omega}{1.2\ \text{k}\Omega}=-62.5$$

$$\dot{A}_u=\dot{A}_{u1}\cdot\dot{A}_{u2}=(-23.4)\cdot(-62.5)=1462.5$$

在工程上电压放大倍数常用分贝表示，折算公式为

$$A_u(\text{dB})=20\ \lg A_u$$

上题用分贝可表示为

$$A_u(\text{dB})=20\ \lg A_u=20\ \lg(A_{u1}\cdot A_{u2})$$
$$=20\ \lg A_{u1}+20\ \lg A_{u2}=A_{u1}(\text{dB})+A_{u2}(\text{dB})$$
$$A_{u1}(\text{dB})=20\ \lg23.4=27.4\ (\text{dB})$$
$$A_{u2}(\text{dB})=20\ \lg62.5=35.9\ (\text{dB})$$
$$A_u(\text{dB})=27.6+35.9=63.3\ (\text{dB})$$

（2）输入电阻、输出电阻

$$r_i=r_{i1}=R_{b1}\ /\!/\ r_{be1}$$
$$r_o=R_{c2}$$

3.1.3 放大电路的频率特性

在实际应用中，放大器所放大的信号并非单一频率，例如，语言、音乐信号的频率范围在 $20\sim20\ 000\ \text{Hz}$，图像信号的频率范围在 $0\sim6\ \text{MHz}$，还有其他范围。所以，要求放大电路对信号频率范围内的所有频率都具有相同的放大效果，输出才能不失真地重显输入信号。实际电路中存在的电容、电感元件及三极管本身的结电容效应，对交流信号都具有一定

的影响，所以对不同频率具有不同的放大效果。因这种原因所产生的失真称为频率失真。

1. 幅频特性

共射极放大电路的幅频特性如图 3.7 所示。从幅频特性曲线上可以看出，在一个较宽的频率范围内，曲线平坦，这个频率范围称为中频区。在中频区之外的低频区和高频区，放大倍数都要下降。

引起低频区放大倍数下降的原因是由于耦合电容 C_1、C_2 及 C_e 的容抗随频率下降而增大。

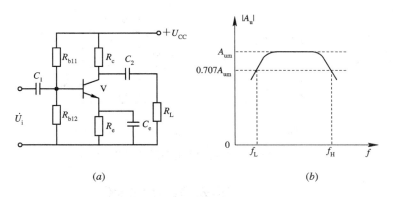

图 3.7　共射极放大电路的幅频特性
(a) 电路；(b) 幅频特性

高频区放大倍数的下降原因是由于三极管结电容和杂散电容的容抗随频率增加而减小。结电容通常为几十到几百皮法，杂散电容也不大，因而频率不高时可视为开路。在高频时输入的电流被分流，使得 I_c 减小，输出电压降低，导致高频区电压增益下降，如图 3.8 所示。

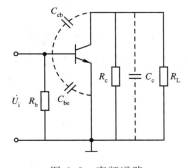

图 3.8　高频通路

2. 通频带

放大倍数 A_{um} 下降到 $\dfrac{1}{\sqrt{2}}A_{um}$ 时对应的频率称为下限频率 f_L 和上限频率 f_H，夹在上限频率和下限频率之间的频率范围称为通频带 f_{BW}。

$$f_{BW} = f_H - f_L \qquad\qquad (3-4)$$

两级放大电路的幅频特性如图 3.9 所示。由图可见，多级放大电路虽然提高了中频区的放大倍数，但通频带变窄了，这是一个重要的概念。

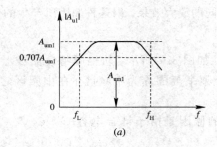

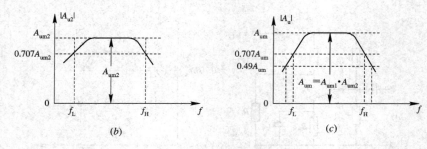

图 3.9 两级放大电路的通频带

3.2 差动放大电路

差动放大电路又称差分放大电路，其输出电压与两个输入电压之差成正比，它也由此得名。差动放大电路是另一类基本放大电路，由于它在电路性能方面具有很多优点，因而被广泛应用于集成电路中。

3.2.1 差动放大电路的组成

典型差动放大电路如图 3.10 所示，其结构上的特点是左右两半电路完全对称。图 3.10 中 V_1、V_2 是两个型号和特性相同的晶体管；电路有两个输入信号 u_{i1} 和 u_{i2}，分别加到两个晶体管 V_1、V_2 的基极；输出信号 u_o 从两个晶体管的集电极之间取出，这种输出方式称为双端输出；R_E 称为共发射极电阻，可使静态工作点稳定。

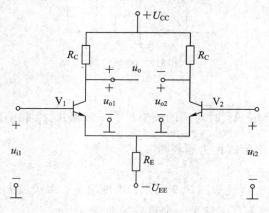

图 3.10 典型差动放大

3.2.2 差动放大电路的工作原理

1. 抑制零点漂移的原理

静态时，$u_{i1} = u_{i2} = 0$，此时由负电源 V_{EE} 通过电阻 R_E 和两管发射极提供两管的基极电流。由于电路左右两边的参数对称，两管的集电极电位也相等，即

$$I_{c1} = I_{c2}$$
$$U_{c1} = U_{c2}$$

输出电压：

$$U_o = U_{c1} - U_{c2} = 0$$

当温度变化时，由于电路对称，所引起的两管集电极电流量必然相同。例如，温度升高，两管的集电极电流都会增大，集电极电位都会下降。

当温度变化时，由于电路对称，所引起的两管集电极电流的变化量必然相同。例如，温度升高，两管的集电极电流都会增大，集电极电位都会下降。由于电路是对称的，所以两管的集电极电流的变化量相等，即

$$\Delta I_{c2} = \Delta I_{c2}$$
$$\Delta U_{c2} = \Delta U_{c2}$$

所以输出电压

$$U_o = (U_{c1} + \Delta U_{c1}) - (U_{c2} + \Delta U_{c2}) = 0$$

由此可见，温度变化时，尽管两边的集电极电压会相应变化，但电路的双端输出电压 U_o 会保持为零。

以上分析说明：差动放大电路在零输入时，具有零输出；静态时，温度有变化依然保持零输出，即消除零点漂移。

2. 输入信号分析

在图 3.10 所示的电路中，输入信号 U_{i1} 和 U_{i2} 有以下 3 种情况：

（1）两输入端加的信号大小相等、极性相同，这样的输入信号称为共模信号，用 U_{ic} 表示。此时

$$U_{i2} = U_{i2} = U_{ic}$$
$$U_{o1} = U_{o2} = A_u U_{ic}$$
$$U_o = U_{o1} - U_{o2} = 0$$

共模电压放大倍数（用 A_{uc} 表示）：

$$A_{uc} = \frac{U_o}{U_{ic}} = 0$$

这说明，电路对共模输入信号无放大作用，即完全抑制了共模信号。实际上，差动放大电路对零点漂移的抑制就是抑制共模信号的一个特例，所以，差动放大电路对共模信号抑制能力的大小，也反映了它对零点漂移抑制能力的强弱。

（2）两输入端加的信号大小相等、极性相反，这样的输入信号称为差模输入信号，用 U_{id} 表示。此时有

$$U_{i1} = \frac{1}{2} U_{id}, \quad U_{i2} = -\frac{1}{2} U_{id} \text{（两者大小相等，极性相反）}$$

即差值：

$$U_{i1} - U_{i2} = \frac{1}{2}U_{id} - \left(-\frac{1}{2}U_{id}\right) = U_{id}$$

差模输入电压 U_{id} 就是加在两个输入端之间的电压。因两侧的电路对称，放大倍数相等，差模电压放大倍数用 A_{ud} 表示，则

$$U_{o1} = A_{ud}U_{i1} \qquad U_{o2} = A_{ud}U_{i2}$$

$$U_o = U_{o1} - U_{o2} = A_{ud}(U_{i1} - U_{i2}) = A_{ud}U_{id}$$

差模电压放大倍数

$$A_{ud} = \frac{U_o}{U_{id}} = A_{ud}$$

可见，差模电压放大倍数等于单管放大电路电压的放大倍数。差动放大电路用多一倍的原件为代价，换来了对零点漂移更强的抑制能力。

（3）两个输入信号电压的大小和相对极性是任意的，既非共模也非差模。这样的输入信号成为一般输入，可以分解为一对共模信号和一对差模信号的组合，即

$$U_{i1} = U_{ic} + U_{id}$$

$$U_{i2} = U_{ic} - U_{id}$$

式中 U_{ic} 为共模信号，U_{id} 为差模信号；U_{i1} 和 U_{i2} 的平均值是共模分量 U_{ic}；U_{i1} 和 U_{i2} 的差值是差模分量 U_{id}，则有

$$U_{ic} = \frac{1}{2}(U_{i1} + U_{i2})$$

$$U_{id} = U_{i1} - U_{i2}$$

例如 $U_{i1} = 10$ mV、$U_{i2} = 6$ mV 是两个一般输入信号，则其共模分量 $U_{ic} = 8$ mV，其差模分量 $U_{id} = 4$ mV。当用 U_{ic} 和 U_{id} 表示两个输入电压时，有

$$U_{i1} = U_{ic} + \frac{1}{2}U_{id}$$

$$U_{i2} = U_{ic} - \frac{1}{2}U_{id}$$

上例中，10 mV 可表示为 8 mV $+ \frac{1}{2} \times 4$ mV；6 mV 可表示为 8 mV $- \frac{1}{2} \times 4$ mV。

3. 差动放大电路的功能

差动放大电路的功能是抑制共模信号输出，只放大差模信号。在共模信号的作用下，对于完全对称的差动放大电路来说，由于两管的集电极电位变化量相同，因而输出电压等于零，所以它对共模信号没有放大能力，亦即共模放大倍数为零。

在差模输入信号 U_{id} 的作用下，两个输入电压的大小相等，而极性相反，则 $U_{i1} = +\frac{1}{2}U_{id}$，$U_{i2} = -\frac{1}{2}U_{id}$。即 U_{i2} 使 V_1 的集电极电流增大了 ΔI_{c1}，V_1 的集电极电位因而降低了 ΔU_{o1}（负值）；而 U_{i2} 却使 V_2 的集电极电流减小了 ΔI_{c2}，V_2 的集电极电位因而增高了 ΔU_{o2}（正值）。这样，两个集电极电位一增一减，例如 $\Delta U_{o1} = -1$ V，$\Delta U_{o2} = 1$ V，因此输出电压为

$$U_o = \Delta U_{o1} - \Delta U_{o2} = -1 \text{ V} - 1 \text{ V} = -2 \text{ V}$$

可见，在差模输入信号的作用下，差动放大电路两集电极之间的输出电压为两管各自输出电压的两倍。

上述分析说明了完全对称的差动放大器具有只放大差动信号的功能。因此，对于下述两种情况：
$$U_{i1} = +2\ \text{mV}、U_{i2} = -2\ \text{mV} \qquad U_{i1} = 10\ \text{mV}、U_{i2} = 6\ \text{mV}$$
由于差模输入信号是相同的（都是 4 mV），对于完全对称的差动电路来说，两种情况下的输出电压是相同的。

利用叠加定理可求得输出电压：
$$U_{o1} = A_{uc}U_{ic} + A_{ud}U_{id}$$
$$U_{o2} = A_{uc}U_{ic} - A_{ud}U_{id}$$
$$U_{o} = U_{o1} - U_{o2} = 2A_{ud}U_{id} = A_{ud}(U_{i1} - U_{i2})$$

上式表明，输出电压的大小仅与输入电压的差值有关，而与信号本身的大小无关，这就是差动放大电路的差值特性。

对于差动放大电路来说，差模信号是有用信号，要求对差模信号有较大的放大倍数；而共模信号是干扰信号，因此对共模信号的放大倍数越小越好。对共模信号的放大倍数越小，就意味着零点漂移越小，抗共模干扰的能力越强，当用作差动放大时，就越能准确、灵敏地反映出信号的偏差值。

在一般情况下，电路不可能绝对对称，即 $A_{uc} \neq 0$。为了全面衡量差动放大电路放大差模信号和抑制共模信号的能力，特引入共模抑制比，以 K_{CMR} 表示。共模抑制比定义为 A_{ud} 与 A_{uc} 之比的绝对值，即
$$K_{CMR} = \left| \frac{A_{ud}}{A_{uc}} \right|$$

实际中，常用对数形式表示共模抑制比，即
$$K_{CMR} = 20\ \lg \left| \frac{A_{ud}}{A_{uc}} \right| \qquad (\text{dB})$$

若 $A_{uc} = 0$，则 $K_{CMR} \rightarrow \infty$，这是理想情况。此值越大，表示电路对共模信号的抑制能力越好。一般差动放大电路的 K_{CMR} 约为 60 dB，较好的可达 120 dB。

例 3.2 某差动放大器如图 3.10 所示，已知差模电压放大倍数 $A_{ud} = 80$ dB，输入信号中 $U_{i1} = 3.001$ V、$U_{i2} = 2.999$ V，问：① 理想情况下（即电路完全对称时）U_o 为多少？② 当 $K_{CMR} = 80$ dB 时，U_o 为多少？③ 当 $K_{CMR} = 100$ dB 时，U_o 为多少？

解 首先求出差模和共模输入电压。

差模输入电压
$$U_{id} = U_{i1} - U_{i2} = 3.001\ \text{V} - 2.999\ \text{V} = 2\ (\text{mV})$$

共模输入电压
$$U_{ic} = \frac{U_{i1} + U_{i2}}{2} = 3\ (\text{V})$$

（1）求理想状态下的 U_o。已知差模电压放大倍数 $A_{ud} = 80$ dB $= 10^4$，而理想状态下，共模电压放大倍数 $A_{ud} = 0$。所以差模输出电压为
$$U_o = A_{ud}U_{id} = 10^4 \times 2\ \text{mV} = 20\ (\text{V})$$

（2）求 $K_{CMR} = 80$ dB 时，U_o 的值。由共模抑制比定义可知 $A_{uc} = A_{ud}/K_{CMR}$，用分贝表

示时则有
$$A_{uc} = A_{ud} - K_{CMR}$$

所以共模电压放大倍数为 $A_{uc} = 80 \text{ dB} - 80 \text{ dB} = 0 \text{ dB}$，得 $A_{uc} = 1$。
其共模输出电压为
$$U_{oc} = A_{uc} U_{ic} = 1 \times 3 \text{ V} = 3 \text{ (V)}$$

所以在差模和共模信号同时存在的情况下，可利用叠加原理来求总的输出电压，即总的输出电压等于差模电压与共模电压之和：
$$U_o = A_{ud} U_{id} + A_{uc} U_{ic} = U_{od} + U_{oc} = 20 \text{ V} + 3 \text{ V} = 23 \text{ V}$$

（3）求 $K_{CMR} = 100 \text{ dB}$ 时，U_o 的值：
$A_{uc} = 80 \text{ dB} - 100 \text{ dB} = -20 \text{ (dB)}$，得 $A_{uc} = 0.1$，则
$$U_{oc} = 0.1 \times 3 \text{ V} = 0.3 \text{ (V)}$$

所以
$$U_o = U_{od} + U_{oc} = 20 \text{ V} + 0.3 \text{ V} = 20.3 \text{ V}$$

由推导可见，K_{CMR} 越大，抑制共模信号的能力越强，输出电压就越接近于理想值，因此 K_{CMR} 是衡量差动放大器性能的一项重要指标。

3.2.3　差动放大电路的计算

差动放大电路的静态和动态计算方法与基本放大电路大体相同。区别是差动放大电路在静态时，其输入端基本上是零电位，将 R_E 从接地改为接负电源 $-U_{EE}$。由于接入负电源，所以偏置电阻 R_B 可以取消，改为 $-U_{EE}$ 和 R_E 提供基极偏置电流。在一些单电源供电的差放电路中，必须接有基极偏置电阻 R_B，使其为晶体管提供合适的偏置电压。

1. 静态工作点的计算

静态（$U_{i1} = U_{i2} = 0$）时，$I_{B1Q} = I_{B2Q} = I_{BQ}$，$I_{C1Q} = I_{C2Q} = I_{CQ}$，$U_{C1Q} = U_{C2Q} = U_{CQ}$，在 V_1 的输入回路中基极为零电位，所以
$$0 - (-U_{EE}) = U_{BEQ1} + I_E R_E$$
$$I_E = \frac{U_{EE} - U_{BEQ1}}{R_E}$$

因此，两管的集电极电流为
$$I_{CQ1} = I_{CQ2} = \frac{1}{2} I_E = \frac{U_{EE} - U_{BEQ}}{2R_E}$$

两管集电极对地电压为
$$U_{CQ1} = U_{CC} - I_{CQ1} R_c$$
$$U_{CQ2} = U_{CC} - I_{CQ2} R_c$$

2. 动态指标计算

在差模输入信号 U_{id} 的作用下，输出电压可表示为 $U_o = U_{o1} - U_{o2} = 2U_{o1}$，与单管放大电路相比，输出电压 U_o 是单管放大电压的两倍。因此，差动放大电路的电压增益与单管电路相同。差动放大电路的放大倍数
$$A_{ud} = \frac{U_{od}}{U_{id}} = \frac{U_{o1} - U_{o2}}{U_{o2} - U_{i2}} = \frac{2U_{o1}}{2U_{i1}} = \frac{U_{o1}}{U_{i1}} = A_{ud1} = -\frac{\beta R_c}{r_{be}}$$

可见，双端输入-双端输出时，差动放大电路的放大倍数和单管放大电路的放大倍数相同，实际上是以牺牲放大倍数为代价来换取低温漂移的。

如图 3.10 所示电路中，两集电极之间接有负载电阻 R_L 时，V_1、V_2 管的集电极电位一增一减，且变化量相等，负载电阻 R_L 的中点电位始终不变，为交流零电位，因此，每边电路的交流等效负载电阻 $R_L' = R_C \parallel (R_L/2)$。这时差模电压放大倍数变为

$$A_{ud} = -\frac{\beta R_L'}{r_{be}}$$

差模输入电阻即从两个输入端看进去的等效电阻为

$$R_{id} = 2r_{be}$$

差模输出电阻为

$$R_o \approx 2R_c$$

例 3.3 某差动放大器如图 3.10 所示，已知 $U_{CC} = U_{EE} = 12$ V、$R_C = 10$ kΩ、$R_E = 20$ kΩ，晶体管放大倍数 $\beta = 80$、$r_{bb} = 200$ Ω、$U_{BEQ} = 0.6$ V，两输入端之间接有负载电阻 20 kΩ，试求：① 放大电路的静态工作点；② 放大电路的差模电压放大倍数 A_{ud}，差模输入电阻 R_{id} 和输出电阻 R_o。

解 （1）求静态工作点：

$$I_{CQ1} = I_{CQ2} = \frac{U_{EE} - U_{BEQ}}{2R_E} = \frac{(12 - 0.6)\text{V}}{2 \times 2 \text{ k}\Omega} = 0.285 \text{ (mA)}$$

$$U_{CQ1} = U_{CQ2} = U_{CC} - I_{CQ1}R_c = 12 \text{ V} - 0.285 \text{ mA} \times 10 \text{ k}\Omega = 9.15 \text{ (V)}$$

（2）求 A_{ud}、R_{id} 和 R_o：

$$r_{be} = r_{bb} + (1 + \beta)\frac{26 \text{ mV}}{I_{BQ}} = 200 \text{ Ω} + 81 \times \frac{26 \text{ mV}}{0.285 \text{ mA}} = 7.59 \text{ (k}\Omega)$$

$$A_{ud} = -\frac{\beta R_L}{r_{be}} = \frac{-80 \times \frac{10 \times 10}{10 + 10}\text{k}\Omega}{7.59 \text{ k}\Omega} = -52.7$$

$$R_{id} = 2r_{be} = 2 \times 7.59 \text{ k}\Omega = 15.18 \text{ (k}\Omega)$$

$$R_o = 2R_c = 2 \times 10 \text{ k}\Omega = 20 \text{ (k}\Omega)$$

3.2.4 具有恒流源的差动放大电路

在前面的差放电路中，R_E 越大，其抑制温漂的能力越强。但在电源电压一定时，R_E 越大 I_{CQ} 越小，放大倍数会减小。此外，在集成电路中，不易制作高阻值电阻。因此，常采用由晶体管组成的恒流源电路来代替射极电阻 R_E，因恒流源电路动态电阻很大而直流电阻较小。具有恒流源的差动放大电路如图 3.11(a) 所示。

图 3.11 中，V_3 管采用分压式偏置电路，无论 V_1、V_2 管有无信号输入，I_{E3} 恒定，I_{c3} 恒定，所以 V_3 称为恒流管。恒流电路可用恒流源符号表示，如图 3.11(b) 所示。又 $I_{c3} = I_{E3}$，由于 I_{c3} 恒定，I_{E3} 恒定，则 $\Delta I_E \to 0$，这时动态电阻 $r_d = \frac{\Delta U_{E3}}{\Delta I_{E3}} \to \infty$。

恒流源对动态信号呈现出高达几兆欧的电阻，而直流压降不大，可以不增大 U_{EE}。r_d 相当于 R_E，所以对差模电压放大倍数 A_{ud} 无影响。对共模电压放大倍数 A_{uc} 相当于接了一个无穷大的 R_E，所以 $A_{uc} \to 0$ 时，$K_{CMR} \to \infty$，实现了在不增加 U_{EE} 的同时，提高共模抑制比的目的。

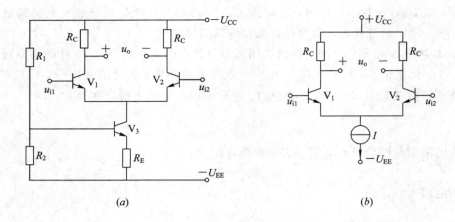

图 3.11　具有恒流源的差动放大电路

(a) 恒流源差放电路；(b) (a)图的简化

3.2.5　差动放大电路的输入输出方式

除了已经介绍过的双端输入-双端输出的差动放大电路(如图 3.12(a)所示)外，在一些实际应用中，有时要求电路输出端有一端接地，因此称为单端输出；有时要求电路输入端有一端接地，称为单端输入。因此，差动放大电路出现以下几种输入输出方式：双端输入-单端输出、单端输入-双端输出、单端输入-单端输出等。在实际应用中，可根据信号源和负载的要求选择适当的工作方式。

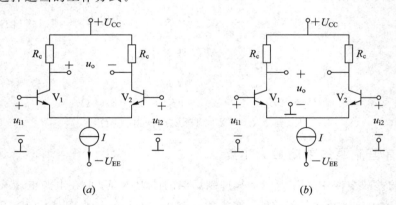

图 3.12　双端输入—双端与单端输出电路

(a) 双端输入-双端输出；(b) 双端输入—单端输出

1. 双端输入-单端输出

电路如图 3.12(b)所示。双端输入-单端输出电路的输出 u_o 与输入 u_{i1} 的极性(或相位)相反，而与 u_{i2} 的极性(或相位)相同，所以 u_{i1} 输入端称为反相输入端，而 u_{i2} 输入端称为同相输入端。双端输入-单端输出方式是集成运放的基本输入输出方式。

单端输出的优点在于它有一端接地，负载电阻 R_L 接在一管集电极和地之间，便于它和其他放大电路相连接。但是输出电压仅是一管集电极对地电压，另一管的输出电压没有用上，所以其差模电压放大倍数比双端输出时少一半，即

$$A_{ud} = -\frac{1}{2}\frac{\beta R_L}{r_{be}}$$

式中 $R'_L = R_c \parallel R_L$，若信号从 V_2 管的集电极输出，则上式中无负号。

因输入回路与双端输入相同，所以其差模信号输入电阻与双入双出接法时相同。而输出电阻近似为一管集电极与地之间的电阻，即

$$R_o \approx R_c$$

此外，由于两个单管放大电路的输出漂移不能相互抵消，所以单端输出电路的零漂移比双端输出时大一些。由于恒流源或射极电阻 R_E 对零点漂移有极强烈的抑制作用，零漂仍然比单管放大电路小得多。所以，单端输出时，常采用差动放大电路，而不采用单管放大电路。

2. 单端输入-双端输出

单端输入-双端输出电路如图 3.13(a) 所示，电路的输入信号只加到放大器的一个输入端，另一个输入端接地。由于两个晶体管发射极电流之和恒定，所以当输入信号使一个晶体管发射极电流改变时，另一个晶体管发射极电流必然随之出现相反变化，情况和双端输入时相同。此时，由于恒流源等效电阻或发射极电阻 R_E 的耦合作用，两个单管放大电路都得到了输入信号的一半，但极性相反，即为差模信号，所以，单端输入属于差模输入。电路特性与双端输入-双端输出时相同。

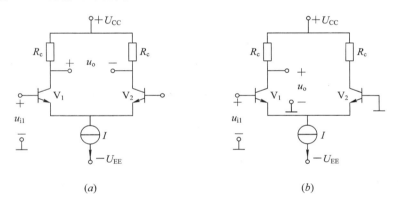

图 j3.13　单端输入-双端与单端输出电路

(a) 单端输入-双端输出；(b) 单端输入—单端输出

3. 单端输入-单端输出

电路如图 3.13(b) 所示。单端输入差放的差模信号为 u_{i1}，共模信号为 $u_{i1}/2$。电路的差模放大倍数、差模输入电阻和输出电阻与双端输入-单端输出电路相同。

综上所述，4 种方式的输入电阻近似值相等，而放大倍数和输出电阻则与输出方式有关。单端输出时，差模放大倍数和输出电阻是双端输出时的一半。

例 3.4　差分放大电路如图 3.14(a) 所示，已知 $U_{CC} = U_{EE} = 12$ V、$R_c = 10$ kΩ、$R_L = 20$ kΩ、$I_o = 1$ mA、三极管的 $\beta = 100$、$r_{bb'} = 200$ Ω、$U_{BEQ} = 0.7$ V。试求：① 求 I_{CQ1}、U_{CEQ1}、I_{CQ2}、U_{CEQ2}；② 画出该电路的差模交流通路；③ 求电压放大倍数 $A_u = U_o/U_i$、差模输入电阻 R_{id} 和输出电阻 R_o。

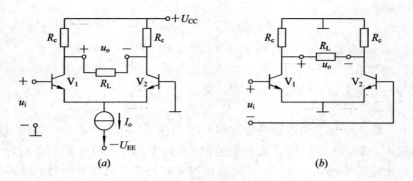

图 3.14　例题 3.4 图

(a) 原图 (b) 差模交流通路

解　(1) 求 I_{CQ1}、U_{CEQ1}、I_{CQ2}、U_{CEQ2}:

$$I_{CQ1} = I_{CQ2} = \frac{1}{2}I_o = 0.5\ (\text{mA})$$

$$U_{CEQ1} = U_{CEQ2} = U_{CC} - U_{CQ1}R_c - U_{EQ} = 12\ \text{V} - 0.5\ \text{mA} \times 10\ \text{k}\Omega - (0.7\ \text{V}) = 7.7\ (\text{V})$$

(2) 画出差模交流通路,该通路如图 3.14(b) 所示。

(3) 求差模输入电阻 R_{id} 和输出电阻 R_o:

$$r_{be} = 200\ \Omega + (1+100) \times \frac{26\ \text{mA}}{0.5\ \text{mA}} \approx 5.45\ (\text{k}\Omega)$$

$$A_o = \frac{U_o}{U_i} = \frac{-\beta\left(R_c \parallel \dfrac{R_L}{2}\right)}{r_{be}} = \frac{-100 \times (10 \parallel 10)\ \text{k}\Omega}{5.45\ \text{k}\Omega} \approx -91.7$$

$$R_{id} = 2r_{be} = 2 \times 5.45\ \text{k}\Omega = 10.9\ \text{k}\Omega$$

$$R_o = 2R_c = 2 \times 10\ \text{k}\Omega = 20\ \text{k}\Omega$$

4. 差放电路的调零

为了克服电路元件参数不可能完全对称所造成的静态时输出电压不为零的现象,在实用的电路中都设计有调零电路,即人为地将电路调到零输入时输出也为零。图 3.15 是几种常用的调零电路。

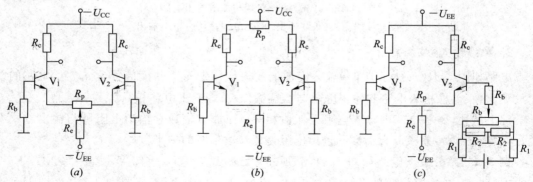

图 3.15　差放的调零电路

(a) 射极调零; (b) 集电极调零; (c) 基极调零

图 3.15(a)是射极调零电路，调零电位器 R_p 可改变 V_1、V_2 的集电极电流，使输出电压为零；图 3.15(b)是集电极调零电路，通过改变集电极电阻，使输出电压为零；图 3.15(c)是基极调零电路，调节 R_p 可产生一个适当的输入补偿电压，使输出电压为零。调零电阻的取值在几十欧到几百欧之间。

例 3.5 差分放大电路如图 3.16 所示，已知 $U_{CC}=U_{EE}=12\text{ V}$，$R_c=R_E=5.1\text{ k}\Omega$，三极管的 $\beta=100$、$r_{bb'}=200\ \Omega$，$U_{BEQ}=0.7\text{ V}$，电位器触头位于中间位置，试求① I_{CQ1}、U_{CQ1}、I_{CQ2}、U_{CQ2}；② 差模电压放大倍数 $A_{ud}=U_{od}/U_{id}$，差模输入电阻 R_{id} 和输出电阻 R_o；③ 指出电位器在该电路中的作用。

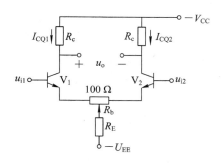

图 3.16　例题 3.5 图

题意分析：差放电路两边达到完全对称一般是不可能的，利用调零电位器可弥补电路不对称所带来的误差。由于 R_p 的加入，电路指标参数的数值会发生变化，但求取的方法是不变的。

解　(1) 求 I_{CQ1}、U_{CQ1}、$I_{CQ2}U_{CQ2}$ 的值：

$$I_{CQ1}=I_{CQ2}\approx\dfrac{U_{EE}-U_{BEQ}}{\dfrac{R_p}{2}+2R_E}=\dfrac{(12-0.7)\text{ V}}{50\ \Omega+2\times5.1\text{ k}\Omega}\approx1.1\text{ (mA)}$$

$$U_{CEQ1}=U_{CEQ2}=U_{CC}-I_{CQ1}R_c=12-0.84\text{ mA}\times8.2\text{ k}\Omega=5.2\text{ (V)}$$

(2) 求 A_{ud}、R_{id} 和 R_o：

$$r_{be}=200\ \Omega+(1+100)\times\dfrac{26\text{ mA}}{1.1\text{ mA}}\approx2.59\text{ (k}\Omega)$$

$$A_{ud}=\dfrac{U_{od}}{U_{id}}=\dfrac{-\beta R_c}{r_{be}+(1+\beta)\dfrac{R_p}{2}}=\dfrac{-100\times5.1\text{ k}\Omega}{2.59\text{ k}\Omega+101\times50\ \Omega}\approx-67$$

$$R_{id}=2\left[r_{be}+(1+\beta)\dfrac{R_p}{2}\right]=2(2.59\text{ k}\Omega+101\times50\ \Omega)\approx15.3\text{ (k}\Omega)$$

$$R_o=2R_c=2\times5.1\text{ k}\Omega=10.2\text{ (k}\Omega)$$

(3) 调零电位器在电路中的作用是：使电路在零输入时输出为零。

3.3　功率放大电路

功率放大电路与电压放大器的区别是：电压放大器是多级放大器的前级，它主要对小信号进行电压放大，主要技术指标为电压放大倍数、输入阻抗及输出阻抗等；而功率放大电路是多级放大器的最后一级，它要带动一定负载，如扬声器、电动机、仪表、继电器等，所以，功率放大电路要求获得一定的不失真输出功率。

3.3.1 功率放大电路的特点及分类

1. 特点

（1）输出功率足够大。为获得足够大的输出功率，功放管的电压和电流变化范围应很大。为此，它们常常工作在大信号状态，接近极限工作状态。

（2）效率高。功率放大器的效率是指负载上得到的信号功率与电源供给的直流功率之比。对于小信号电压放大器来讲，由于输出功率较小，电源供给的直流功率也小，因此效率问题就不需要考虑。

（3）非线性失真小。功率放大器是在大信号状态下工作，电压、电流摆动幅度很大，极易超出管子特性曲线的线性范围而进入非线性区，从而造成输出波形的非线性失真。因此，功率放大器比小信号的电压放大器的非线性失真问题严重。在实际应用中，有些设备对失真问题要求很严，因此，要采取措施减小失真，使之满足负载的要求。

（4）保护及散热。功放管承受高电压、大电流，因而功放管的保护及散热问题也应重视。功率放大器工作点的动态范围大，因此只适宜用图解法进行分析。

2. 功率放大器的分类

功率放大器一般是根据功放管工作点选择的不同进行分类的，有甲类、乙类及甲乙类功率放大器。当静态工作点 Q 设在负载线性段的中点，整个信号周期内都有电流 I_C 通过时，如图 3.17(a) 所示，称为甲类功放。若将静态工作点 Q 设在横轴上，则 I_C 仅在半个信号周期内通过，其输出波形被削掉一半，如图 3.17(b) 所示，称为乙类功放。若将静态工作点设在线性区的下部靠近截止区，则其 I_C 的流通时间为多半个信号周期，输出波形被削掉一部分，如图 3.17(c) 所示，称为甲乙类功放。

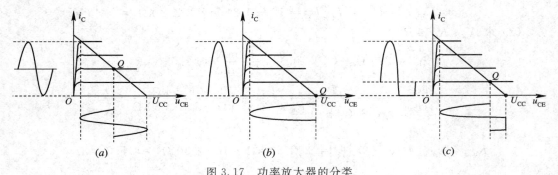

图 3.17 功率放大器的分类

（a）甲类功放；（b）乙类功放；（c）甲乙类功放

3.3.2 乙类互补对称功放

如果电路处在甲类放大状态，则静态工作电流大，因而效率低。若用一个管子组成甲乙类或乙类放大电路，就会出现严重的失真现象。乙类互补对称功放既可保持静态时功耗小，又可减小失真，如图 3.18 所示。

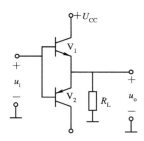

图 3.18 乙类互补对称电路

1. 电路组成及工作原理

选用两个特性接近的管子，使之都工作在乙类状态。一个在正弦信号的正半周工作，另一个在负半周工作，便可得到一个完整的正弦波形。

2. 分析计算

由于在正常互补对称功率放大电路中，V_1、V_2 管交替工作，因此，分析 V_1、V_2 管工作的半周情况，可推知整个放大器的电压、电流波形。现以 V_1 管工作的半周情况为例进行分析。

当 $u_i = 0$ 时，$i_{B1} = i_B = 0$，$i_{C1} = i_C = 0$，$u_{CE1} = u_{CE} = U_{CC}$。电路工作在 Q 点，如图 3.19 所示，当 $u_i \neq 0$ 时，交流负载线的斜率为 $-1/R_c$。因此，过 Q 点作斜率为 $-1/R_L'$ 的直线即为交流负载线。如输入信号 u_i 足够大，则可求出 I_c 的最大幅值 I_{cm} 和 U_{ce} 的最大幅值 $U_{cem} = U_{CC} - U_{ces} = I_{cm}R_L \approx U_{CC}$。根据以上分析，可求出工作在乙类的互补对称电路的输出功率 P_o、管耗 P_V、直流电源供给的功率 P_U 和效率 η。

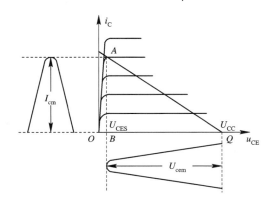

图 3.19 u_i 为正半周时的工作情况

（1）输出功率 P_o。输出功率用输出电压有效值和输出电流有效值的乘积来表示。设输出电压的幅值为 U_{om}，则

$$P_o = I_o U_o = \frac{U_{om}}{\sqrt{2}R_L} \times \frac{U_{om}}{\sqrt{2}} = \frac{U_{om}^2}{2R_L}$$

因为

$$U_{om} = U_{CC} - U_{ces} \approx U_{CC}$$

即
$$P_o = \frac{U_{om}^2}{2R_L} \approx \frac{U_{CC}^2}{2R_L}$$

(2) 管耗 P_V。设 $u_o = U_{om}\sin\omega t$，则 V_1 管的管耗为

$$P_{V1} = P_{V2} = \frac{1}{2\pi}\int_0^\pi (U_{CC} - u_o)\frac{u_o}{R_L}d(\omega t)$$

$$= \frac{1}{2\pi}\int_0^\pi\left[(U_{CC} - U_{om}\sin\omega t)\frac{U_{om}\sin\omega t}{R_L}d(\omega t)\right]$$

$$= \frac{1}{R_L}\left(\frac{U_{CC}U_{om}}{\pi} - \frac{U_{om}^2}{4}\right)$$

两管管耗

$$P_V = P_{V1} + P_{V2} = 2\times\frac{1}{R_L}\left(\frac{U_{CC}U_{om}}{\pi} - \frac{U_{om}^2}{4}\right)$$

(3) 直流电源供给功率 P_U。直流电源供给的功率包括负载得到的功率和 V_1、V_2 管消耗的功率两部分。

当 $u_i = 0$ 时：

$$i_C = 0,\ P_U = 0$$

当 $u_i \neq 0$ 时：

$$P_U = P_o + P_V = \frac{U_{om}^2}{2R_L} + 2\times\frac{1}{R_L}\left(\frac{U_{CC}U_{om}}{\pi} - \frac{U_{om}^2}{4}\right)$$

则

$$P_U = \frac{2U_{CC}^2}{\pi R_L}$$

(4) 效率 η。

$$\eta = \frac{P_o}{P_U} = \frac{\pi U_{om}}{4U_{CC}}$$

当 $U_{om} \approx U_{CC}$ 时：

$$\eta = \frac{P_o}{P_U} = \frac{\pi}{4} \approx 78.5\%$$

由于 $U_{om} \approx U_{CC}$ 忽略了管子的饱和压降 U_{ces}，所以实际效率比这个数值要低一些。

3.3.3　甲乙类互补对称电路

乙类互补对称电路效率比较高，但由于三极管的输入特性存在有死区，而形成交越失真。采用甲乙类互补对称电路(如图 3.20 所示)，可以克服交越失真问题。其原理是静态时，在 V_1、V_2 管上产生的压降为 V_3、V_4 管提供了一个适当的正偏电压，使之处于微导通状态。由于电路对称，静态时 $i_{C1} = i_{C2}$，$i_o = 0$，$U_o = 0$。有信号时，由于电路工作在甲乙类，即使 u_i 很小，也基本上可线性放大。

但上述偏置方法的偏置电压不易调整，而在图 3.21 所示电路中，设流入 V_4 管的基极电流远小于流过 R_1、R_2 的电流，则可求出 $U_{ce4} = \frac{U_{BE4}(R_1 + R_2)}{R_2}$。因此，利用 V_4 管的 U_{BE4} 基本为一固定值(0.6 V～0.7 V)这一特点，只要适当调节 R_1、R_2 的比值，就可改变 V_1、V_2 管的偏压值。这种方法常称为 U_{BE} 扩大电路，在集成电路中经常用到。

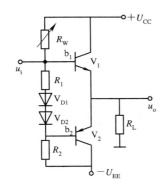

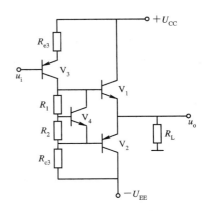

图 3.20　二极管偏置互补对称电路　　　　　　图 3.21　扩大电路

3.3.4　采用复合管的互补对称功率放大电路

1. 复合管

在功率放大电路中，如果负载电阻较小，并要求得到较大的功率，则电路必须为负载提供很大的电流。如 $R_L = 4\ \Omega$，额定功率 $P_N = 16\ W$，则由 $P_N = I^2 R_L$ 可得负载电流有效值为 $2\ A$，若管子的 $\beta = 20$，则基极电流 $I_B = 100\ mA$。一般很难从前级获得这样大的电流，因此需设法进行电流放大。通常在电路中采用复合管。

所谓复合管就是把两只或两只以上的三极管适当地连接起来等效成一只三极管。连接时，应遵守两条规则：① 在串联点，必须保证电流的连续性；② 在并接点，必须保证总电流为两个管子电流的代数和。复合管的连接形式共有四种，如图 3.22 所示。

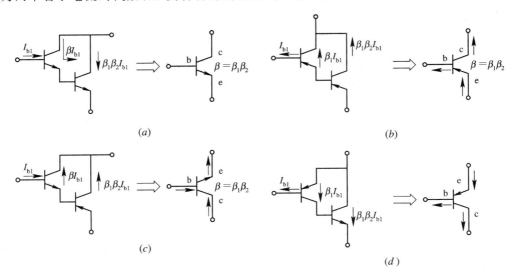

图 3.22　复合管的四种连接形式

观察图 3.22 可知：

（1）复合管的极性取决于推动级。即 V_1 为 NPN 型，则复合管就为 NPN 型。

（2）输出功率的大小取决于输出管 V_2。

（3）若 V_1 和 V_2 管的电流放大系数为 β_1、β_2，则复合管的电流放大系数 $\beta \approx \beta_1 \cdot \beta_2$。

2. 复合管互补对称功率放大电路

利用图 3.22(a)和图 3.22(b)形式的复合管代替图 3.20 中的 V_1 和 V_2 管，就构成了采用复合管的互补对称输出级，如图 3.23 所示。它可以降低对前级推动电流的要求，不过其直接为负载 R_L 提供电流的两个末级对管 V_3、V_4 的类型截然不同。在大功率情况下，两者很难选配到完全对称。图 3.24 则与之不同，其两个末级对管是同一类型，因此比较容易配对。这种电路被称为准互补对称电路。电路中 R_{e1}、R_{c3} 的作用是使 V_3 和 V_2 管能有一个合适的静态工作点。

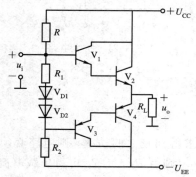

图 3.23　复合管互补对称电路

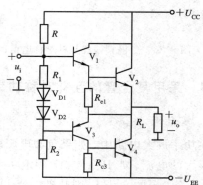

图 3.24　准互补对称电路

3.3.5　集成功率放大电路

随着集成技术的不断发展，集成功率放大器产品越来越多。由于集成功放成本低，使用方便，因而被广泛地应用在收音机、录音机、电视机及直流伺服系统中的功率放大部分。下面介绍几种常用的集成功率放大器。

1. OTL 互补对称功率放大电路

图 3.25 为一典型 OTL 功率放大电路。由运算放大器 A 组成前置放大电路，对输入信号进行放大，$V_1 \sim V_7$ 组成互补对称电路。其中，V_4 和 V_6 组成 NPN 型复合管，V_5 和 V_7 组成 PNP 型复合管。V_1、V_2 和 V_3 为两复合管基极提供偏置电压，R_7、R_8 用于减小复合管的穿透电流，稳定电路静态工作点，因此，R_7、R_8 也称为泄放电阻。V_4 集电极所接电阻 R_6 是 V_4、V_5 管的平衡电阻。R_9、R_{10} 分别是 V_6、V_7 的发射极电阻，用以稳定静态工作点，减小非线性失真，还具有过流保护作用。R_{11} 和 R_1 构成电压并联负反馈电路，用来稳定电路的电压放大倍数，提高电路的带负载能力。

该电路工作原理简述如下：

静态时，由 R_4、R_5、V_1、V_2、V_3 提供偏置电压使 $V_4 \sim V_7$ 导通，且 $i_{e6} = i_{e7}$，中点电位为 $U_{cc}/2$，$u_o = 0$ V。

当输入信号 u_i 为负半周时，经集成运放对输入信号进行放大，使互补对称管基极电位升高，推动 V_4、V_6 管导通，V_5、V_7 管趋于截止，i_{e6} 自上而下流经负载，输出电压 u_o 为正半周。

当输入信号 u_i 为正半周时，由运放对输入信号进行放大，使互补对称管基极电位降低，V_4、V_6 管趋于截止，V_5、V_7 管依靠 C_2 上的存储电压($U_{CC}/2$)进一步导通，i_{e7} 自下而上流经负载，输出电压 u_o 为负半周。这样，就在负载上得到了一个完整的正弦电压波形。

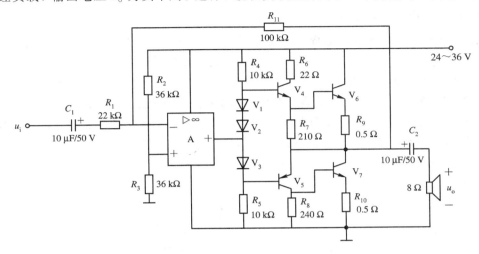

图 3.25　集成运放驱动的 OTL 功率放大器

2. OCL 互补对称功率放大电路

图 3.26 是一种集成运放驱动的实际 OCL 功率放大器。集成运算放大器主要起前置电压放大作用。V_4~V_7 组成 OCL 互补对称电路，其中，V_4 和 V_6 组成 NPN 型复合管，V_5 和 V_7 组成 PNP 型复合管。V_1、V_2 和 V_3 为两个复合管基极提供偏置电压。R_3、R_1 和 C_2 构成电压串联负反馈电路，用来稳定电路的电压放大倍数，提高电路的带负载能力。该电路的工作过程与前面讨论的 OTL 基本相同，这里不再赘述。

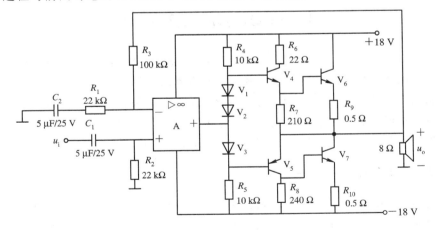

图 3.26　集成运放驱动的 OCL 功率放大器

3.3.6　功率放大器应用中的几个问题

1. 功放管散热问题

功率放大器的工作电压、电流都很大。功放管一般工作在极限状态下，所以在给负载输出功率的同时，功放管也要消耗部分功率，使管子升温发热，致使晶体管损坏。为此，应注意功放管的散热措施，通常是给功放管加装由铜、铝等导热性良好的金属材料制成的散热片，由于功放管管壳很小，温升的热量主要通过散热片传送。

2. 功放管的二次击穿问题

图 3.27 所示为晶体管击穿特性曲线。AB 段为一次击穿，是由于 U_{ce} 过大引起的雪崩击穿，是可逆的，当外加电压减小或消失后管子可恢复原状。若在一次击穿后，i_C 继续增大，管子将进入二次击穿 BC 段，二次击穿是不可逆的，致使管子毁坏。防止功放管二次击穿的主要措施为：① 改善管子散热情况，使其工作在安全区；② 应用时避免电源剧烈波动，输入信号突然大幅度增加，负载开路或短路等，以免出现过压、过流；③ 在负载两端并联二极管和电容，以防止负载的感性引起功放管过压或过流。在功放管的 c、e 端并联稳压管以吸收瞬时过压。

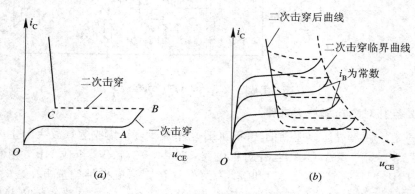

图 3.27　晶体管二次击穿曲线

3.4　集成运算放大器简介

运算放大器实质上是一个多级直接耦合的高增益放大器。由于初期运算放大器主要用于数学运算，因此，至今仍保留这个名称。集成运算放大器是利用集成工艺，将运算放大器的所有元件集成在同一块硅片上，封装在管壳内，通常简称为集成运放。随着集成技术的飞速发展，集成运放的性能不断提高，其应用领域远远超出了数学运算的范围。在自动控制、仪表、测量等领域，集成运放都发挥着十分重要的作用。

3.4.1　集成运算放大器外形图

常见集成运算放大器的封装形式有圆形、扁平式、双列直插式等，引脚有 8 引脚、14 引脚等，其外形如图 3.28 所示。其引线脚号排列顺序标记一般有色点、凹槽、管键及封装时压出的圆形等。

对于双列直插式集成电路，引线脚号的识别方法是将集成电路水平放置，引脚向下，从缺口或标记开始，按逆时针方向依次为 1 脚、2 脚、3 脚、……。

对于圆形管，以管键为参考标记，引脚向下，以管键为起点逆时针方向依次为 1 脚、2 脚、3 脚、……。

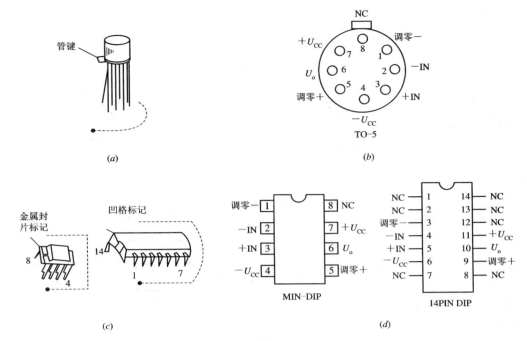

图 3.28　集成运放外形结构示意图

（a）、（b）圆形结构；（c）、（d）扁平形双列直插式结构

3.4.2　集成运算放大器内部组成原理

集成运算放大器内部组成原理框图如图 3.29 所示。

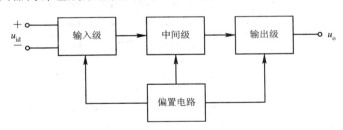

图 3.29　集成运算放大器内部组成原理框图

各部分功用如下：

1. 输入级

输入级是提高运算放大器质量的关键部分，要求其输入电阻高，为了能减小零点漂移和抑制共模干扰信号，输入级都采用具有恒流源的差动式放大电路，故也称为差动输入级。

2. 中间级

中间级的主要作用是提供足够大的电压放大倍数，因此又称为电压放大级。要求中间级本身具有较高的电压增益，为了减小前级的影响，还应具有较高的输入电阻。另外，中间级还应向输出级提供较大的驱动电流，并能根据需要实现单端输入、双端差动输出，或双端差动输入、单端输出。

3. 输出级

输出级的主要作用是输出足够的电流以满足负载的需要，同时还需要有较高的输入电阻和较低的输出电阻，以起到将放大级和负载隔离的作用。输出级一般由射级输出器组成，以降低输出电阻，从而提高电路的带负载能力。

4. 偏置电路

偏置电路的作用是为各级提供合适的工作电流，一般由各种恒流源电路组成。

此外，还有一些辅助环节，如电平移动电路、过载保护电路和高频补偿环节等。下面以通用型集成运算放大器 μA741 作为模拟集成电路的典型例子，其原理电路如图 3.30 所示。

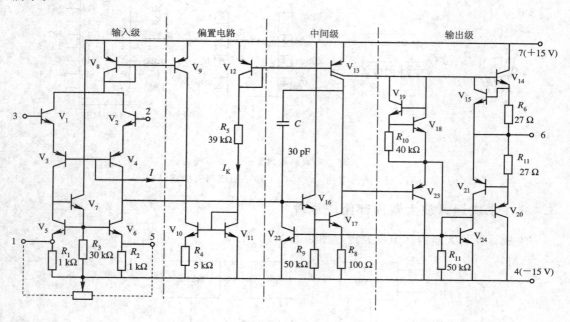

图 3.30　μA741 内部电路

从图 3.30 可以看出，集成电路内部是很复杂的，但对于使用者来说，重点是要掌握它们的引脚用途和放大器的主要参数，不一定要了解它们的内部结构。

从原理图可以看出，这种运放电路有 7 个端点需要与外电路连接，通过 7 个引脚引出，各引脚的作用如下：

2 脚为反相输入端，由此端接输入信号，则输出信号与输入信号反相；

3 脚为同相输入端，由此端接输入信号，则输出信号与输入信号同相；

6 脚为输出端；

4 脚为负电源端，接 −3 V～−18 V 电源；

7 脚为正电源端，接 +3 V～+18 V 电源；

1 脚和 5 脚为外接调零电位器的两个端子，一般情况，在这两个引脚上接入 10 kΩ 的线绕电位器，即可调零；

8 脚为空脚。

其引脚排列方式如图 3.28 所示。

3.4.3 集成运放的符号、引脚构成及主要参数

1. 集成运放的符号与引脚构成

集成运放内部电路随型号的不同而不同，但基本框图相同。集成运放有两个输入端：一个是同相输入端，用"＋"表示；另一个是反相输入端，用"－"表示。输出端用"＋"表示。若将反相输入端接地，信号由同相输入端输入，则输出信号和输入信号的相位相同；若将同相输入端接地，信号从反相输入端输入，则输出信号和输入信号相位相反。集成运放的引脚除输入、输出端外，还有正、负电源端及调零端等。F007 的符号及引脚排列如图 3.31 所示。

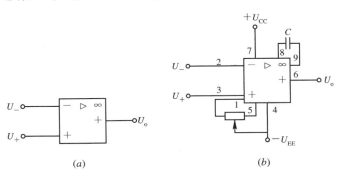

图 3.31　F007 的符号及引脚排列
（a）符号；（b）引脚排列

2. 集成运放的主要参数

集成运放的参数是评价其性能优劣的主要标志，也是正确选择和使用的依据。必须熟悉这些参数的含义和数值范围。

1）电源电压

能够施加于运放电源端子的最大直流电压称为电源电压。一般有两种表示方法：用正、负两种电压 U_{CC}、U_{EE} 表示或用它们的差值表示。

2）最大差模输入电压 $U_{id(max)}$

$U_{id(max)}$ 是运放同相端和反相端之间所能承受的最大电压值。输入差模电压超过 $U_{id(max)}$ 时，可能会使输入级的管子反向击穿。

3）最大共模输入电压 $U_{ic(max)}$

$U_{ic(max)}$ 是在线性工作范围内集成运放所能承受的最大共模输入电压。超过此值，集成运放的共模抑制比、差模放大倍数等会显著下降。

4）开环差模电压放大倍数 A_{ud}

集成运放开环时输出电压与输入差模信号电压之比称为开环差模电压放大倍数 A_{ud}。A_{ud} 越高，运放组成电路的精度越高，性能越稳定。

5）输入失调电压 U_{os}

实际上，集成运放难以做到差动输入级完全对称。当输入电压为零时，为了使输出电压也为零，需在集成运放两输入端额外附加补偿电压，该补偿电压称为输入失调电压 U_{os}。U_{os} 越小越好，一般为（0.5～5）mV。

6) 输入失调电流 I_{os}

I_{os} 是当运放输出电压为零时，两个输入端的偏置电流之差，即 $I_{os}=|I_{B1}-I_{B2}|$，它是由于内部元件参数不一致等原因造成的。I_{os} 越小越好，一般为 $(1\sim10)\ \mu A$。

7) 输入偏置电流 I_B

I_B 是输出电压为零时，流入运放两输入端静态基极电流的平均值，即 $I_B=(I_{B1}+I_{B2})/2$。I_B 越小越好，一般为 $(1\sim100)\ \mu A$。

8) 共模抑制比 K_{CMRR}

K_{CMRR} 是差模电压放大倍数和共模电压放大倍数之比，即 $K_{CMRR}=|A_{ud}/A_{oc}|$。K_{CMRR} 越高越好。

9) 差模输入电阻 r_{id}

r_{id} 是开环时输入电压变化量与它引起的输入电流的变化量之比，即从输入端看进去的动态电阻。r_{id} 一般为兆欧级。

10) 输出电阻 r_o

r_o 是开环时输出电压变化量与它引起的输出电流的变化量之比，即从输出端看进去的电阻。r_o 越小，运放的带负载能力越强。

除了以上指标外，集成运放还有其他一些参数，如最大输出电压、最大输出电流、带宽等。近年来，各种专用集成运放不断问世，可以满足特殊要求，具体资料可参看相关产品说明。

本 章 小 结

（1）多级放大电路常见的耦合方式有阻容耦合、直接耦合、变压器耦合三种。放大交流信号一般采用阻容耦合，它简单价廉。对于要求实现阻抗、电压、电流变换的场合，采用变压器耦合。这两种耦合方式的特点是可以克服零漂，但低频响应差，不便于集成化。由于变压器体积大，价高，故变压器耦合采用得较少。

（2）直接耦合放大器因不采用耦合电容，故既可放大频率较高的交流信号，又可放大缓慢变化的交流信号，这就带来了直接耦合的特殊问题——零点漂移。零漂严重时会无法从输出信号中分辨出有用信号，故直接耦合放大器必须具有抑制零漂能力。

（3）差动放大电路是集成运算放大器的重要组成单元，其主要性能是能有效地抑制零漂。差动放大电路的任务是放大差模信号与抑制共模信号。根据输入输出方式的不同组合，差动放大电路共有四种典型接法。分析这些电路时，要根据两边电路的不同输入信号分量分别计算。

（4）集成运算放大器是模拟集成电路的典型器件。通用型运放使用广泛，其基本知识是今后运放应用的基础，应重点理解集成运放参数的意义，以便能正确地选择和应用。

思考与习题三

3.1 直接耦合的优点是什么？存在什么问题？

3.2 阻容耦合两级放大电路如题 3.2 图所示。

（1）试画出放大电路的微变等效电路；

（2）试写出输入电阻 r_i、输出电阻 r_o、电压放大倍数 A_{u1}、A_{u2} 和 A_u 的表达式。

3.3 　如题 3.3 图所示为一两级直接耦合的放大电路，已知通过调节 R_{b1} 后的第二级静态输出电压 $U_o = 3\ \text{V}$，图中三极管 $U_{BE} = 12\ \text{V}$，$\beta_1 = 40$，$\beta_2 = 20$，试求：

（1）$U_i = 0$（短接）时的两级静态工作点 I_{CQ1}、I_{CQ2}、U_{CEQ1}、U_{CEQ2}；

（2）电压放大倍数 A_{u1}、A_{u2} 和 A_u；

（3）偏流电阻 R_{b1} 的值。

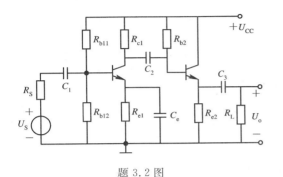 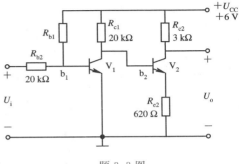

題 3.2 图　　　　　　　　　　　　　題 3.3 图

3.4 　阻容耦合两级放大电路如题 3.4 图所示。已知 $U_{CC} = 12\ \text{V}$，$R_{b1} = 2.7\ \text{k}\Omega$，$R_1 = 100\ \text{k}\Omega$，$R_2 = 50\ \text{k}\Omega$，$R_{C2} = 1.6\ \text{k}\Omega$，$R_L = 8\ \text{k}\Omega$，$\beta_1 = \beta_2 = 50$，$r_{be1} = r_{be2} = 900\ \Omega$。

（1）试画出放大电路的微变等效电路；

（2）试计算 r_i、r_o、A_{u1}、A_{u2} 和 A_u。

3.5 　放大电路的通频带是否越宽越好？

3.6 　两级放大电路如题 3.6 图所示。已知三极管的 $\beta_1 = \beta_2 = 60$，$r_{be1} = r_{be2} = 1\ \text{k}\Omega$，求电路输入电阻 r_i 和输出电阻 r_o。

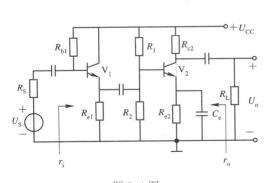 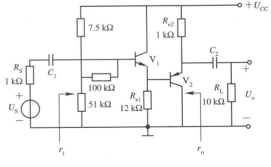

題 3.4 图　　　　　　　　　　　　題 3.6 图

3.7 　两级放大电路如题 3.7 图所示。已知场应效管 V_1 的 $g_m = 0.4\ \text{mA/V}$，三极管 V_2 的 $\beta = 80$，$r_{be} = 1.5\ \text{k}\Omega$。

（1）试画出放大电路的微变等效电路；

（2）试计算 r_i 和 r_o。

3.8 　什么是差模信号？什么是共模信号？为什么要抑制共模信号？

3.9 　差动式放大电路有几种输入、输出方式？它们的放大倍数有何差异？

3.10 如题 3.10 图所示为一恒流源差动式放大电路。试分析:

(1) 电路的输入、输出方式;

(2) 电路中三极管 V_2 的主要作用;

(3) 恒流源的作用;

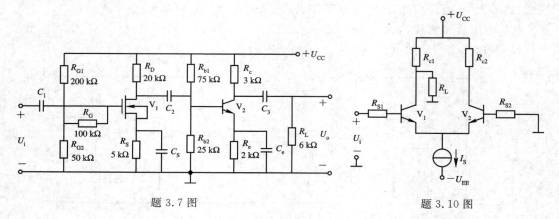

题 3.7 图   题 3.10 图

3.11 有人说收音机声音越大,功放管损耗越大,请按甲、乙两类情况分析此种现象。

3.12 功率放大器在应用时主要存在什么问题?如何解决?

3.13 OCL 准互补输出电路如题 3.13 图所示。

(1) 电路为什么称为 OCL 准互补输出电路?

(2) 若 $U_{CC}=18\ V$,$R_L=8\ \Omega$,$U_{CES3}=U_{CES4}=2\ V$,负载 R_L 上最大不失真的输出功率 $P_{o(max)}$ 为多大?

(3) 若 $U_{CC}=18\ V$,$R_L=8\ \Omega$,u_i 的幅值为 $10\sqrt{2}\ V$,射极跟随器的增益约为 1,负载 R_L 上的输出功率 P_o 为多大?

3.14 如题 3.14 图所示为一种通用型宽带集成功率放大器,它适用于收音机、对讲机、函数信号发生器等。试分析电路中 C_2、C_4 及 R_1、C_3 支路的作用。

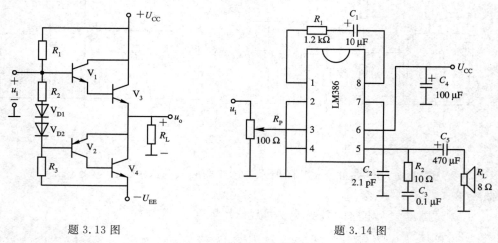

题 3.13 图   题 3.14 图

3.15 集成运放在使用时,为什么两输入端的电阻要相等?

课题四　负反馈放大电路

在电子技术中，负反馈技术能够改善和控制电路的某些性能，扩展电路的运行范围，提高一系列性能指标，而正反馈则可以产生自激振荡。

4.1　反馈的基本概念

反馈在电子技术中的应用主要有两个方面：

（1）负反馈的应用：主要用来改善放大器的各项性能指标。例如稳定静态工作点和放大倍数，减小非线性失真；展宽频带，改变输入和输出电阻。因此，所有的实用型放大器都具有负反馈的性质。

（2）正反馈的应用：主要用来产生自激振荡，获得各种不同类型和频率的输出波形（在课题六将详细阐述）。

4.1.1　反馈的定义

在基本放大器中，信号由输入端加入，经过放大器放大后，从输出端取出，信号为单方向正向传送。如果通过一定的电路将输出信号（电压或电流）的一部分或全部，反方向送回放大器的输入端，这样一个反向传输信号的过程称为反馈过程。在放大电路中引入负反馈网络，构成一个闭环系统，称为负反馈放大器。而无反馈放大器为开环系统，称为基本放大器。反馈放大器的方框图如图 4.1 所示。图中 $\dot{X}_i$、$\dot{X}_o$、$\dot{X}_f$ 分别表示放大电路的输入量、输出量和反馈量，$\dot{X}_i'$ 表示基本放大器实际得到的信号，称为净输入信号。它等于输入量 $\dot{X}_i$ 与反馈量 $\dot{X}_f$ 的叠加，即 $\dot{X}_i' = \dot{X}_i + \dot{X}_f$。

图 4.1　反馈放大器方框图

4.1.2　是否存在反馈的判别

一个电路是否存在反馈，要看电路中有无反馈支路。反馈支路就是通过反馈元件（电阻、电容和电感等）能把输出端的输出量送回到输入回路的支路。如图 4.2(a) 中射极电阻 R_4、R_5 既与输出电路有联系，又与输入电路有联系；在图 4.2(b) 中，R_3 支路及 R_1、R_2 支路连接于输出与输入之间，这些都是反馈元件。

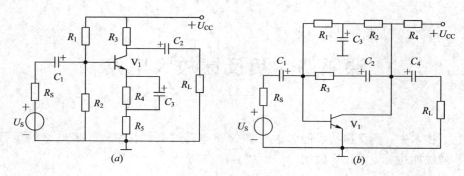

图 4.2 判别有无反馈的电路

4.1.3 直流反馈和交流反馈

电路中的反馈元件可以反映直流量的变化，也可以反映交流量的变化，前者称为直流反馈，后者称为交流反馈。如图 4.2(a) 中的 R_4，它两端并有电解电容 C_3，C_3 对交流电呈通路，即 R_4 上无交流压降，只有直流压降，因此 R_4 起直流反馈作用。R_5 两端没有并电容，它上面除产生直流压降外，还有通过负载的交变电流所产生的压降，因此它起直流反馈和交流反馈的双重作用。

在图 4.2(b) 中，C_2 有隔直流通交流的作用，所以 R_3 起交流反馈作用，R_2 上通过的交流电被 C_3 旁路到地，故 R_2 只起直流反馈作用。

不过，最可靠的方法还是分别画出交、直流等效电路来辨认。如果反馈元件存在于直流通路中，则为直流反馈；若反馈元件存在于交流通路中，则为交流反馈。图 4.2 所示电路的直流、交流通路分别如图 4.3 和图 4.4 所示，分析所得结论与上述相同。

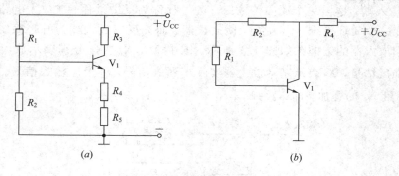

图 4.3 图 4.2 电路的直流通路

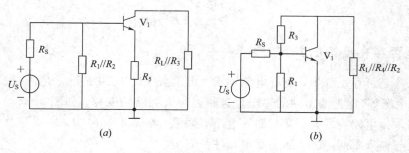

图 4.4 图 4.2 电路的交流通路

4.1.4 正反馈和负反馈

1. 基本概念

在放大电路中引入反馈后，削弱输入信号、使放大器输出幅度减小的反馈称为负反馈。反之，增强输入信号、使放大器输出幅度增大的反馈称为正反馈。

2. 判别方法

具体判别方法采用"瞬时极性法"，即假定信号源某一瞬间所在处极性为正，依此类推，根据电路各点的相位与信号源相位的相对关系，标出电路各点电压的极性，再看这种极性的变化反映到电路输入端的作用是削弱输入信号，还是增强输入信号。若是削弱，则为负反馈；反之，则为正反馈。

对于图 4.5(a)电路，因基极与集电极电压相位相反，通过反馈电阻 R_f 加到 V_1 基极的反馈信号极性为⊖(表示为负)，使三极管 U_{be} 电压下降，故形成的是负反馈。

对于图 4.5(b)电路，由于通过两极的倒相作用，通过 R_f 加到输入端 V_1 基极的反馈信号极性为⊕(表示为正)，使 U_{be} 上升，故形成的是正反馈。

对于图 4.5(c)电路，经 R_f 电阻加至 V_1 发射极的反馈信号极性为⊕，使 U_{be} 降低，故形成的是负反馈。

对于图 4.5(d)电路，经 R_f 电阻加至 V_1 发射极的反馈信号瞬间极性为⊖，使 U_{be} 增大，故形成的是正反馈。

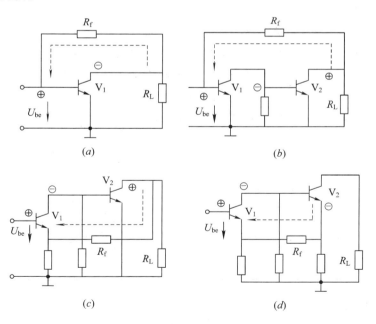

图 4.5 正反馈电路和负反馈电路

正反馈一般用于振荡器中。但在放大器中，正反馈将影响放大器工作的稳定性，引起信号失真，严重时甚至会使放大器无法工作。因此，在放大器的设计和装配上，要采取各种措施来消除或减弱各种寄生参数所造成的正反馈，以使整机工作性能稳定。

4.1.5 串联反馈和并联反馈

1. 基本概念

所谓串联反馈，就是反馈电路输出端和信号源是串联的，即反馈信号和外加信号串联叠加，如图 4.6(a)所示。串联反馈的主要特点：一是具有分压作用，二是增加了反馈环内的输入电阻。

所谓并联反馈，就是反馈电路输出端和信号源是并联连接的，即反馈信号和外加信号并联叠加。如图 4.6(b)所示。并联反馈的主要特点：一是具有分流作用，二是减小了反馈环路内的输入电阻。

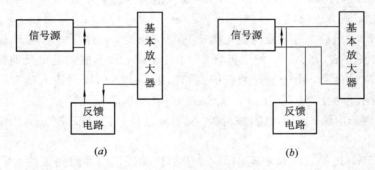

图 4.6　串联和并联反馈结构方框图
（a）串联反馈；（b）并联反馈

2. 判别方法

判别反馈放大电路是串联反馈还是并联反馈，只要将信号源内阻 R_S 短路，看反馈电压是否存在。若反馈电压存在，是串联反馈；若反馈电压不存在，是并联反馈。

例如，在图 4.2 电路中，按上述方法判别，可知图 4.2(a)电路为串联反馈，经简化后的电路如图 4.7(a)所示；图 4.2(b)电路为并联反馈，经简化后的电路如图 4.7(b)所示。

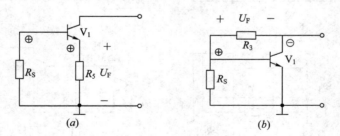

图 4.7　判别串联反馈和并联反馈的简化电路

4.1.6 电压反馈和电流反馈

1. 基本概念

电流反馈：是指反馈电路输入端和放大电路负载串联连接，是电流取样，故称为电流反馈，如图 4.8(a)所示。

电压反馈：是指反馈电路输入端和放大电路负载并联连接，反馈电压和输出电压成正比，是电压取样，故称为电压反馈，如图 4.8(b)所示。

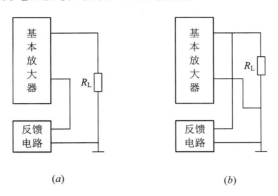

图 4.8　电压反馈和电流反馈结构方框图
(a) 电流反馈；(b) 电压反馈

2. 判别方法

判别是电压反馈还是电流反馈，只要将放大电路输出端负载短路，看反馈是否存在，若反馈电压不存在，是电压反馈；若反馈电压仍存在，是电流反馈。

例如图 4.2(a)电路，当短路 R_L 后反馈电压仍存在，故是电流反馈。图 4.2(b)短路 R_L 后，反馈电压不存在，则是电压反馈。

4.2　负反馈放大器电路分析

负反馈放大器共有四种类型：电流并联负反馈、电压并联负反馈、电流串联负反馈、电压串联负反馈，下面对它们进行分析判别。

4.2.1　电流并联负反馈放大电路

图 4.9 是一种常见的电流并联负反馈电路。

1. 判别反馈极性

用瞬时极性法标出图 4.9 电路中各处的信号极性⊕或⊖时，可以看出图中的反馈信号与信号源电压 U_S 反相，将减弱了 U_S 对 i_{b1} 的分量，故为负反馈。图中的 R_S 为信号源内阻。

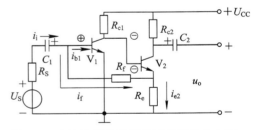

图 4.9　电流并联负反馈典型应用放大电路

2. 判别反馈类型

将信号源内阻 R_S 短路，则反馈电压不存在（V_1 恒等于 U_s），故为并联反馈。由于并联具有分流作用，所以 $i_{b1}=i_i-i_f$，且减小了输入电阻。

将输出端短路，可以看出反馈电压依然存在，故为电流反馈。

所以图 4.9 判定为电流并联负反馈电路。

例：其反馈类型的分析方法如下：

判别反馈极性：在图 4.10(b)中逐级递推，从信号流程可看出，V_1 采用共集电极（同相)方式,第二级 V_2 采用共基极(同相)方式,第三级 V_3 采用共发射极(反相)方式。因此加到第一级 V_1 基极的反馈信号极性为 $\ominus$,故为负反馈。

判别反馈类型:将输入信号对地短路,反馈电压不存在;将负载电阻 R_L 短路,反馈信号依然存在,因此图 4.10(a)是电流并联负反馈。

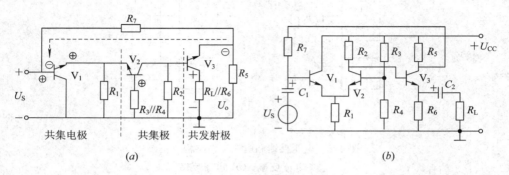

图 4.10　另一种电流并联负反馈放大电路及其等效电路
(a) 电路图;(b) 交流等效电路

4.2.2　电压并联负反馈放大电路

图 4.11 是一种常用的电压并联负反馈放大电路。

1. 判别反馈极性

用瞬时极性法假定 V_1 基极电压极性为 $\oplus$,故集电极为 $\ominus$,经反馈电阻 R_f 后加至 V_1 基极的反馈信号极性为 $\ominus$,该信号将抵消一部分输入信号,故属负反馈。

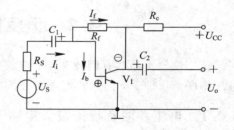

2. 判别反馈类型

在图 4.11 中,当 U_s 为 $\oplus$ 的瞬间,U_o 为 $\ominus$ 时,根据电流方向即:$I_b = I_i - I_f$,反馈支路减弱了输入信号 I_b,故为负反馈。

图 4.11　电压并联负反馈典型应用放大电路

将 R_s 短路后,$U_{b1} \equiv U_s$,即反馈不存在,所以为并联反馈;再将输出端 U_o 短路后,U_f 为 0,即为电压反馈,故判定图 4.11 为电压并联负反馈。

3. 反馈控制过程

当某种原因使输出电压 U_o 增加时(由于 U_o 与 U_s 反相),将引起反馈电流 I_f 增加。由于净输入电流 $I_i' = I_B = I_i - I_f$,当 I_i 一定时,I_f 增加引起净输入电流 $I_i'(=I_b)$ 减小,从而使输出电压 U_o 减小而稳定。上述自动调节过程可以表示为

$$U_o \uparrow \rightarrow I_f \uparrow \rightarrow I_i' \downarrow \rightarrow U_o \downarrow$$

由此可见,在电压并联负反馈中,自动调节的三要素是:输出电压 U_o,反馈电流 I_f,净输入电流 I_i'。

由于图 4.11 电路的反馈信号取自输出电压,因而稳定了电压,放大器输出电阻减小,

这是电压负反馈的共性。

另外，如果 V_1 的 b、e 极之间输入电压不变，由于增加了一个反馈电流 I_f，即 $I_i = I_b + I_f$，相当于输入端多了一个并联支路，所以放大器的输入电阻比未引入负反馈前也减小了。对于高频放大电路来说，减小输入电阻可以削弱晶体管的极间分布电容和放大器频率特性所造成的不利影响，同时也提高了放大器的稳定性。

4.2.3 电流串联负反馈放大电路

常见的电流串联负反馈放大器如图 4.12(a)所示，其交流通路如图 4.12(b)所示。

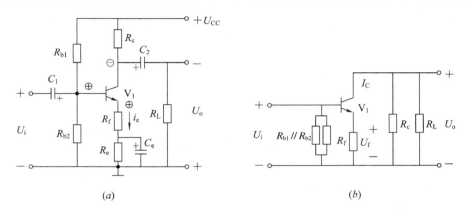

图 4.12　电流串联负反馈放大器典型应用电路
(a) 电路图；(b) 交流通路

1. 判别反馈极性

从图 4.12(a)可看出，输入端反馈电压与输入电压是串联的，用瞬时极性法判别，反馈信号削弱输入信号，故其是一种串联负反馈电路。

2. 判别反馈类型

该电路的反馈电压取自 V_1 管的射极电位 U_e，其中直流反馈电压 U_e 正比于 I_e，起稳定直流静态工作点的作用，所以直流反馈电阻应是 R_f 与 R_e 的串联。由于 R_e 接有旁路电容 C_e，故对交流无反馈作用，交流反馈电阻仅为 R_f（如图 4.12(b)所示的交流通路），而 R_f 上的压降 U_f 正比于电流 I_e，即正比于输出电流信号 I_o，由此可判断出电路为电流反馈。当然，也可通过输出端 U_o 短路时 U_f 不会消失来判断为电流反馈。

3. 反馈控制过程

当某种原因使输出电流 I_o（I_o 为流过 R_L' 的电流，该电路中即为 I_c（集电极电流），$R_L' = R_c /\!/ R_L$）增加，则反馈电压 $U_f \approx I_o \cdot R_f$ 增加，由于净输入电压为

$$U_i^{'} = U_{be} = U_i - U_f$$

当 U_i 一定时，U_f 增加，净输入电压 $U_i^{'}$ 便减小，从而使输出电流 I_o 减小，使 I_o 稳定。式中，U_{be} 为 V_1 管基极与射极间的电压。上述自动调节的过程可表示为

$$I_o \uparrow \rightarrow U_f \uparrow \rightarrow U_i^{'} \downarrow \rightarrow I_o \downarrow$$

在该自动调节过程中，有三个电量：输出电流 I_o，反馈电压 U_f，净输入电压 U_i'，它们为电流串联负反馈自动调节的三个要素。

4.2.4 电压串联负反馈放大电路

常用的单级电压串联负反馈放大器电路如图 4.13(a)所示，其交流通路如图 4.13(b)所示。

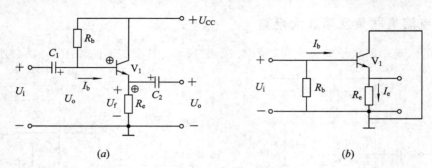

图 4.13 电压串联负反馈放大器典型应用电路

(a) 电路图；(b) 交流通路

1. 判别反馈类型

图 4.13(a)的反馈信号 U_f 取自 V_1 的发射极电位。若将输出端短路，则反馈信号消失，故是一种电压反馈。

2. 判别反馈极性

用瞬时极性法判别，可得 U_b(V_1 基极信号电压)和 U_e(即 U_f)极性相同，反馈信号削弱输入信号，所以这是负反馈，在输入端有

$$U_i = U_{be} + U_f$$

故是一种串联反馈。

综合上述判别结果，图 4.13(a)是一种电压串联负反馈放大电路。

3. 判别电路组态

从图 4.13 可看出，电路的输入电压加在基极与集电极之间，输出电压从发射极和集电极输出。所以集电极是输入、输出交流电压的公共端，是共集电极电路。又由于输出电压从发射极输出，所以又叫射极输出器。

4. 反馈控制过程

当某种原因引起输入电压 U_o 增加时，将产生下述自动调节过程

$$U_o \uparrow \ \rightarrow \ U_f \uparrow \ \rightarrow \ U_i' \downarrow \ \rightarrow \ U_o \downarrow$$

结果使输出电压 U_o 稳定。

从上述自动调节过程可看出，在电压串联负反馈放大器中，自动调节的三要素是：输出电压 U_o，反馈电压 U_f，净输入电压 U_i'。

4.2.5 判断反馈类型和性质举例

例 4.1 判断图 4.14 电路中所有的交流反馈，指出反馈网络、反馈类型和反馈性质。

解 将输出端短路,看反馈信号与输出电压 U_o 和电流 I_o 中哪一个成正比,来判断是电压反馈还是电流反馈。将输入端短路,使输入信号为零,看反馈信号是否能加到放大器净输入端,来判断是串联反馈还是并联反馈。再利用瞬时极性法判断电路的反馈性质。

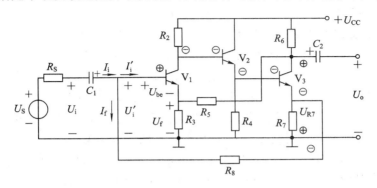

图 4.14 多级反馈放大电路

1. 判断反馈性质的规律

判断反馈放大电路反馈性质(即正反馈和负反馈)的规律主要有两条:

(1)晶体管单级放大电路输入与输出之间的相位关系为:

· 共发射极放大电路:U_o(输出信号)与 U_i(输入信号)反相。

· 共集电极放大电路:U_o 与 U_i 同相。

· 共基极放大电路:U_o 与 U_i 同相。

(2)反馈放大电路输入端三个信号的相位关系为:

· 当 U_i'(净输入信号)$=U_i+U_f$(反馈信号)时,为正反馈。

· 当 $U_i'=U_i-U_f$ 时,为负反馈。

2. 瞬时极性法

在假定输入信号 U_i 瞬时极性的前提下,利用晶体管单级放大电路输入与输出之间相位关系的上述规律,判断出同一瞬间反馈信号 U_f 极性的方法,称为瞬时极性法。

运用瞬时极性法判断单级或多级反馈放大电路的性质时,可按如下步骤进行:

· 先判断单级或多级电路中各单级放大器各为共什么极的电路。

· 找出连接单级或多级放大电路输入与输出、起反馈作用的反馈网络或反馈元件。

· 利用瞬时极性法判别反馈信号的极性。

· 写出净输入信号、原输入信号与反馈信号的关系,从而确定反馈的性质。

根据以上基本原则和方法,对图 4.14 电路进行判断如下:

第一级为共发射极电路,由反馈网络 R_3 引入了局部的串联电流负反馈。

第二级为共集电极电路,由反馈网络 R_4 引入了局部的串联电压负反馈。

第三级为共发射极电路,由反馈网络 R_7 引入局部的串联电流负反馈。

第一级和第三级之间还有两路大环路反馈或称越级反馈。分述如下:

一路由反馈网络 R_5、R_3 构成。反馈信号 U_f 为输出电压 U_o 在 R_3 上的分压,并与信号源输出电压 U_o 相串,故属于串联电压反馈(用短路法同样也可得到证实)。令 U_i 的瞬时极性对 V_1 基极为 $\oplus$,则 V_1 的集电极 c、V_2 的基极 b、发射极 e、V_3 基极 b 均为 $\ominus$,而 V_3 集电极为⊕，地为⊖，使得 R_3 上的反馈电压 U_f 为上⊕（V_1 的 e 极）下（地）⊖。因此，输入回路中三个电压之间的关系为

$$U_i^{'} = U_i - U_f$$

表明是负反馈。所以，这一路为串联电压负反馈。

另一路越级反馈反馈网络由 R_7 和 R_8 构成。若 U_i 的瞬时极性对 V_1 基极 b 仍为⊕，可判定 V_3 发射极为⊖。显然图 4.14 电路中所示 I_f 的方向是正确的，满足了

$$I_i^{'} = I_i - I_f$$

的关系（或看这时 R_7 上的电压 U_{R7} 极性为上⊖下⊕，使 V_1 基极电压极性为⊖），故为负反馈；令 $U_o = 0$ 时，I_f 依然存在，说明输入为并联关系。因此，这一路为并联电流负反馈。

图 4.14 电路的信号处理过程如下（图中的 R_S 为信号源内阻）：

U_i 信号经电容 C_1 耦合加至 V_1 管基极，经放大后从集电极输出加至 V_2 基极，从发射极输出加至 V_3 基极，放大后从集电极输出，经 C_2 电容耦合，去后级电路。

例 4.2 图 4.15 各电路是集成运放组成的放大器，判断其反馈类型及性质。

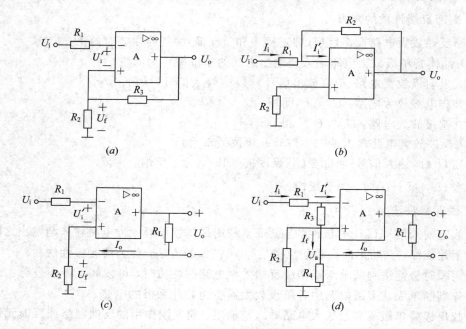

图 4.15 由集成运放组成的反馈放大器

解 在分立元件电路中，U_i 的一端直接接到基本放大器的一个输入端上。区别串、并联反馈时，只要把基本放大器接 U_i 的输入端对地假想短路，也就是把 U_i 短路即可。

在集成运放组成的反馈放大器中，基本放大器是集成运放。但 U_i 是通过集成运放的偏置电阻以后才加到集成运放的输入端，所以，这里把基本放大器输入端对地短路就不是把 U_i 对地短路，而是 U_i 经偏置电阻加在集成运放的哪个输入端，就把哪个输入端对地短路。

现以图 4.15(d) 电路为例判断电路的反馈类型和性质。图中，将负载 R_L 假想短路，输出电流 I_o 仍然流动，经 R_3、R_4 对放大器输入端产生作用，故是电流反馈；集成运放反相输入端假想接地，R_3 的上端接地，反馈消失，故是并联反馈。

若集成运放反相输入端电压 U_i' 上升，则有以下反馈过程

$$U_i' \uparrow \rightarrow I_i' \uparrow \rightarrow U_o \downarrow \rightarrow U_a \downarrow \rightarrow I_f \uparrow \rightarrow I_i' \downarrow$$

故电路是负反馈。

图 4.15(a)、(b)、(c) 所示三个电路依次是电压串联正反馈、电压并联负反馈和电流串联正反馈。请用上述方法自己判断。

4.3　负反馈对放大器性能的影响

4.3.1　对放大倍数的影响

引入负反馈以后，放大器的放大倍数由 A 变为 $A_f = A/(1+AF)$。将 A_f 对 A 求导，得到

$$\frac{\mathrm{d}A_f}{\mathrm{d}A} = \frac{1}{(1+AF)^2}, \quad 即 \quad \mathrm{d}A_f = \frac{1}{(1+AF)^2}\mathrm{d}A$$

上式说明，引入负反馈以后，由于某种原因造成放大器放大倍数变化时，负反馈放大器的放大倍数变化量只有基本放大器放大倍数变化量的 $1/(1+AF)^2$，放大器放大倍数的稳定性大大提高。

4.3.2　对频带的影响

在放大器的低频端，由于耦合电容阻抗增大等原因，使放大器放大倍数下降；在高频端，由于分布电容、三极管极间电容的容抗减小等原因，使放大器放大倍数下降。

引入负反馈以后，当高、低频端的放大倍数下降时，反馈信号跟着减小，对输入信号的削弱作用减弱，使放大倍数的下降变得缓慢，因而通频带展宽，如图 4.16 所示。图中 A 和 A_f 分别表示负反馈引入前后的放大倍数，f_L 和 f_H 分别表示负反馈引入前的下限频率和上限频率，f_{LF} 和 f_{HF} 分别表示引入负反馈后的下限频率和上限频率。

根据分析，引入负反馈后，放大器下限频率由无负反馈时的 f_L 下降为 $f_L/(1+AF)$，而上限频率由无负反馈时的 f_H 上升到 $(1+AF)$

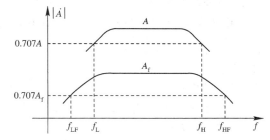

图 4.16　负反馈展宽频带

f_H。放大器的通频带得到展宽，展宽后的频带约是未引入负反馈时的 $(1+AF)$ 倍。

4.3.3　对非线性失真的影响

由于放大电路中存在着三极管等非线性器件，所以，即使输入的是正弦波，输出也不是正弦波，产生了波形失真，如图 4.17(a) 所示。输入的正弦波在输出端输出时，变成了正半周幅度大、负半周幅度小的失真波形。

引入负反馈后，输出端的失真波形反馈到输入端，与输入信号相减，使净输入信号成为正半周幅度小负半周幅度大的波形。这个波形被放大输出后，正负半周幅度的不对称程度减小，非线性失真得到减小，如图 4.17(b) 所示。

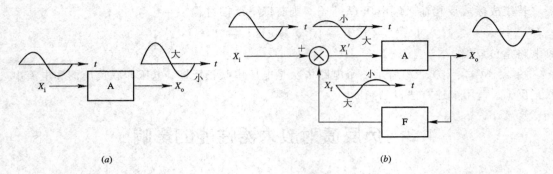

图 4.17　负反馈减小非线性失真

(a) 无负反馈；(b) 有负反馈

注意，负反馈只能减小放大器自身的非线性失真，对输入信号本身的失真，负反馈放大器无法克服。

4.3.4　对放大器输入、输出电阻的影响

设基本放大器的输入、输出电阻分别为 r_i、r_o，负反馈放大器的输入、输出电阻分别为 r_{if}、r_{of}。

1. 对输入电阻的影响

1) 串联负反馈使输入电阻增大

由于负反馈网络与基本放大器串联，故使放大器的输入电阻增大。根据推算，串联负反馈时，$r_{if} = (1 + AF)r_i$。

2) 并联负反馈使输入电阻减小

由于负反馈网络与基本放大器并联，使得放大器的输入电阻减小。根据推算，并联负反馈时，$r_{if} = \dfrac{r_i}{1 + AF}$。

2. 对输出电阻的影响

1) 电压负反馈使输出电阻减小

由于负反馈网络与基本放大器并联，使得放大器的输出电阻减小。根据推算，并联负反馈时，$r_{of} = \dfrac{r_o}{1 + AF}$。

2) 电流负反馈使输出电阻增大

由于负反馈网络与基本放大器串联，使得放大器的输出电阻增大。增大情况与具体电路有关。

本 章 小 结

本章介绍了负反馈放大器的基本组成规则，反馈类型和性质的判断方法及负反馈的引入对放大器性能的影响。负反馈的引入使放大倍数下降，但放大器的性能得到了改善。

在分析中，把重点放在讲清基本概念上，尽量避免烦琐的数学推导，并对大部分概念举

实例以加深印象。希望通过对本章的学习，能对负反馈放大器的基本特点有较深刻的认识。

思考与习题四

4.1 为什么并联反馈电路输入端必须用电流分析，串联反馈电路输入端必须用电压分析？

4.2 指出如题 4.2 图所示放大器中的反馈环节，并判断反馈类型和反馈方式。

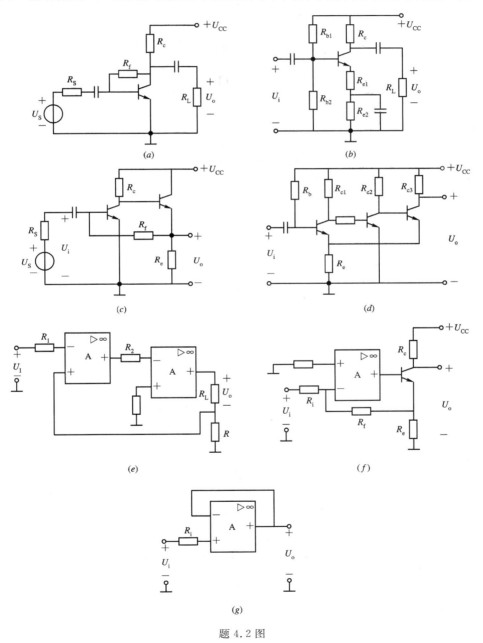

题 4.2 图

4.3 试说明如题 4.3 图所示的放大器要达到下述目的，应引入何种方式的负反馈网络。

(1) 增大输入电阻；

(2) 稳定输出电压；

(3) 稳定电压放大倍数 A_u；

(4) 减小输出电阻，增大输入电阻。

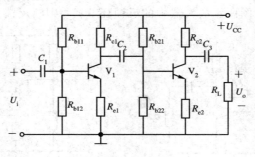

题 4.3 图

4.4 判断题 4.4 图中各电路的反馈极性以及交、直流反馈。

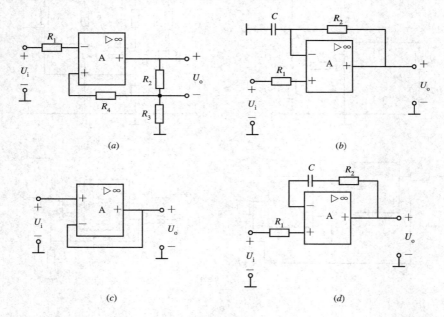

题 4.4 图

4.5 试分别判断题 4.5 图中各电路的反馈类型。

4.6 试计算如题 4.2 图 (e)、(f)、(g) 所示放大器的闭环电压放大倍数 A_uf。

4.7 试写出如题 4.7 图所示放大器的电压放大倍数 A_uf 的表达式。

4.8 电路如题 4.8 图所示。

(1) 找出反馈支路；

(2) 判断反馈极性；

(3) 判断反馈类型。

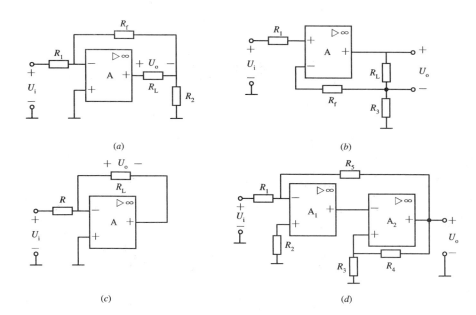

(a)

(b)

(c)

(d)

题 4.5 图

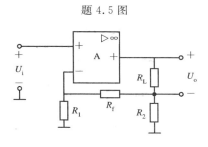

题 4.7 图

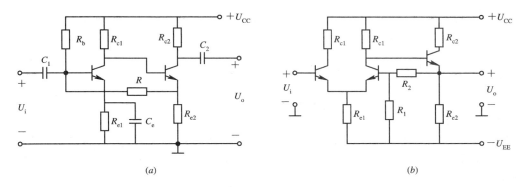

(a)

(b)

题 4.8 图

课题五　集成运算放大器应用电路

集成运算放大器由高增益的直接耦合的多级放大电路组成，早期应用于模拟计算机中，完成对信号的加、减、乘、除、积分、微分等运算。随着近代集成运算放大器的发展，集成运放的应用越来越广，除了运算范畴之外，还广泛应用于模拟信号及脉冲信号的测量、处理、产生及变换等方面。本章主要讨论集成运放的基本电路、信号放大电路的线性应用及集成运放的非线性应用电路。

5.1　集成运算放大器应用基础

分析集成运放应用电路时，把集成运放看成理想运算放大器，可以使分析简化。实际集成运放绝大部分接近理想运放。

5.1.1　理想运算放大器的特点

（1）开环差模电压放大倍数 $A_{ud} \rightarrow \infty$；

（2）差模输入电阻 $r_{id} \rightarrow \infty$；

（3）输出电阻 $r_o \rightarrow 0$；

（4）共模抑制比 $K_{CMRR} \rightarrow \infty$；

（5）输入偏置电流 $I_{B1} = I_{B2} = 0$；

（6）失调电压、失调电流及温漂为 0。

利用理想运放分析电路时，由于集成运放接近于理想运放，所以造成的误差很小，本章若无特别说明，均按理想运放对待。

5.1.2　负反馈是集成运放线性应用的必要条件

由于集成运放的开环差模电压放大倍数很大（$A_{ud} \rightarrow \infty$），而开环电压放大倍数受温度的影响，因此很不稳定，采用深度负反馈可以提高其稳定性。此外运放的开环频带窄，例如 F007 只有 7 Hz，无法适应交流信号的放大要求，加负反馈后可将频带扩展（$1+AF$）倍。另外负反馈还可以改变输入、输出电阻等。所以要使集成运放工作在线性区，采用负反馈是必要条件。

为了便于分析集成运放的线性应用，我们还需要建立"虚短"与"虚断"这两个概念。

（1）由于集成运放的差模开环输入电阻 $r_{id} \rightarrow \infty$，输入偏置电流 $I_B \approx 0$，不向外部索取电流，因此两输入端电流为零。即 $I_{i-} = I_{i+} = 0$，这就是说，集成运放工作在线性区时，两输入端均无电流，称为"虚断"。

（2）由于两输入端无电流，则两输入端电位相同，即 $U_- = U_+$。由此可见，集成运放工作在线性区时，两输入端电位相等，称为"虚短"。

5.1.3 运算放大器的基本电路

运算放大器的基本电路有反相输入式、同相输入式两种。反相输入式是指信号由反相端输入，同相输入式是指信号由同相端输入，它们是构成各种运算电路的基础。

1. 反相输入式放大电路

图 5.1 所示为反相输入式放大电路，输入信号经 R_1 加入反相输入端，R_f 为反馈电阻，把输出信号电压 U_o 反馈到反相端，构成深度电压并联负反馈。

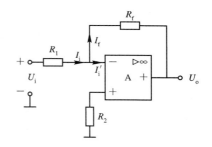

图 5.1 反相输入式放大电路

1）"虚地"的概念

由于集成运放工作在线性区，$U_+ = U_-$、$I_{i+} = I_{i-}$，即流过 R_2 的电流为零。则 $U_+ = 0$，$U_- = U_+ = 0$，说明反相端虽然没有直接接地，但其电位为地电位，相当于接地，是"虚假接地"，简称为"虚地"。"虚地"是反相输入式放大电路的重要特点。

2）电压放大倍数

在图 5.1 中

$$I_f = \frac{U_- - U_o}{R_f} = -\frac{U_o}{R_f}$$

$$I_i = \frac{U_i - U_-}{R_1} = \frac{U_i}{R_1}$$

由于 $I_{i-} = I_i' = 0$，则 $I_f = I_i$，即

$$\frac{U_i}{R_1} = -\frac{U_o}{R_f}$$

$$U_o = -\frac{R_f}{R_1} \cdot U_i$$

或

$$A_{uf} = -\frac{U_o}{U_i} = -\frac{R_f}{R_1} \qquad (5-1)$$

式中 A_{uf} 是反相输入式放大电路的电压放大倍数。

上式表明：反相输入式放大电路中，输入信号电压 U_i 和输出信号电压 U_o 相位相反，大小成比例关系，比例系数为 R_f/R_1，可以直接作为比例运算放大器。当 $R_f = R_1$ 时，$A_{uf} = -1$，即输出电压和输入电压的大小相等，相位相反，此电路称为反相器。

同相输入端电阻 R_2 用于保持运放的静态平衡，要求 $R_2 = R_1 /\!/ R_f$。R_2 称为平衡电阻。

3）输入电阻、输出电阻

由于 $U_- = 0$，所以反相输入式放大电路输入电阻为

$$r_{if} = \frac{U_i}{I_i} = R_1 \qquad (5-2)$$

由于反相输入式放大电路采用并联负反馈，所以从输入端看进去的电阻很小，近似等

于 R_1。由于该放大电路采用电压负反馈，其输出电阻很小（$r_o \approx 0$）。

4）主要特点

（1）集成运放的反相输入端为"虚地"（$U_- = 0$），它的共模输入电压可视为零，因此对集成运放的共模抑制比要求较低。

（2）由于深度电压负反馈输出电阻小（$r_o \approx 0$），因此带负载能力较强。

（3）由于并联负反馈输入电阻小（$r_i = R_1$），因此要向信号源汲取一定的电流。

2. 同相输入式放大电路

图 5.2 所示电路为同相输入式放大电路，输入信号 U_i 经 R_2 加到集成运放的同相端，R_f 为反馈电阻，R_2 为平衡电阻（$R_2 = R_1 /\!/ R_f$）。

1）虚短的概念

对同相输入式放大电路，U_- 和 U_+ 相等，相当于短路，称为"虚短"。由于 $U_+ = U_i$，$U_- = U_f$，则 $U_+ = U_- = U_i = U_f$。

由于 $U_+ = U_-$，则

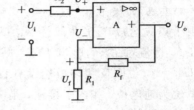

图 5.2 同相输入式放大电路

$$I_f = I_{R1} = \frac{U_+}{R_1} \qquad (5-3)$$

又由于 $U_+ = U_- \neq 0$，所以，在运放的两端引入了共模电压，其大小接近于 U_i。

2）电压放大倍数

由图 5.2 可见 R_1 和 R_f 组成分压器，反馈电压

$$U_f = U_o \cdot \frac{R_1}{R_f + R_1} \qquad (5-4)$$

由于 $U_i = U_f$，则

$$U_i = U_o \cdot \frac{R_1}{R_f + R_1} \quad 或 \quad U_o = \frac{R_1 + R_f}{R_1} \cdot U_i = \left(1 + \frac{R_f}{R_1}\right) \cdot U_i$$

由上式可得电压放大倍数

$$A_{uf} = \frac{U_o}{U_i} = 1 + \frac{R_f}{R_1} \qquad (5-5)$$

上式表明：同相输入式放大电路中输出电压与输入电压的相位相同，大小成比例关系，比例系数等于（$1 + R_f / R_1$），此值与运放本身的参数无关。

在图 5.2 中如果把 R_f 短路（$R_f = 0$），把 R_1 断开（$R_1 \to \infty$），则

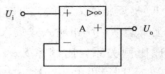

$$A_{uf} = 1 \qquad (5-6)$$

即输入信号 U_i 和输出信号 U_o 大小相等，相位相同。我们把这种电路称为电压跟随器，如图 5.3 所示。由集成运放组成的电压跟随器比由射极输出器

图 5.3 电压跟随器

组成的电压跟随器性能更好，其输入电阻更高，输出电阻更小，性能更稳定。

3）输入电阻，输出电阻

由于采用了深度电压串联负反馈，该电路具有很高的输入电阻和很低的输出电阻。（$r_{if} \to \infty$，$r_o \to 0$）。这是同相输入式放大电路的重要特点。

4) 主要特点

同相输入式放大电路属于电压串联负反馈电路，主要特点如下：

（1）由于深度串联负反馈，使输入电阻增大，最高可达 2000 MΩ 以上。

（2）由于深度电压负反馈，输出电阻 $r_o \rightarrow 0$。

（3）由于 $U_- = U_+ = U_i$，运放两输入端存在共模电压，因此要求运放的共模抑制比较高。

通过对反相输入式和同相输入式运放电路的分析，可以看到，输出信号是通过反馈网络反馈到反相输入端，从而实现了深度负反馈，并且使得其电压放大倍数与运放本身的参数无关。采用了电压负反馈使得输出电阻减小，带负载能力增强。反相输入式采用了并联负反馈使输入电阻减小，而同相输入式采用了串联负反馈使输入电阻增大。

5.2　集成运放的线性应用

利用集成运放在线性区工作的特点，根据输入电压和输出电压的关系，外加不同的反馈网络可以实现多种数学运算。输入信号电压和输出信号电压的关系 $U_o = f(U_i)$，可以模拟成数学运算关系 $y = f(x)$，所以信号运算统称为模拟运算。尽管数字计算机的发展在许多方面替代了模拟计算机，但模拟计算机在物理量的测量、自动调节系统、测量仪表系统、模拟运算等领域仍有着广泛应用。

5.2.1　比例运算

比例运算的代数方程式是 $y = K \cdot X$。前面介绍的反相输入式和同相输入式放大电路的输入、输出电压的关系式分别是 $U_o = -\dfrac{R_f}{R_1} U_i$ 和 $U_o = \left(1 + \dfrac{R_f}{R_1}\right) U_i$，其电阻之比是常数。它们的输出电压和输入电压之间的关系是比例关系，因此能实现比例运算。调整 R_f 和 R_1 的比值，就可以改变比例系数 K。若取反相输入式放大电路的 $R_f = R_1$，比例系数 $K = -1$、$U_o = -U_i$，就实现了 $y = -X$ 的变号运算。此电路称为反相器。

5.2.2　加法、减法运算

加、减法运算的代数方程式是 $y = K_1 X_1 + K_2 X_2 + K_3 X_3 + \cdots$，其电路模式为 $U_o = K_1 U_{i1} + K_2 U_{i2} + K_3 U_{i3} + \cdots$，其电路如图 5.4 所示。图中有三个输入信号加在反相输入端，同相输入端的平衡电阻 $R_4 = R_1 /\!/ R_2 /\!/ R_3 /\!/ R_f$，有虚地。且 $U_- = U_+ = 0$。

各支路电流分别为

$$I_1 = \frac{U_{i1}}{R_1}, \ I_2 = \frac{U_{i2}}{R_2}, \ I_3 = \frac{U_{i3}}{R_3}, \ I_f = -\frac{U_o}{R_f}$$

又由于虚断 $I_{i-} = 0$，则

$$I_f = I_1 + I_2 + I_3$$

即

$$-\frac{U_o}{R_f} = \frac{U_{i1}}{R_1} + \frac{U_{i2}}{R_2} + \frac{U_{i3}}{R_3}$$

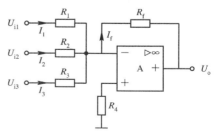

图 5.4　反相加法器

整理得到

$$U_o = -\left(\frac{R_f}{R_1}U_{i1} + \frac{R_f}{R_2}U_{i2} + \frac{R_f}{R_3}U_{i3}\right) \qquad (5-7)$$

上式可模拟的代数方程式为

$$y = K_1X_1 + K_2X_2 + K_3X_3$$

式中

$$K_1 = -\frac{R_f}{R_1}, \; K_2 = -\frac{R_f}{R_2}, \; K_3 = -\frac{R_f}{R_3}$$

当 $R_1 = R_2 = R_3 = R$ 时，式(5-7)变为

$$U_o = -\frac{R_f}{R}(U_{i1} + U_{i2} + U_{i3}) \qquad (5-8)$$

当 $R_f = R$ 时，

$$U_o = -(U_{i1} + U_{i2} + U_{i3})$$

上式中比例系数为 -1，实现了加法运算。

例 5.1 设计运算电路。要求实现 $y = 2X_1 + 5X_2 + X_3$ 的运算。

解 此题的电路模式为 $U_o = 2U_{i1} + 5U_{i2} + U_{i3}$，是三个输入信号的加法运算。由式 (5-7) 可知各个系数由反馈电阻 R_f 与各输入信号的输入电阻的比例关系所决定，由于式中各系数都是正值，而反相加法器的系数都是负值，因此需加一级变号运算电路。实现这一运算的电路如图 5.5 所示。

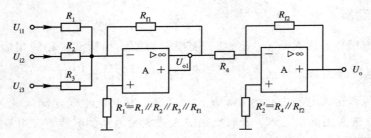

图 5.5 例 5.1 电路

输出电压和输入电压的关系如下：

$$U_{o1} = -\frac{R_{f1}}{R_1}U_{i1} + \frac{-R_{f1}}{R_2}U_{i2} + \frac{-R_{f1}}{R_3}U_{i3}$$

$$U_o = -\frac{R_{f2}}{R_4}U_{o1} = \left(\frac{R_{f1}}{R_1}U_{i1} + \frac{R_{f1}}{R_2}U_{i2} + \frac{R_{f1}}{R_3}U_{i3}\right)\frac{R_{f2}}{R_4}$$

$$\frac{R_{f1}}{R_1} = 2, \; \frac{R_{f1}}{R_2} = 5, \; \frac{R_{f1}}{R_3} = 1$$

取 $R_{f1} = R_{f2} = R_4 = 10 \text{ k}\Omega$，则

$$R_1 = 5 \text{ k}\Omega, \; R_2 = 2 \text{ k}\Omega, \; R_3 = 10 \text{ k}\Omega,$$

$$R_1' = R_1 \;//\; R_2 \;//\; R_3 \;//\; R_{f1},$$

$$R_2' = R_4 \;//\; R_{f2} = \frac{R_{f2}}{2}$$

例 5.2 设计一个加减法运算电路，使其实现数学运算，$Y = X_1 + 2X_2 - 5X_3 - X_4$。

解 此题的电路模式应为 $U_o = U_{i1} + 2U_{i2} - 5U_{i3} - U_{i4}$，利用两个反相加法器可以实现加减法运算，电路如图 5.6 所示。图中，

$$U_{o1} = -\frac{R_{f1}}{R_1}U_{i1} - \frac{R_{f1}}{R_2}U_{i2}$$

$$U_o = -\frac{R_{f2}}{R_{f2}}U_{o1} - \frac{R_{f2}}{R_3}U_{i3} - \frac{R_{f2}}{R_4}U_{i4} = \frac{R_{f1}}{R_1}U_{i1} + \frac{R_{f1}}{R_2}U_{i2} - \frac{R_{f2}}{R_3}U_{i3} - \frac{R_{f2}}{R_4}U_{i4}$$

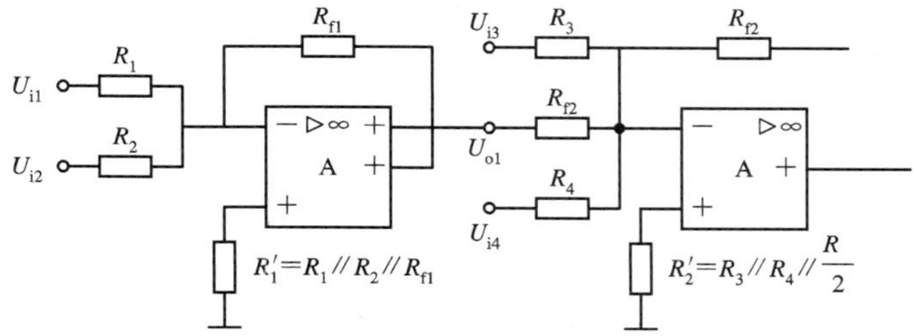

图 5.6 加减法运算电路

如果取 $R_{f1} = R_{f2} = 10 \ \text{k}\Omega$，则

$$R_1 = 10 \ \text{k}\Omega, \ R_2 = 5 \ \text{k}\Omega, \ R_3 = 2 \ \text{k}\Omega, \ R_4 = 10 \ \text{k}\Omega,$$

$$R_1' = R_1 \mathbin{/\mkern-5mu/} R_2 \mathbin{/\mkern-5mu/} R_{f1}, \quad R_2' = R_3 \mathbin{/\mkern-5mu/} R_4 \mathbin{/\mkern-5mu/} \frac{R_{f2}}{2}$$

由于两级电路都是反相输入运算电路，故不存在共模误差。

5.2.3 积分、微分运算

1. 积分运算

积分运算是模拟计算机中的基本单元电路，数学模式为 $y = K\!\int\! X \, \mathrm{d}t$；电路模式为 $u = K\!\int\! U_i \, \mathrm{d}t$，该电路如图 5.7 所示。

在反相输入式放大电路中，将反馈电阻 R_f 换成电容器 C，就成了积分运算电路。由于

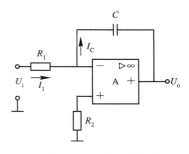

图 5.7 积分运算电路

$$U_C = \frac{1}{C}\!\int\! I_C \, \mathrm{d}t$$

$$U_o = -U_C$$

$$I_1 = I_f = I_C = \frac{U_i}{R_1}$$

因而

$$U_o = -\frac{1}{R_1 C}\!\int\! U_i \, \mathrm{d}t \qquad\qquad (5-9)$$

由上式可以看出，此电路可以实现积分运算，其中 $K = -\dfrac{1}{R_1 C}$。

2. 微分运算

微分运算是积分运算的逆运算。将积分运算电路中的电阻、电容互换位置就可以实现

微分运算，如图 5.8 所示。

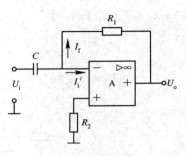

由于 $U_+ = 0$，$I_i' = 0$，则

$$I_C = I_f, \quad I_C = I_f = C\frac{dU_C}{dt} = C\frac{dU_i}{dt}$$

因此

$$U_o = -I_f \cdot R_f = -I_C \cdot R_f = -R_f C\frac{dU_i}{dt} \quad (5-10)$$

图 5.8　微分运算电路

由式(5-10)可以看出，输入信号 U_i 与输出信号 U_o 有微分关系，即实现了微分运算。负号表示输出信号与输入信号反相，$R_f C$ 为微分时间常数，其值越大，微分作用越强。

5.3　集成运放的非线性应用

电压比较器的基本功能是比较两个或多个模拟输入量的大小，并将比较结果由输出状态反映出来。电压比较器工作在开环状态，即工作在非线性区。

5.3.1　单限电压比较器

图 5.9(a)所示电路为简单的单限电压比较器。图中，反相输入端接输入信号 U_i，同相输入端接基准电压 U_R。集成运放处于开环工作状态，当 $U_i < U_R$ 时，输出为高电位 U_{om}，当 $U_i > U_R$ 时，输出为低电位 $-U_{om}$，其传输特性如图 5.9(b)所示。

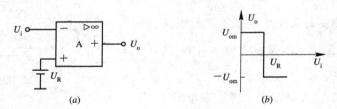

图 5.9　简单的电压比较器
(a) 电压比较器；(b) 传输特性

由图可见，只要输入电压相对于基准电压 U_R 发生微小的正负变化，输出电压 U_o 就在负的最大值到正的最大值之间作相应的变化。

比较器也可以用于波形变换。例如，比较器的输入电压 U_i 是正弦波信号，若 $U_R = 0$，则每过零一次，输出状态就要翻转一次，如图 5.10(a)所示。对于图 5.9 所示的电压比较器，若 $U_R = 0$，当 U_i 在正半周时，由于 $U_i > 0$，则 $U_o = -U_{om}$；负半周时 $U_i < 0$，则 $U_o = U_{om}$。若 U_R 为一恒压，只要输入电压在基准电压 U_R 处稍有正负变化，输出电压 U_o 就在负的最大值到正的最大值之间作相应的变化，如图 5.10(b)所示。

比较器可以由通用运放组成，也可以用专用运放组成，它们的主要区别是输出电平有差异。通用运放输出的高、低电平值与电源电压有关，专用运放比较器在其电源电压范围内输出的高、低电平电压值是恒定的。

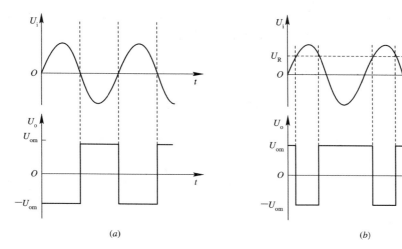

图 5.10　正弦波变换方波

（a）输入正弦波 $U_R = 0$；（b）输入正弦波 $U_R = U$

5.3.2　迟滞电压比较器

单限电压比较器存在的问题是：当输入信号在 U_R 处上下波动时，输出电压会出现多次翻转。采用迟滞电压比较器可以消除这种现象。迟滞电压比较器如图 5.11 所示，该电路的同相输入端电压 U_+ 由 U_o 和 U_R 共同决定，根据叠加原理有

$$U_+ = \frac{R_1}{R_f + R_1} U_o + \frac{R_f}{R_f + R_1} U_R$$

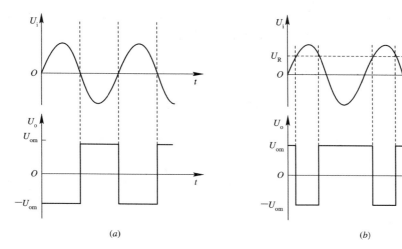

图 5.11　迟滞电压比较器

由于运放工作在非线性区，输出只有高、低电平两个电压 U_{om} 和 $-U_{om}$，因此当输出电压为 U_{om} 时，U_+ 的上门限值为

$$U_{+H} = \frac{R_1}{R_f + R_1} U_{om} + \frac{R_f}{R_f + R_1} U_R$$

输出电压为 U_{oL} 时，U_+ 的下门限值为

$$U_{+L} = \frac{R_1}{R_f + R_1} (-U_{om}) + \frac{R_f}{R_f + R_1} U_R$$

这种比较器在两种状态下有各自的门限电平。对应于 U_{om} 有高门限电平 U_{+H}，对应于 $-U_{om}$ 有低门限电平 U_{+L}。

迟滞电压比较器的特点是，当输入信号发生变化且通过门限电平时，输出电压会发生

翻转，门限电平也随之变换到另一个门限电平。当输入电压反向变化而通过导致刚才翻转那一瞬间的门限电平值时，输出不会发生翻转，直到 U_i 继续变化到另一个门限电平时，才能翻转，出现转换迟滞，如图 5.12 所示。

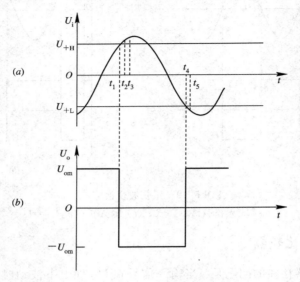

图 5.12 迟滞电压比较器的输入、输出波形
（a）输入波形；（b）输出波形

5.4 集成运放在应用中的实际问题

在实际应用中，除了要根据用途和要求正确选择运放的型号外，还必须注意以下几个方面的问题。

1. 调零

实际运放的失调电压、失调电流都不为零，因此，当输入信号为零时，输出信号不为零。有些运放没有调零端子，需接入调零电位器进行调零，如图 5.13 所示。

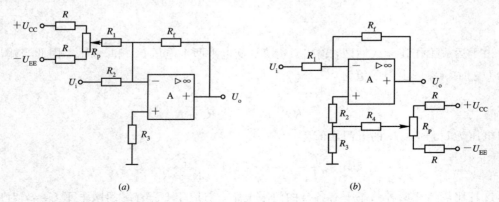

图 5.13 辅助调零措施
（a）引到反相端；（b）引到同相端

2. 消除自激

运放内部是一个多级放大电路，而运算放大电路又引入了深度负反馈，在工作时容易产生自激振荡。大多数集成运放在内部都设置了消除自激的补偿网络，有些运放引出了消振端子，用外接 RC 消除自激现象。实际使用时可按图 5.14 所示，在电源端、反馈支路及输入端连接电容或阻容支路来消除自激。

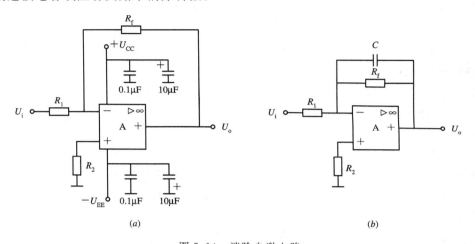

图 5.14　消除自激电路
（a）在电源端子接电容；（b）在反馈电阻两端并联电容

3. 保护措施

集成运放在使用时，由于输入、输出电压过大，输出短路及电源极性接反等原因会造成集成运放损坏，因此需要采取保护措施。为防止输入差模或共模电压过高损坏集成运放的输入级，可在集成运放的输入端并接极性相反的两只二极管，从而使输入电压的幅度限制在二极管的正向导通电压之内，如图 5.15(a) 所示。

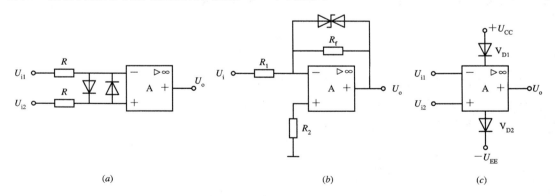

图 5.15　保护措施
（a）输入保护电路；（b）输出保护电路；（c）电源反接保护电路

为了防止输出级被击穿，可采用图 5.15(b) 所示保护电路。输出正常时双向稳压管未被击穿，相当于开路，对电路没有影响。当输出电压大于双向稳压管的稳压值时，稳压管被击穿，减小了反馈电阻，负反馈加深，将输出电压限制在双向稳压管的稳压范围内。为了防止电源极性接反，在正、负电源回路顺接二极管。若电源极性接反，二极管截止，相当于电源断开，起到了保护作用，如图 5.15(c)所示。

本 章 小 结

（1）分析由运放组成的电路时，首先要判断运放工作在什么区域。一般单纯的负反馈运放工作在线性区；开环或单纯的正反馈工作在非线性区，最终由运放是否处于极限状态来决定。

（2）运放工作在线性区的两大结论，即 $U_- = U_+$、$I_i = 0$ 是分析与设计工作在线性区运放电路的重要依据。

（3）运放工作在非线性区的特点是若 $U_- > U_+$，则 $U_o = -U_{om}$；若 $U_- < U_+$，则 $U_o = +U_{om}$。输出电压通常只有高电平和低电平两个稳定状态，它可以看成是由输出电压控制的开关。

（4）反相输入式放大电路的主要特点是其反馈类型属于电压并联负反馈；运放的反向输入端为"虚地"点；流过反馈支路的电流等于输入电流；电路的输入电阻等于 R_1；输出电阻 $r_o \to 0$；电压放大倍数为 $-R_f/R_1$。同相输入式放大电路的反馈类型属于电压串联负反馈；运放两个输入端为"虚短"，对地电压等于运放同相输入端电压；存在共模输入电压；输入电阻为 $r_i \to \infty$，$r_o \to 0$，电压放大倍数为 $1 + R_f/R_1$。

（5）用运放组成放大电路要根据信号传输对级联的要求及共模输入信号对输出的影响来选择输入方式。对多级运放组成的放大电路，由于各级都是电压深度负反馈，所以 $r_o \to 0$。这样可以忽略级间的相互影响。

（6）本章着重介绍了求和、积分、微分在信号运算方面的应用。要注意它们的结构特点，通过对这些电路的分析，着重学习输出与输入的函数关系及线性区两大结论的运用。

（7）比较器是工作在非线性区运放电路的基础。分析时，应抓住输出从一个电平翻转到另一个电平的临界条件，即 $U_+ = U_-$ 所对应的输入电压值（即门限电平）。

思考与习题五

5.1　工作在线性区的运放电路为什么必须引入负反馈？

5.2　什么是"虚短"、"虚断"、"虚地"？同相输入是否存在"虚地"？

5.3　理想的集成运算放大器组成电路如题 5.3 图所示。

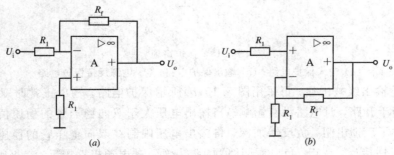

题 5.3 图

(1) 试断如图(a)、(b)所示电路的反馈类别;

(2) 试写出输出电压U_o与输入电压U_i的关系式。

5.4　运算放大电路如题5.4图所示。

(1) 试写出输出电压U_{o1}、U_o与输入电压U_i的关系式;

(2) 试说明第二级运算放大器的作用。

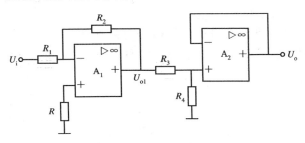

题5.4图

5.5　为防止在实际应用中将集成运放电源极性接反而损坏器件,应采取什么保护电路?

5.6　在如题5.6图所示电路中,已知$R_1=2\ \text{k}\Omega$,$R_f=10\ \text{k}\Omega$,$R_2=2\ \text{k}\Omega$,$R_3=18\ \text{k}\Omega$,$U_i=1\ \text{V}$,求输出电压U_o值。

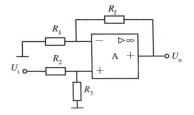

题5.6图

5.7　求如题5.7图所示运算放大电路的输出电压U_{21}。

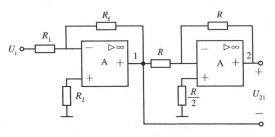

题5.7图

5.8　在如题5.8图所示电路中,已知$R_f=5R_1$,$U_i=10\ \text{mV}$,求输出电压U_o值。

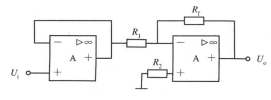

题5.8图

5.9 在如题 5.9 图所示电路中，已知电路最大的输出电压 $U_{om}=\pm15\ V$，$R_1=100\ k\Omega$，$R_2=200\ k\Omega$，$R_p=5\ k\Omega$，$U_i=2\ V$，求在下述三种情况下 U_o 各为多少伏？

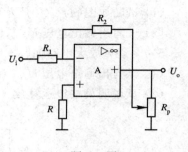

(1) R_p 滑动触头在顶部位置；

(2) R_p 滑动触头在中部位置；

(3) R_p 滑动触头在底部位置。

题 5.9 图

5.10 集成运算放大器组成的积分和微分电路如题 5.10 图所示。试分别写出输出电压 $U_o=f(U_i)$ 的函数表达式。

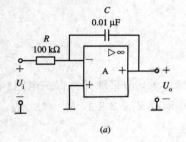
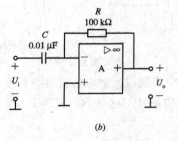
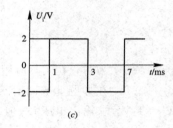

  (a)   (b)   (c)

题 5.10 图

5.11 绘出题 5.11 图 (a)、(b) 所示电路的输出电压波形。（集成运算放大器的 $U_{om}=6\ V$，$-U_{om}=-3\ V$）

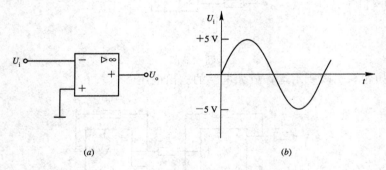

  (a)   (b)

题 5.11 图

5.12 集成运放在实际应用中如产生自激现象，如何消振？

5.13 如题 5.13 图所示电路为监控报警装置，U_{REF} 为参考电压，U_i 为被监控量的传感器送来的监控信号，当 U_i 超过正常值时，指示灯亮报警。试说明其工作原理及图中稳压二极管和电阻的作用。

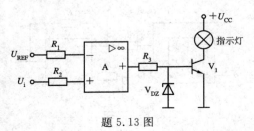

题 5.13 图

课题六 正弦波振荡器

不需外加输入信号，可直接将直流电能转换成一定频率、一定波形和一定振幅的交流电能，从而产生交流信号，这种电路就称为自激振荡电路。根据振荡电路产生的信号波形不同，可分为正弦波振荡电路和非正弦波振荡电路。它在自动控制、仪器仪表、高频加热、超声探伤、广播通信等技术领域有着广泛的应用。实验室所用的函数信号发生器就是一种正弦波振荡器的应用实例。本章仅讨论正弦波振荡电路。

6.1 自激振荡原理

6.1.1 振荡演示

在图 6.1 所示电路中，把直流电源 U_{CC} 调到 12 V，闭合开关 S_1、S_2。用示波器观察输出端 U_o 是一个稳定的正弦波交流信号。这时我们观察到的振荡器与前面所讲的放大电路不同，放大电路是把输入端一个较小的交流信号放大成一个较大的交流信号；而振荡电路在没有输入信号的情况下，输出端将输出一个交流信号，这种情况称为自激振荡。那么振荡器是怎样在没有外加输入信号的情况下产生自激振荡的呢？下面具体分析其工作原理。

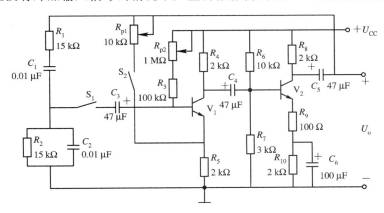

图 6.1 自激振荡演示电路

6.1.2 自激振荡条件

在图 6.2 所示电路中，若将开关 S 合在 2 端，就是一个交流电压的放大电路，当输入信号电压为 $\dot{U}_i$ 时，输出电压为 $\dot{U}_o$，其放大倍数为 $\dot{A}$，则

$$\dot{U}_o = \dot{A}\dot{U}_i \tag{6-1}$$

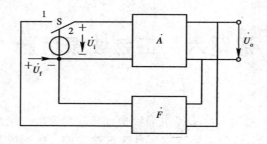

图 6.2　自激振荡产生

如果将输出电压通过反馈支路反馈到输入端，反馈电压为 $\dot{U}_f$，并使 $\dot{U}_f = \dot{U}_i$，用反馈信号电压代替输入信号 $\dot{U}_i$，也就是将开关合在 1 端，则输出电压仍保持不变。这时放大电路就转变成了自激振荡电路，从而使我们得到了自激振荡的条件为 $\dot{U}_f = \dot{U}_i$，这就是自激振荡的幅值条件和相位条件。

1. 幅值条件

因为

$$\dot{U}_f = \dot{F}\dot{U}_o$$

$$\dot{U}_i = \frac{\dot{U}_o}{\dot{A}}$$

所以

$$|\dot{A}\dot{F}| = 1 \qquad\qquad (6-2)$$

式中 $\dot{U}_f$ 为反馈电压；$\dot{U}_o$ 为输出电压；$\dot{A}$ 为放大倍数；$\dot{F}$ 为反馈系数。

例如，放大电路的放大倍数 $A = 100$，则反馈系数就应为 $F \geqslant 0.01$，这样才能满足振荡的幅值条件。

2. 相位条件

因为 $\dot{U}_f$ 与 $\dot{U}_i$ 同相位，所以

$$\varphi_a + \varphi_f = 2\pi n \quad (n = 0, 1, 2, \cdots) \qquad\qquad (6-3)$$

若放大器将输入信号 $\dot{U}_i$ 相移了 $\pm 180°$，那么反馈支路必须将输出信号 $\dot{U}_o$ 相移 $\pm 180°$，也就是说为正反馈时，才能满足振荡的相位条件。

6.1.3　自激振荡的建立及稳幅问题

凡是振荡电路均没有外加输入信号，那么，电路接通电源后是如何产生自激振荡的呢？这是由于在电路中存在着各种电的扰动(如通电时的瞬变过程、无线电干扰、工业干扰及各种噪声等)，使输入端有一个扰动信号。这个不规则的扰动信号可用傅氏级数展开成一个直流和多次谐波的正弦波叠加。如果电路本身具有选频、放大及正反馈能力，电路会自动从扰动信号中选出适当的振荡频率分量，经正反馈、再放大、再正反馈，使 $\dot{U}_f > \dot{U}_i$，即 $|\dot{A}\dot{F}| > 1$，从而使微弱的振荡信号不断增大，自激振荡就逐步建立起来，如图 6.3 所示。

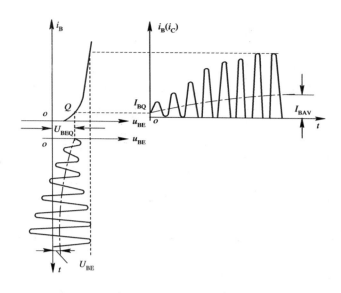

图 6.3　振荡电压的建立

当振荡建立起来之后，这个振荡电压会不会无限增大呢？由于基本放大电路中三极管本身的非线性或反馈支路自身输出与输入关系的非线性，当振荡幅度增大到一定程度时，$\dot{A}$ 或 $\dot{F}$ 便会降低，使 $|\dot{A}\dot{F}|>1$ 自动转变成 $|\dot{A}\dot{F}|=1$，振荡电路就会稳定在某一振荡幅度。

6.1.4　正弦波振荡电路的组成

从以上分析可知，一个自激振荡电路应由以下几个部分组成：

（1）放大电路。放大部分使电路有足够的电压放大倍数 $\dot{A}$，从而满足自激振荡的幅值条件。

（2）正反馈网络。它将输出信号以正反馈形式引回到输入端，以满足相位条件。

（3）选频网络。由于电路的扰动信号是非正弦的，它由若干不同频率的正弦波组合而成，因此要想使电路获得单一频率的正弦波，就应有一个选频网络，选出其中一个特定信号，使其满足自激振荡的相位条件和幅值条件，从而产生振荡。

（4）稳幅环节。一般利用放大电路中三极管本身的非线性，可将输出波形稳定在某一幅值，但若出现振荡波形失真，可采用一些稳幅措施，通常采用适当的负反馈网络来改善波形。

综上所述，一个正弦波振荡电路应当包括放大电路、反馈网络、选频网络和稳幅环节四个组成部分。

6.2　RC 振荡器

RC 振荡器一般工作在低频范围内，它的振荡频率约为 20 Hz～200 kHz。常用的 RC 振荡器有 RC 桥式和 RC 移相式振荡器。

6.2.1 RC 桥式振荡器

1. RC 串并联网络的频率特性

RC 串并联电路如图 6.4(a)所示，在信号频率很低时，可等效成图 6.4(b)电路。在低频等效电路中，$Z_1 = -jX_{c1}$，$Z_2 = R_2$。低频时，由于 $X_{c1} \gg R_2$，所以 $|\dot{U}_f| \ll |\dot{U}_o|$。

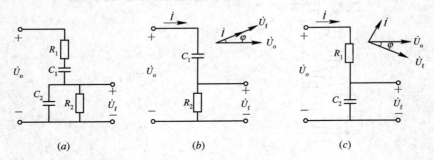

图 6.4　RC 串并联网络及低、高频率等效电路
(a) RC 串并联电路；(b) 低频等效电路；(c) 高频等效电路

在信号频率很高时，其等效电路如图 6.4(c)所示。在高频等效电路中，$Z_1 = R_1$，$Z_2 = -jX_{c2}$。高频时，由于 $R_1 \gg X_{c2}$，所以 $|\dot{U}_f| \ll |\dot{U}_o|$。

在高低频两端，$\dot{U}_f$ 都很小，说明在中间某一频率上会出现 $\dot{U}_f$ 最大值，即 $F = \dot{U}_f/\dot{U}_o$ 为最大。又由于低频时 $\dot{U}_f$ 相位超前 $\dot{U}_o$，而高频时 $\dot{U}_f$ 相位滞后 $\dot{U}_o$，说明当频率由低到高变化时，$\dot{U}_f$ 的相位由超前变到滞后，必然有一频率 f_0 使 U_f 与 U_o 同相，即 $\varphi_f = 0°$。在图 6.4(a)中，

$$Z_1 = R_1 + \frac{1}{j\omega C_1}$$

$$Z_2 = R_2 \text{ // } \frac{1}{j\omega C_2} = \frac{R_2}{1 + j\omega R_2 C_2}$$

$$\dot{F} = \frac{\dot{U}_f}{\dot{U}_o} = \frac{Z_2}{Z_1 + Z_2} = \frac{\dfrac{R_2}{1 + j\omega R_2 C_2}}{R_1 + \dfrac{1}{j\omega C_1} + \dfrac{R_2}{1 + j\omega R_2 C_2}}$$

$$= \frac{1}{\left(1 + \dfrac{C_2}{C_1} + \dfrac{R_1}{R_2}\right) + j\left(\omega R_1 C_2 - \dfrac{1}{\omega R_2 C_1}\right)}$$

取 $R_1 = R_2 = R$，$C_1 = C_2 = C$，则

$$\dot{F} = \frac{\dot{U}_f}{\dot{U}_o} = \frac{1}{3 + j\left(\omega RC - \dfrac{1}{\omega RC}\right)} \tag{6-4}$$

当虚部为零，即 $\omega R_1 C_2 = \dfrac{1}{\omega R_2 C_1}$ 时，$F = \dfrac{1}{3}$，即

$$\omega_0 = \frac{1}{RC}, \quad f_0 = \frac{1}{2\pi RC} \tag{6-5}$$

从以上分析可知，当 $f = f_0$ 时，$F = |\dot{U}_f/\dot{U}_o| = 1/3$，$F$ 为最大值，且相角 $\varphi_f = 0$，即 $\dot{U}_f$

与 $\dot{U}_o$ 同相位。正是由于 RC 串并联网络具有这一特点，因此可用它来作为选频网络，同时起到正反馈作用。其频率特性如图 6.5 所示。

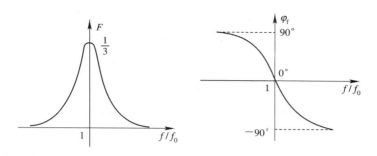

图 6.5　RC 串并联网络的频率特性

2. RC 桥式振荡电路分析

RC 桥式振荡电路如图 6.6(a) 所示。根据自激振荡的条件，$\varphi = \varphi_a + \varphi_f = 2\pi n$，其中 RC 串并联网络作为反馈电路，当 $f = f_0$ 时，$\varphi_f = 0°$，所以放大器的相移应为 $\varphi_a = 0°$，即可用一个同相输入的运算放大器组成。又因为当 $f = f_0$ 时，$F = 1/3$，所以放大电路的放大倍数 $A \geqslant 3$。起振时 $A > 3$，起振后若只依靠晶体管的非线性来稳幅，波形顶部容易失真。为了改善输出波形，通常引入负反馈电路。其振荡频率由 RC 串并联网络决定，$f_0 = \dfrac{1}{2\pi RC}$。图 6.6(b) 为 RC 桥式振荡电路的桥式画法。RC 串并联网络及负反馈电路中的 R_f、R_1' 正好构成电桥四臂，这就是桥式振荡器名称的由来。

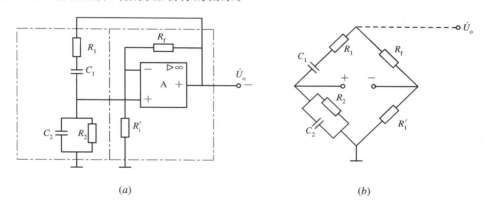

(a)　　　　　　　　　　　　　　　　(b)

图 6.6　RC 桥式正弦波振荡电路
（a）RC 桥式正弦波振荡电路；（b）桥式画法

6.2.2　RC 移相式振荡器

1. RC 移相选频原理

RC 电路有超前移相或滞后移相两种，如图 6.7 所示。在移相电路中，若用其中一种移相电路作为反馈网络，至少需三节 RC 超前或滞后电路串接，才能移相 $180°$，因为一节 RC 电路最大移相不超过 $90°$。

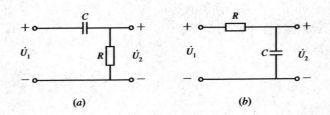

图 6.7 RC 移相电路

(a) RC 超前移相电路；(b) RC 滞后移相电路

2. RC 移相式振荡电路分析

图 6.8 所示放大电路为一共射极分压式偏置放大电路，其输出电压与输入电压倒相，即 $\varphi_a = -180°$。图中用三节 RC 超前移相电路，可使 $\varphi_f = +180°$，那么 $\varphi = \varphi_a + \varphi_f = 0°$，满足振荡的相位条件。若用三节 RC 滞后移相电路，使其中 $\varphi_f = -180°$，即 $\varphi = \varphi_a + \varphi_f = -360°$，同样可满足振荡的相位条件。调整放大倍数即可满足振荡的幅值条件。RC 移相式振荡器的振荡频率为

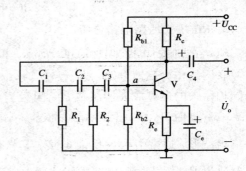

$$f_0 = \frac{\sqrt{6}}{2\pi RC} \qquad (6-6)$$

图 6.8 RC 移相式振荡电路

RC 移相式振荡器的特点是结构简单、经济、起振容易、输出幅度强，但变换频率不方便，一般适用于单一频率振荡场合。

6.3 LC 振荡器

LC 振荡器是由 LC 并联回路作为选频网络的一种高频振荡电路，它能产生几十千赫兹到几百兆赫兹以上的正弦波信号。本节主要介绍变压器反馈式、电感三点式、电容三点式及石英晶体振荡电路。

6.3.1 LC 并联谐振的选频特性

图 6.9(a) 所示为一 LC 并联回路，R 为回路的等效损耗电阻。

在图 6.9(a) 电路中，

$$Z = \frac{1}{j\omega C} /\!/ (R + j\omega L) = \frac{\frac{1}{j\omega C}(R + j\omega L)}{\frac{1}{j\omega C} + R + j\omega L}$$

通常 $R \ll \omega L$，所以

$$Z = \frac{L/C}{R + j\left(\omega L - \frac{1}{\omega C}\right)}$$

当 $\omega_0 = 1/\sqrt{LC}$ 时，

$$f_0 = \frac{1}{2\pi\sqrt{LC}} \tag{6-7}$$

$$Z_0 = \frac{L}{RC} = Q\omega_0 L = \frac{Q}{\omega_0 C} \tag{6-8}$$

Q 为品质因数。Q 值越大，R 值越小，谐振时阻抗值越大，相角随频率变化的程度越急剧，说明选频效果越好。LC 并联电路的频率特性如图 $6.9(b)$、(c) 所示。

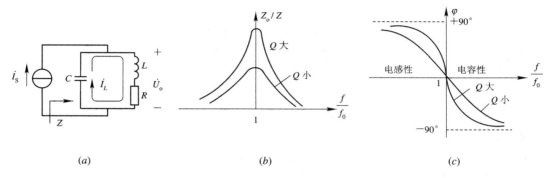

图 6.9 LC 并联电路及频率特性

(a) LC 并联电路；(b)、(c) 频率特性

6.3.2   变压器反馈式 LC 振荡电路

1. 电路组成

图 6.10 所示为一变压器反馈式 LC 振荡电路。图中，LC 并联回路作为三极管的集电极负载，是振荡电路的选频网络。变压器反馈式振荡电路由放大电路、反馈网络和选频网络三部分组成。电路中三个线圈作变压器耦合。线圈 L 与电容 C 组成选频电路，L_2 是反馈线圈，与负载相接的 L_3 为输出线圈。

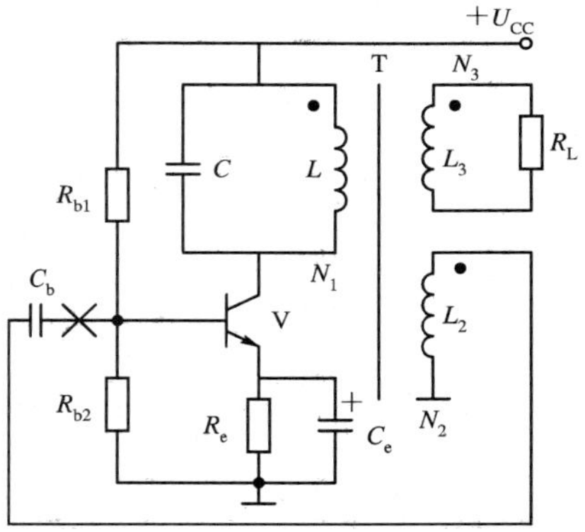

2. 振荡条件及振荡频率

集电极输出信号与基极的相位差为 $180°$，通过变压器的适当连接，使 L_2 两端的反馈交流电压又产生 $180°$ 相移，即可满足振荡的相位条件。自激振荡的频率基本上由 LC 并联谐振回路决定。即

图 6.10   变压反馈式振荡电路

$$f_0 \approx \frac{1}{2\pi\sqrt{LC}} \tag{6-9}$$

当电路电源接通瞬间，在集电极选频电路中激起一个很微弱的电流变化信号。选频电路只对谐振频率 f_0 的电流呈现很大阻抗。该频率的电流在回路两端产生电压降，这个电压降经变压器耦合到 L_2，反馈到三极管输入端；对非谐振频率的电流，LC 谐振回路呈现的阻抗很小，回路两端几乎不产生电压降，L_2 中也就没有非谐振频率信号的电压降，当然这些信号也没有反馈。谐振信号经反馈、放大、再反馈就形成振荡。当改变 L 或 C 的参数时，振荡频率将发生相应改变。

3. 电路特点

变压器反馈式振荡电路的特点是电路结构简单，容易起振，改变电容大小可方便地调节振荡频率。在应用时要特别注意线圈 L_2 的极性，否则没有正反馈，无法振荡。

6.3.3 电感三点式 *LC* 振荡器

1. 电路结构

图 6.11 所示为电感三点式 *LC* 振荡器，图(*a*)是用晶体管作放大电路；图(*b*)是用运放作放大电路。特点是电感线圈有中间抽头，使 *LC* 回路有三个端点，并分别接到晶体管的三个电极上(交流电路)，或接在运放的输入、输出端。

2. 振荡条件及频率

在图 6.11(*a*)中，用瞬时极性法判断相位条件，若给基极一个正极性信号，晶体管集电极得到负的信号。在 *LC* 并联回路中，1 端对"地"为负，3 端对"地"为正，故为正反馈，满足振荡的相位条件。振荡的幅值条件可以通过调整放大电路的放大倍数 A_u 和 L_2 上的反馈量来实现。该电路的振荡频率基本上由 *LC* 并联谐振回路决定：

$$f_0 \approx \frac{1}{2\pi\sqrt{LC}} \qquad (6-10)$$

式中，$L = L_1 + L_2 + 2M$。

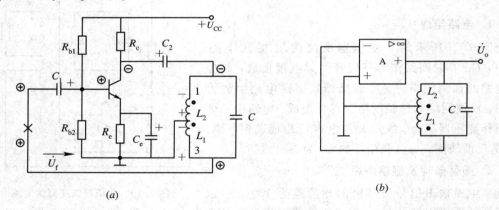

图 6.11 电感三点式 *LC* 振荡器

(*a*) 放大部分为晶体管；(*b*) 放大部分为运算放大器

3. 电路特点

在电感三点式 *LC* 振荡电路中，由于 L_1 和 L_2 是由一个线圈绕制而成的，耦合紧密，因而容易起振，并且振荡幅度和调频范围大，使得高次谐波反馈较多，容易引起输出波形的高次谐波含量增大，导致输出波形质量较差。

6.3.4 电容三点式 *LC* 振荡器

1. 电路组成

图 6.12 所示为电容三点式 *LC* 振荡电路。电容 C_1、C_2 与电感 L 组成选频网络，该网

络的端点分别与三极管的三个电极或与运放输入、输出端相连接。

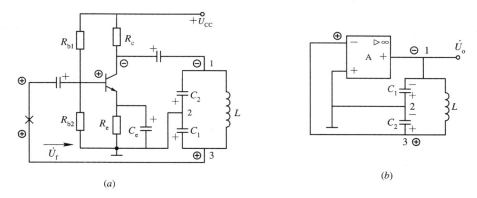

(a)　　　　　　　　　　　　　(b)

图 6.12　电容三点式 LC 振荡器

（a）放大部分为晶体管；（b）放大部分为运算放大器

2. 振荡条件和振荡频率

以图 6.12(b)为例，用瞬时极性法判断振荡的相位条件。若反相输入端为正极性信号，LC 网络的 1 端点产生负极性信号；3 端点相应为正极性信号，从而构成正反馈形式，满足相位条件(反馈电压 $\dot{U}_f = \dot{U}_2$)。幅值条件如前所述，其振荡频率为

$$f_0 \approx \frac{1}{2\pi\sqrt{LC}} \tag{6-11}$$

式中，$C = C_1 \cdot C_2/(C_1 + C_2)$。

3. 电路特点

由于反馈电压取自 C_2，电容对高次谐波容抗小，反馈中谐波分量少，振荡产生的正弦波形较好，但这种电路调频不方便，因为改变 C_1、C_2 调频的同时，也改变了反馈系数。为了克服上述缺点，常采用图 6.13 所示的选频网络，其中图(a)电路的振荡频率为

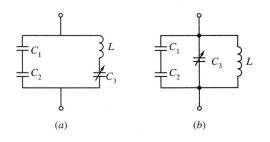

$$f_0 \approx \frac{1}{2\pi\sqrt{LC'}} \tag{6-12a}$$

(a)　　　　　　　　(b)

图 6.13　改进型 LC 选频网络

式中，C' 为 C_1、C_2 与 C_3 相串联后的等效电路，但一般情况 $C_1 \gg C'$，$C_2 \gg C'$，所以 $C' \approx C_3$。图(b)电路的振荡频率为

$$f_0 = \frac{1}{2\pi\sqrt{LC''}} \tag{6-12b}$$

式中，$C'' = C_1 \cdot C_2/(C_1 + C_2) + C_3$。

三端式振荡器选频网络由三部分电抗组成，有三个端子对外，分别接在三极管的三个极上或集成运放的两个输入端和输出端上。用三极管作放大器时，从发射极向另外两个极看，应是同性质的电抗，而集电极与基极间应接与上述两电抗性质相反的电抗。用集成运放作放大器时，从同相输入端向反相入端及输出端看去时，应是同性质的电抗，反相输入端和输出端之间的电抗应接与上述两电抗性质相反的电抗。

6.3.5 石英晶体振荡电路

有些电路要求振荡频率的稳定性非常高(如无线电通信的发射机频率)。其 $\Delta f / f_0$ 达 $10^{-8} \sim 10^{-10}$ 数量级,用前面所讨论的电路很难实现这种要求。采用石英晶体振荡器,则可以实现这样高的稳定性。其外形及结构如图 6.14 所示。

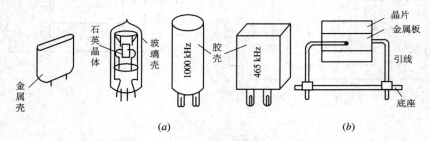

图 6.14　石英晶体外形及结构图

(a) 外形图；(b) 结构图

1. 石英晶体的特性及等效电路

石英晶体之所以能做成谐振器是基于它的压电效应。若在晶片两面施加机械力,则沿受力方向产生电场,晶片两侧产生异性电荷。若在晶片两面加一交变电场,晶片就会产生机械振动。当外加电场的频率等于晶体的固有频率时,机械振动幅值明显加大,这种现象称为"压电效应"。由于石英晶体的这种特性,可以把它的内部结构等效成如图 6.15(a) 所示的等效电路。

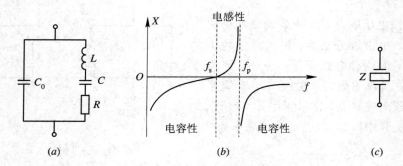

图 6.15　石英晶体的等效电路、频率特性及符号

(a) 等效电路；(b) 频率特性；(c) 符号

由等效电路可知,石英晶体振荡器应有两个谐振频率。在低频时,可把静态电容 C_0 看做开路。$f = f_s$ 时,L、C、R 串联支路发生揩振,$X_L = X_C$,它的等效阻抗 $Z_0 = R$,为最小值,串联谐振频率为

$$f_s = \frac{1}{2\pi\sqrt{LC}} \tag{6-13}$$

当频率高于 f_s 时,$X_L > X_C$,L、C、R 支路呈现感性,C_0 与 LC 构成并联谐振回路,其振荡频率为

$$f_p = \frac{1}{2\pi\sqrt{LC'}} = f_s\sqrt{1 + \frac{C}{C_0}} \tag{6-14}$$

式中，$C' = C \cdot C_0 / (C + C_0)$。

通常 $C_0 \gg C$，所以 f_p 与 f_s 非常接近，f_p 略大于 f_s，也就是说感性区非常窄，其频率特性如图 6.15(b) 所示。

由图 6.15(b) 可知，低频时，两条支路的容抗起主要作用，电路呈现容性。随着频率的增加，容抗逐步减小。当 $f = f_s$ 时，LC 串联谐振，$Z_0 = R$，呈现电阻性；当 $f > f_s$ 时，LC 支路呈现感性；当 $f = f_p$ 时，并联谐振，阻抗呈现纯阻性；当 $f > f_p$ 时，C_0 支路起主要作用，电路又呈现容性。图 6.15(c) 为石英晶体的电路符号。

2. 石英晶体振荡电路应用

(1) 并联型晶振。图 6.16 所示电路中，当工作频率介于 f_s 和 f_p 之间时晶体呈现感性，它与电容 C_1、C_2 组成并联谐振回路，属于电容三点式振荡电路，其振荡频率为

$$f_0 = \cfrac{1}{2\pi \sqrt{L \cfrac{C(C_0 + C_L)}{C + (C_0 + C_L)}}}$$

式中，$C_L = C_1 \cdot C_2 / (C_1 + C_2)$。

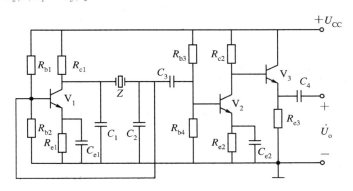

图 6.16 并联型晶振应用电路

将 (6-13) 式代入上式得

$$f_0 \approx f_s \sqrt{\frac{C + (C_0 + C_L)}{C_0 + C_L}} = f_s \sqrt{1 + \frac{C}{C_0 + C_L}}$$

$$(6-15)$$

式中，f_0 为振荡频率；f_s 为串联谐振频率；f_p 为并联谐振频率。

(2) 串联型晶振。图 6.17 所示电路中，当 $f = f_s$ 时，晶体振荡器产生串联谐振，$Z_0 = R$。用石英晶体代替 RC 串并联网络中的电阻，并与 C 串联，整个 RC 串并联网络构成正反馈选频网络。集成运算放大器组成放大电路，其余部分构成负反馈电路自动稳幅环节。当 $f = f_s$ 时，$Z_0 = R$ 为最小，反馈量最大，且相移为零，符合振荡条件。当 $f \neq f_0$ 时，晶体呈现较大阻抗，且相移不为零，不能产生谐振，所以该电路的振荡频率只能是 $f_0 = f_s$。

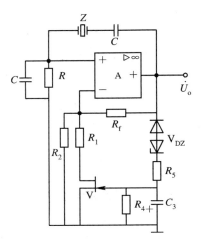

图 6.17 串联型晶振

本 章 小 结

正弦波振荡电路由放大、选频、正反馈及稳幅四部分组成。产生振荡的条件是：$|\dot{A}F|=1$，$\varphi_a+\varphi_f=2\pi n$。本章主要介绍了 RC 振荡器及 LC 振荡器。

（1）RC 振荡器频率较低，常采用的是 RC 桥式振荡器，当 $R_1=R_2=R$，$C_1=C_2=C$ 时，其振荡频率为 $f_0=1/(2\pi RC)$。

（2）LC 正弦波振荡器可产生很高的振荡频率，常采用的是 LC 变压器反馈式、电感三点式、电容三点式振荡器，其振荡频率由谐振回路决定。石英晶体振荡电路的特点是频率特别稳定。

思考与习题六

6.1 正弦波振荡电路的初始信号是怎样得来的？

6.2 LC 振荡器的工作频率范围是多少？它适用于高频还是低频？

6.3 有一正弦波振荡器，它的反馈系数 $F=0.02$，放大电路的放大倍数为多少时才能满足振荡的幅值条件？

6.4 判断题 6.4 图电路能否满足振荡的相位条件？

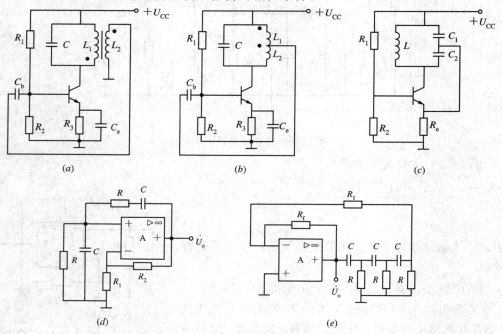

题 6.4 图

6.5 RC 振荡器属高频振荡器还是低频振荡器？它的工作频率范围是多少？

6.6 检查题 6.6 图所示电路是否有错误，如果有，请改正。

6.7 题 6.7 图所示电路为 ZXB－1 型低频薄膜石英晶体振荡器，它的振荡频率为 50 Hz～130 kHz，试分析其振荡原理。

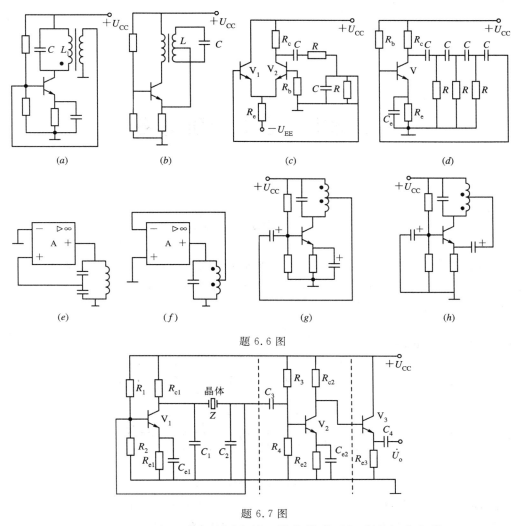

题 6.6 图

题 6.7 图

6.8 标出题 6.8 图所示电路中的同名端，并使其满足振荡的相位条件。

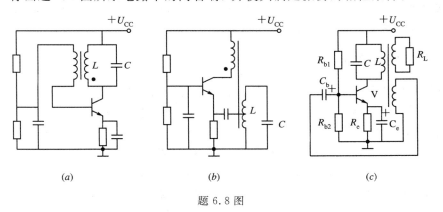

题 6.8 图

6.9 为什么石英晶体振荡电路的振荡频率特别稳定？稳定度可高达多少？

课题七　直流稳压电路

7.1　概　　述

在现代生产、生活和科学研究中，都离不开交流电源，但许多场合，如电解、电镀、直流电动机、特别是电子电路中都需要使用稳定的直流电源来供电，因此需要将目前使用的 50 Hz 交流电源变换成直流电源。

7.1.1　直流电源的组成

小功率直流电源一般由变压器、整流、滤波和稳压电路几部分组成，如图7.1 所示。

图 7.1　直流电源电路的组成框图

在电路中，变压器将常规的交流电压(220 V、380 V)变换成所需要的交流电压；整流电路将交流电压变换成单方向脉动的直流电压；滤波电路再将单方向脉动的直流电中所含的交流成分滤掉，得到一个较平滑的直流电；稳压电路用来消除由于电网电压波动、负载改变对其产生的影响，从而使输出电压稳定。

7.1.2　直流电源演示

演示电路如图 7.2 所示，在图 7.2(a)电路中，变压器的初级接 220 V 交流电源。用示波器观察 ab 间的波形如图 7.3(a)所示，观察 1～0 间的波形如图 7.3(b)所示。合上开关 S，再用示波器观察 1～0 间的波形如图 7.3(c)所示。

如果加上稳压部分，如图 7.2(b) 所示，稳压电路采用三端稳压器 W7809(三端稳压器将在 7.3 节中详细介绍)。用示波器观察 2～0 间的波形如图 7.3(d)所示。

通过各点波形的测量，我们看到稳压电源是将交流电逐步改变成一个平滑的直流电。那么，直流电源各部分电路是如何工作的呢？下面将分析其工作原理。

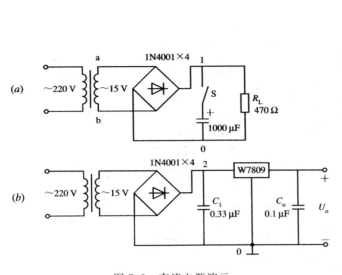

图 7.2　直流电源演示
（a）简易直流电源；（b）直流电源

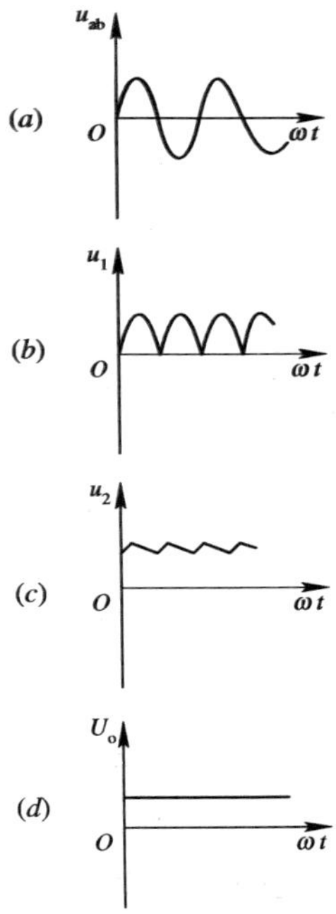

图 7.3　各点电压波形

7.2　整流及滤波电路

7.2.1　电路组成及工作原理

常用的整流电路包括单相整流和三相整流
两大类，其中单相整流又可分为单相半波整流和
单相全波整流，本教材只介绍单相整流。图 7.4
是单相半波整流电路，它由整流变压器 T、整流
二极管 V_D 及负载 R_L 组成。当次级电压 $u_2 = \sqrt{2}$
$U_2 \sin\omega t$ V 时，在 $0 \sim \pi$ 区间内，u_2 瞬时极性为
上正下负，二极管 V 因正偏而导通，忽略二极管
正向导通压降，则在 $0 \sim \pi$ 区间内 $u_o = u_2$，此时

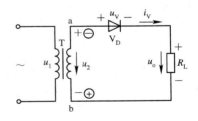

图 7.4　单相半波整流电路

流过二极管的电流 i_V 等于流过负载的电流；在 $\pi \sim 2\pi$ 区间内，次级电压 u_2 瞬时极性为上
负下正，此时二极管 V_D 因承受反压而截止，$i_V = 0$，$u_o = 0$，所以输出电压 u_o 的波形只有
u_2 的正向半波。

单相半波整流电路及电压、电流的波形如图 7.5 所示，即

$$\left.\begin{aligned} u_o &= \sqrt{2}U_2 \sin\omega t & (0 \leqslant \omega t \leqslant \pi) \\ u_o &= 0 & (\pi \leqslant \omega t \leqslant 2\pi) \end{aligned}\right\} \qquad (7-1)$$

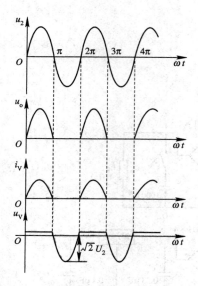

图 7.5 单相半波整流电路电压与电流的波形

7.2.2 单相半波整流电路的主要技术指标

1. 输出电压平均值

在图 7.5 所示波形电路中，负载上得到的整流电压是单方向的，但其大小是变化的，是一个单向脉动的电压，由此可求出其平均电压值为

$$U_{\mathrm{o}} = \frac{1}{2\pi}\int_{0}^{\pi}\sqrt{2}U_2\ \sin\omega t\ \mathrm{d}(\omega t) = \frac{\sqrt{2}U_2}{\pi} = 0.45U_2 \qquad (7-2)$$

2. 流过二极管的平均电流 i_{V}

由于流过负载的电流就等于流过二极管的电流，因此

$$i_{\mathrm{V}} = I_{\mathrm{o}} = \frac{U_{\mathrm{o}}}{R_{\mathrm{L}}} = 0.45\frac{U_2}{R_{\mathrm{L}}} \qquad (7-3)$$

3. 二极管承受的最高反向电压 U_{RM}

在二极管不导通期间，承受反压的最大值就是变压器次级电压 u_2 的最大值，即

$$U_{\mathrm{RM}} = \sqrt{2}U_2 \qquad (7-4)$$

4. 脉动系数 S

脉动系数 S 是衡量整流电路输出电压平滑程度的指标。由于负载上得到的电压 U_{o} 是一个非正弦周期信号，可用付氏级数展开为

$$U_{\mathrm{o}} = \sqrt{2}U_2\left(\frac{1}{\pi} + \frac{1}{2}\cdot\sin\omega t - \frac{2}{3\pi}\cdot\cos\omega t + \cdots\right) \qquad (7-5)$$

脉动系数的定义为最低次谐波的峰值与输出电压平均值之比，即

$$S = \frac{U_{\mathrm{oiM}}}{U_{\mathrm{o}}} = \frac{\dfrac{\sqrt{2}U_2}{2}}{\dfrac{\sqrt{2}U_2}{\pi}} = 1.57 \qquad (7-6)$$

单相半波整流电路的特点是结构简单，但输出电压的平均值低，脉动系数大。

7.2.3 单相桥式整流电路

为了克服半波整流电路电源利用率低，整流电压脉动程度大的缺点，常采用全波整流电路，最常用形式是桥式整流电路。它由四个二极管接成电桥形式，如图7.6所示。

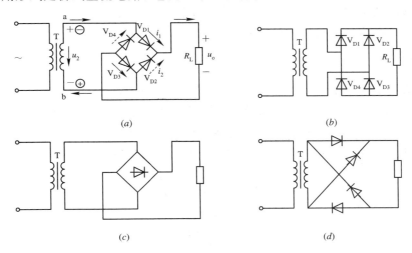

图 7.6 单相桥式整流电路组成

1. 电路组成及工作原理

在图7.6(a)所示电路中，当变压器次级电压 u_2 为上正下负时，二极管 V_{D1} 和 V_{D3} 导通，V_{D2} 和 V_{D4} 截止，电流 i_1 的通路为 a→V_{D1}→R_L→V_{D3}→b，这时负载电阻 R_L 上得到一个正弦半波电压，如图7.7中($0 \sim \pi$)段所示。当变压器次级电压 u_2 为上负下正时，二极管 V_{D1} 和 V_{D3} 反向截止，V_{D2} 和 V_{D4} 导通，电流 i_2 的通路为 b→V_{D2}→R_L→V_{D4}→a，同样，在负载电阻上得到一个正弦半波电压，如图7.7中($\pi \sim 2\pi$)段所示。

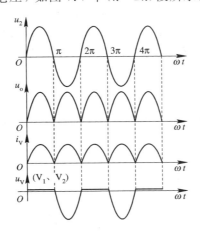

图 7.7 单相桥式整流电路电压与电流波形

2. 技术指标计算及分析

（1）输出电压平均值 U_o。由以上分析可知，桥式整流电路的整流电压平均值 U_o 比半

波整流时增加一倍，即

$$U_o = 2 \times 0.45U_2 = 0.9U_2 \tag{7-7}$$

（2）直流电流 I_o。桥式整流电路通过负载电阻的直流电流也增加一倍，即

$$I_o = \frac{U_o}{R_L} = 0.9\frac{U_2}{R_L} \tag{7-8}$$

（3）二极管的平均电流 i_V。因为每两个二极管串联轮换导通半个周期，所以，每个二极管中流过的平均电流只有负载电流的一半，即

$$i_V = \frac{1}{2}I_o = 0.45\frac{U_2}{R_L} \tag{7-9}$$

（4）二极管承受的最高反向电压 U_{RM}。由图 7.6(a)可以看出，当 V_{D1} 和 V_{D3} 导通时，如果忽略二极管正向压降，此时，V_{D2} 和 V_{D4} 的阴极接近于 a 点，阳极接近于 b 点，二极管由于承受反压而截止，其最高反压为 u_2 的峰值，即 $U_{RM} = \sqrt{2}U_2$。

（5）脉动系数 S。单相全波桥式整流输出电压 u_o 的付氏级数展开式为

$$U_o = \sqrt{2}U_2\left(\frac{2}{\pi} - \frac{4}{3\pi}\times\cos2\omega t - \frac{4}{15\pi}\times\cos4\omega t - \cdots\right)$$

即

$$S = \frac{U_{oiM}}{U_o} = \frac{\dfrac{4\sqrt{2}U_2}{3\pi}}{\dfrac{2\sqrt{2}U_2}{\pi}} = 0.67 \tag{7-10}$$

由以上分析可知，在变压器次级电压相同的情况下，单相桥式整流电路输出电压平均值高、脉动系数小，管子承受的反向电压和半波整流电路一样。虽然二极管用了四只，但小功率二极管体积小，价格低廉，因此全波桥式整流电路得到了广泛的应用。

7.2.4 滤波电路

整流输出的电压是一个单方向脉动电压，虽然是直流，但脉动较大，在有些设备中不能适应（如电镀和蓄电池充电等设备）。为了改善电压的脉动程度，需在整流后再加入滤波电路。常用的滤波电路有电容滤波、电感滤波和复式滤波等。

1. 电容滤波电路

图 7.8 所示为一单相半波整流电容滤波电路，由于电容两端电压不能突变，因而负载两端的电压也不会突变，使输出电压得以平滑，达到滤波目的。

滤波过程及波形如图 7.9 所示。

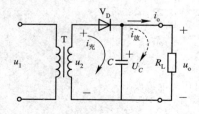

图 7.8 单相半波整流电容滤波电路

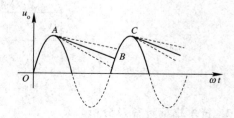

图 7.9 电容滤波原理及输出波形

在 u_2 的正半周时，二极管 V_D 导通，忽略二极管正向压降，则 $u_0 = u_2$，这个电压一方面给电容充电，一方面产生负载电流 i_0，电容 C 上的电压与 u_2 同步增长，当 u_2 达到峰值后，开始下降，当 $U_C > u_2$ 时，二极管截止，如图 7.9 中的 A 点。之后，电容 C 以指数规律经 R_L 放电，U_C 下降。当放电到 B 点时，u_2 经负半周后又开始上升，当 $u_2 > U_C$ 时，电容再次被充电到峰值。U_C 降到 C 点以后，电容 C 再次经 R_L 放电，通过这种周期性充放电，以达到滤波效果。

由于电容的不断充放电，使得输出电压的脉动性减小，而且输出电压的平均值有所提高。输出电压平均值 U_0 的大小显然与 R_L、C 的大小有关，R_L 愈大，C 愈大，电容放电愈慢，U_0 愈高。在极限情况下，当 $R_L = \infty$ 时，$U_0 = U_C = \sqrt{2}U_2$，不再放电。当 R_L 很小时，C 放电很快，甚至与 u_2 同步下降，则 $U_0 = 0.9U_2$，R_L、C 对输出电压的影响如图 7.9 中虚线所示。可见电容滤波电路适用于负载较小的场合。当满足 $R_L C \geqslant (3 \sim 5)T/2$ 时电路滤波效果很好，则输出电压的平均值为

$$U_0 = U_2（半波）\tag{7-11}$$
$$U_0 = 1.2U_2（全波）\tag{7-12}$$

其中 T 为交流电源电压的周期。

利用电容滤波时应注意下列问题：

（1）滤波电容容量较大，一般用电解电容，应注意电容的正极性接高电位，负极性接低电位。如果接反则容易击穿、爆裂。

（2）开始时，电容 C 上的电压为零，通电后电源经整流二极管给 C 充电。通电瞬间二极管流过的短路电流称为浪涌电流，一般是正常工作电流 i_0 的 $5 \sim 7$ 倍，所以选二极管参数时，正向平均电流的参数应选大一些。同时在整流电路的输出端，即在滤波电容前应串联一个限流电阻，以保护整流二极管。

2. 电感滤波及复式滤波电路

（1）电感滤波电路。由于通过电感的电流不能突变，因此用一个大电感与负载串联，流过负载的电流也就不能突变，这样，输出电压的波形也就平稳了。其实质是因为电感对交流呈现很大的阻抗，频率愈高，感抗越大，则交流成分绝大部分降到了电感上，若忽略导线电阻，电感对直流没有压降，即直流均落在负载上，达到了滤波目的。电感滤波电路如图 7.10 所示。在这种电路中，输出电压的交流成分是整流电路输出电压的交流成分经 X_L 和 R_L 分压的结果，只有 $\omega L \gg R_L$ 时，滤波效果才好。

电感滤波电路输出电压平均值 U_0 一般小于全波整流电路输出电压的平均值，如果忽略电感线圈的铜阻，则 $U_0 \approx 0.9U_2$。虽然电感滤波电路对整流二极管没有电流冲击，但为了使 L 值大，多用铁芯电感，但体积大、笨重，且输出电压的平均值 U_0 较低。

（2）复式滤波电路。为了进一步减小输出电压的脉动程度，可以用电容和铁芯电感组成各种形式的复式滤波电路。电感型 LC 滤波电路如图 7.11 所示。整流输出电压中的交流成分绝大部分降落在电感上，电容 C 又对交流接近于短路，故输出电压中交流成分很少，几乎是一个平滑的直流电压。由于整流后先经电感 L 滤波，总特性与电感滤波电路相近，故称为电感型 LC 滤波电路，若将电容 C 平移到电感 L 之前，则为电容型 LC 滤波电路。

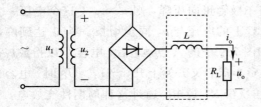

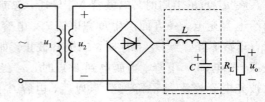

图 7.10 带电感滤波器的桥式整流电路　　　　　图 7.11 桥式整流电感型 LC 滤波电路

（3）π 型滤波电路。图 7.12(a) 所示为 $LC\pi$ 型滤波电路。整流输出电压先经电容 C_1，滤除了交流成分后，再加到 L 和 C_2 组成的滤波电路中，C_2 上的交流成分极少，因此输出电路几乎是平直的直流电压。由于铁芯电感体积大、笨重、成本高、使用不便，因此，在负载电流不太大而要求输出脉动很小的场合，可将铁芯电感换成电阻，如图 7.12(b) 所示，即 $RC\pi$ 型滤波电路。电阻 R 对交流和直流成分均产生压降，故会使输出电压下降，但只要 $R_L \gg 1/(\omega C_2)$，电容 C_1 滤波后的输出电压绝大多数降在电阻 R_L 上。R_L 愈大，C_2 愈大，滤波效果愈好。

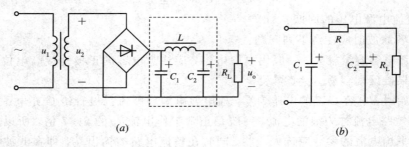

(a)　　　　　　　　　　　　　　(b)

图 7.12 π 型滤波电路
(a) $LC\pi$ 型滤波电路；(b) $RC\pi$ 型滤波电路

7.3　直流稳压电路

通过整流滤波电路所获得的直流电源电压是比较稳定的，当电网电压波动或负载电流变化时，输出电压会随之改变。电子设备一般都需要稳定的电源电压。如果电源电压不稳定，将会引起直流放大器的零点漂移，交流噪声增大，测量仪表的测量精度降低等，因此必须进行稳压。目前中小功率设备中广泛采用的稳压电源有并联型稳压电路、串联型稳压电路、集成稳压电路及开关型稳压电路。

7.3.1　硅稳压管组成的并联型稳压电路

1. 电路组成及工作原理

硅稳压管组成的并联型稳压电路如图 7.13 所示，经整流滤波后得到的直流电压作为稳压电路的输入电压 U_i，限流电阻 R 和稳压管 V_{DZ} 组成稳压电路，输出电压 $U_o = U_Z$。

在这种电路中，不论是电网电压波动还是负载电阻 R_L 的变化，稳压管稳压电路都能起到稳压作用，因为 U_Z 基本恒定，而 $U_o = U_Z$。下面从两个方面来分析其稳压原理：

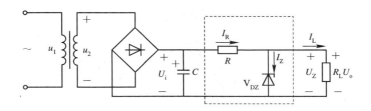

图 7.13　稳压管稳压的直流电源电路

（1）设 R_L 不变，电网电压升高使 U_i 升高，导致 U_o 升高，而 $U_o = U_Z$。根据稳压管的特性，当 U_Z 升高一点时，I_Z 将会显著增加，这样必然使电阻 R 上的压降增大，吸收了 U_i 的增加部分，从而保持 U_o 不变。

$$U_i\uparrow \xrightarrow{U_o = U_i - U_R} U_o\uparrow = U_Z\uparrow \rightarrow I_Z\uparrow \xrightarrow{I_R = I_L + I_Z} I_R\uparrow \rightarrow U_R\uparrow$$

反之亦然。

（2）设电网电压不变，当负载电阻 R_L 阻值增大时，I_L 减小，限流电阻 R 上压降 U_R 将会减小。由于 $U_o = U_Z = U_i - U_R$，所以导致 U_o 升高，即 U_Z 升高，这样必然使 I_Z 显著增加。由于流过限流电阻 R 的电流为 $I_R = I_Z + I_L$，这样可以使流过 R 上的电流基本不变，导致压降 U_R 基本不变，则 U_o 也就保持不变。

$$R_L\uparrow \rightarrow I_L\downarrow \xrightarrow{I_R = I_L + I_Z} I_R\downarrow \rightarrow U_R\downarrow \xrightarrow{U_Z = U_i - U_R} U_Z\uparrow(U_o)\rightarrow I_Z\uparrow$$

反之亦然。

在实际使用中，这两个过程是同时存在的，而两种调整也同样存在。因而无论电网电压波动或负载变化，都能起到稳压作用。

2. 稳压电路参数确定

（1）限流电阻的计算。稳压电路要输出稳定电压，必须保证稳压管正常工作。因此必须根据电网电压和负载电阻 R_L 的变化范围，正确地选择限流电阻 R 的大小。从两个极限情况考虑，则有

① 当 U_i 为最小值，I_o 达到最大值时，即 $U_i = U_{i(min)}$，$I_o = I_{o(max)}$，这时 $I_R = \dfrac{U_{i(min)} - U_Z}{R}$。则 $I_Z = I_R - I_{o(max)}$ 为最小值。为了让稳压管进入稳压区，此时 I_Z 值应大于 $I_{Z(min)}$，即 $I_Z = \dfrac{U_{i(min)} - U_Z}{R} - I_{o(max)} > I_{Z(min)}$，则

$$R > \frac{U_{i(min)} - U_Z}{I_Z + I_{o(max)}}$$

② 当 U_i 达最大值，I_o 达最小值时，$U_i = U_{i(max)}$，$I_o = I_{o(min)}$，这时 $I_R = \dfrac{U_{i(max)} - U_Z}{R}$，则 $I_Z = I_R - I_{o(min)}$ 为最大值。为了保证稳压管安全工作，此时 I_Z 值应小于 $I_{Z(max)}$，即 $I_Z = \dfrac{U_{i(max)} - U_Z}{R} - I_{o(min)} < I_{Z(max)}$，则

$$R < \frac{U_{i(\max)} - U_Z}{I_Z + I_{o(\min)}}$$

所以限流电阻 R 的取值范围为

$$\frac{U_{i(\min)} - U_Z}{I_Z + I_{o(\max)}} < R < \frac{U_{i(\max)} - U_Z}{I_Z + I_{o(\min)}} \tag{7-13}$$

在此范围内选一个电阻标准系列中的规格电阻。

(2) 确立稳压管参数。一般取

$$U_Z = U_o, \quad I_{Z(\max)} = (1.5 \sim 3)I_{o(\max)}, \quad U_i = (2 \sim 3)U_o \tag{7-14}$$

7.3.2 串联型晶体管稳压电路

并联型稳压电路可以使输出电压稳定，但稳压值不能随意调节，而且输出电流很小，由式 7.14 可知，$I_{o(\max)} = \left(\frac{1}{3} \sim \frac{2}{3}\right)I_{Z(\max)}$，而 $I_{Z(\max)}$ 一般只有 20~40 mA。为了加大输出电流，使输出电压可调节，常用串联型晶体管稳压电路，如图 7.14 所示。

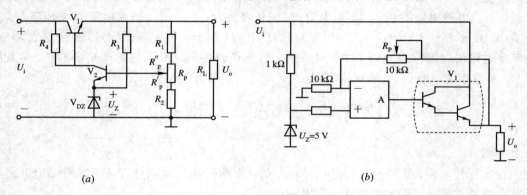

(a) (b)

图 7.14 串联型稳压电路

(a) 分立元件的串联型稳压电路；(b) 运算放大器的串联型稳压电路

图 7.14(a) 是由分立元件组成的串联型稳压电路，当电网电压波动或负载变化时，可能使输出电压 U_o 上升或下降。为了使输出电压 U_o 不变，可以利用负反馈原理使其稳定。假设因某种原因使输出电压 U_o 上升，其稳压过程如下：

$$U_o \uparrow \rightarrow U_{b2} \uparrow \rightarrow U_{b1}(U_{c2}) \downarrow \rightarrow U_o \downarrow$$

串联型稳压电路的输出电压可由 R_p 进行调节。

$$U_o = U_Z \frac{R_1 + R_p + R_2}{R_2 + R_p'} = \frac{U_Z R}{R_2 + R_p'} \tag{7-15}$$

式中，$R = R_1 + R_p + R_2$，R_p' 是 R_p 的下半部分阻值。

如果将图 7.14(a) 中的放大元件改成集成运放，不但可以提高放大倍数，而且能提高灵敏度，这样就构成了由运算放大器组成的串联型稳压电路，电路如图 7.14(b) 所示。假设因某种原因使输出电压 U_o 下降，其稳压过程如下：

$$U_o \downarrow \rightarrow U_- \downarrow \rightarrow U_{b1} \uparrow \rightarrow U_o \uparrow$$

串联型稳压电路包括四大部分，其组成框图如图 7.15 所示。

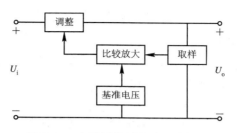

图 7.15　串联型稳压电路组成框图

7.3.3　集成稳压器及应用

集成稳压器将取样、基准、比较放大、调整及保护环节集成于一个芯片，按引出端不同可分为三端固定式、三端可调式和多端可调式等。三端稳压器有输入端（IN）、输出端（OUT）和公共端（GND，接地）三个接线端点，由于它所需外接元件较少，便于安装调试，工作可靠，因此在实际使用中得到广泛应用。其外形如图 7.16 所示。

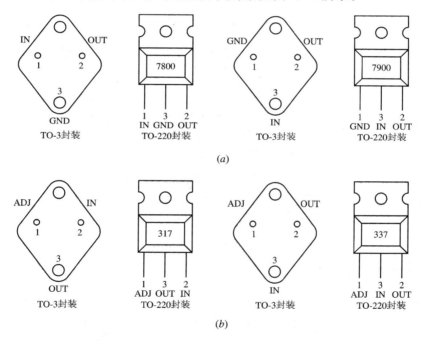

图 7.16　三端稳压器外形图

（a）三端固定式；（b）三端可调式

1. 固定输出的三端稳压器

常用的三端固定稳压器有 7800 系列和 7900 系列，其外型如图 7.16（a）所示。型号中 78 表示输出为正电压值，79 表示输出为负电压值，00 表示输出电压的稳定值。根据输出电流的大小不同，又分为 CW78 系列，最大输出电流（1～1.5）A；CW78M00 系列，最大输出电流 0.5 A；CW78L00 系列，最大输出电流 100 mA 左右。7800 系列输出电压等级有 5 V、6 V、9 V、12 V、15 V、18 V、24 V，7900 系列有 －5 V、－6 V、－9 V、－12 V、－15 V、－18 V、－24 V。如 CW7815，表明输出 ＋15 V 电压，输出电流可达 1.5 A，

CW79M12，表明输出－12 V电压，输出电流为－0.5 A。

2. 三端可调输出稳压器

7800、7900系列集成稳压器只能输出固定电压值，在实际应用中不太方便。CW117、CW217、CW317、CW337和CW337L系列为可调输出稳压器，其中ADJ为调整端，其外型如图7.16(b)所示。

在图7.16所示电路中，CW317是三端可调式正电压输出稳压器，而CW337是三端可调式负电压输出稳压器。三端可调集成稳压器输出电压为(1.25～37) V，输出电流可达1.5 A。

CW317的基本应用电路如图7.17所示，它只需外接两个电阻(R_1和R_p)来确定输出电压。为了使电路正常工作，它的输出电流不应小于5 mA，调节端①的电流约为50 μA，输出电压的表达式为

$$U_o = 1.25\left(1 + \frac{R_p}{R_1}\right) + 50 \times 10^{-6} \times R_p \tag{7-16}$$

在上式中R_p阻值很小，可忽略，由此可得

$$U_o \approx 1.25\left(1 + \frac{R_p}{R_1}\right) \tag{7-17}$$

图7.17所示电路中C_1用来预防产生自激振荡，C_2用来改善输出电压波形。

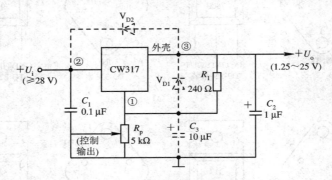

图7.17　可调输出稳压电源

3. 三端集成稳压器的应用

1）输出固定电压应用电路

输出固定电压的应用电路如图7.18所示，其中图(a)为输出固定正电压，图(b)为输出固定负电压，图中C_i用以抵消输入端因接线较长而产生的电感效应。为防止自激振荡，其取值范围在(0.1～1) μF之间(若接线不长时可不用)，C_o用以改善负载的瞬态响应，一般

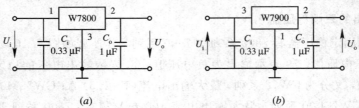

(a)　　　　　　　　　　　　(b)

图7.18　固定输出的稳压电路

(a) 输出固定正电压；(b) 输出固定负电压

取 1 μF 左右，其作用是减少高频噪声。

2）输出正、负电压稳压电路

当需要正、负两组电源输出时，可采用 W7800 系列和 W7900 系列各一块，按图 7.19 接线，即可得到正负对称的两组电源。

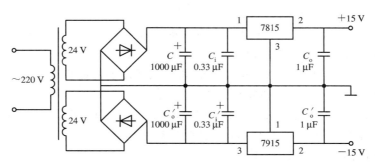

图 7.19 正负对称输出稳压电路

7.3.4 开关稳压电源

将直流电压通过半导体开关器件（调整管）转换为高频脉冲电压，经滤波后得到波纹很小的直流输出电压，这种装置称为开关电源。由于调整管工作在开关状态，因此开关电源具有功耗小、效率高、体积小、重量轻等优点，近年来得到了迅速的发展和广泛的应用。

1. 串联降压型开关稳压电源

开关电源的组成框图如图 7.20 所示，它主要由开关调整管、滤波器、比较放大器和脉宽调制器等环节组成。开关调整管是一个由脉冲 u_{PO} 控制的电子开关，如图 7.21 所示。

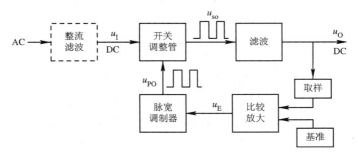

图 7.20 开关电源的组成框图

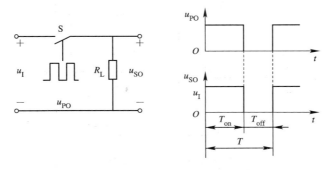

图 7.21 开关调整管工作过程示意图

当控制脉冲 u_{PO} 出现时，电子开关闭合，$u_{SO} = u_I$；而 $u_{PO} = 0$ 时，电子开关断开，$u_{SO} = 0$，开关的开通时间 t_{on} 与开关周期 T 之比称为脉冲电压 u_{SO} 的占空比 δ。由此可见，开关调整管的输出电压 u_{SO} 是一个脉高为 u_I、脉宽由 u_{PO} 控制、脉率与 u_{PO} 相同的矩形脉冲电压。滤波器由电感和电容组成，对脉冲电压 u_{SO} 进行滤波，得到波纹很小的直流输出电压 u_O。将输出电压 u_O 取样与基准电压在比较放大环节中比较放大，其结果 u_E（误差）作为脉宽调制器的输入信号。脉宽调制器是一个基准电压为锯齿波的电压比较器，输出脉冲电压 u_{PO} 的脉宽由 u_E 控制，而频率与锯齿波相同。

脉宽调制器的工作原理：当输入电压 u_I 和负载都处于稳定状态时，输出电压 u_O 也稳定不变，设对应的误差信号 u_E 和控制脉冲 u_{PO} 的波形如图 7.22(a) 所示。如果输出电压 u_O 发生波动，例如 u_I 上升会导致 u_O 上升，而比较放大电路使 u_E 下降，脉宽调制器的输出信号 u_{PO} 的脉宽变窄，如图 7.22(b) 所示，开关调整管的开通时间减小，使 u_O 下降。通过上述调整过程，使输出电压 u_O 保持稳定。

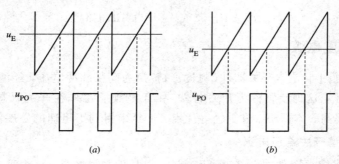

图 7.22　开关稳压电源工作原理示意图

输出电压 u_O 的稳定过程可描述为如下关系：

$$u_O \uparrow \rightarrow u_E \downarrow \rightarrow u_{PO}（脉宽）\downarrow \rightarrow t_{on} \downarrow \rightarrow u_O \downarrow$$

这种定频调宽控制方法称为脉冲宽度调制（PWM）法。

串联降压型开关稳压电源的工作原理如图 7.23 所示。三极管 V_1 为开关调整管，稳压管 V_{DZ} 的稳定电压 U_Z 作为基准电压，电位器 R_P 对输出电压 u_O 取样送入比较放大环节与基准电压 U_Z 相比较。滤波器由 L、C 和续流二极管 V_D 组成，当三极管 V_1 导通时，u_I 向负载 R_L 供电的同时也为电感 L 和电容 C 充电，当控制信号使开关调整管 V_1 截止时，电感 L 储存的能量通过续流二极管 V_D 向负载释放，电容也同时向负载放电，使负载电流连续的

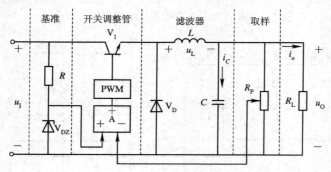

图 7.23　串联降压型开关稳压电源工作原理图

临界电感值为

$$L_{\mathrm{c}} = \frac{R_{\mathrm{L}}(1-\delta)}{2f} \qquad (7-18)$$

其中 f 为输入电压的频率大小。实际使用中，选用电感 L 应大于 L_{c}。

滤波电容的容量是根据输出电压的波纹峰值 U_{pp} 来确定的，表示为

$$C \geqslant \frac{U_{\mathrm{i}}\delta(1-\delta)}{8Lf^2U_{\mathrm{pp}}} \qquad (7-19)$$

由于有滤波器的影响，该电路输出电压平均值 U_{o} 必然大于 δU_{i}，而小于 U_{i}，因此称为降压型开关电源。

2. 并联升压型开关稳压电源

这种开关稳压电源的工作原理示意图如图 7.24(a) 所示。

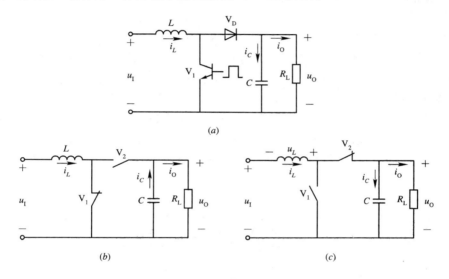

图 7.24 并联升压型开关稳压电源工作原理示意图

当控制信号到来使开关调整管 V_1 导通期间，二极管 V_{D} 截止，其等效电路如图 7.24(b) 所示，在此 T_{on} 期间，u_{I} 通过开关调整管 V_1 给电感 L 充磁储能，负载电压由电容 C 放电供给。

当控制信号使开关调整管 V_1 关断期间，二极管 V_{D} 导通，其等效电路如图 7.24(c) 所示，在此 T_{off} 期间，因电感储存能量产生的感应电动势能保持 i_L 的方向不变，即电动势的方向与 i_L 的方向一致，故 u_L 与 u_{I} 同向串联，两个电压叠加后通过二极管向负载供电，同时对电容 C 充电，使电感电流 i_L 连续的最小电感值 $L_{\min}$ 为

$$L_{\min} = \frac{U_{\mathrm{i}}T_{\mathrm{on}}T_{\mathrm{off}}}{2TI_{\mathrm{o}}} = \frac{U_{\mathrm{o}}\delta(1-\delta)^2}{2I_{\mathrm{o}}f} \qquad (7-20)$$

滤波电容 C 与波纹峰值 U_{pp} 的关系为

$$C = \frac{I_{\mathrm{o}}\delta}{U_{\mathrm{pp}}f} = \frac{I_{\mathrm{o}}(U_{\mathrm{o}}-U_{\mathrm{i}})}{U_{\mathrm{pp}}U_{\mathrm{o}}f} \qquad (7-21)$$

由于在稳态工作状态时，电感电压在一个周期内的平均值为零，即

$$U_{\mathrm{i}} \cdot T_{\mathrm{on}} + (U_{\mathrm{i}}-U_{\mathrm{o}})T_{\mathrm{off}} = 0$$

$$U_i \cdot T = U_o \cdot T_{off}$$

所以

$$\frac{U_o}{U_i} = \frac{T}{T_{off}} = \frac{1}{1-\delta} = K \tag{7-22}$$

K 为输出电压平均值与输入电压的比值。因为占空比 $\delta \leqslant 1$，则 $K \geqslant 1$，即 $U_o > U_i$，所以此电路称为升压型开关电路。

3. 变压器输出型开关稳压电源

从实用角度出发，希望开关电源的输入直流电压是直接从 220 V 交流电源经整流、滤波而获得，再将斩波后得到的高频电压用脉冲变压器转换成所需要的直流输出电压。这样做的目的是省去笨重的工频变压器，并将输出电路与供电电源、开关器件和控制电路隔离开来，显著地降低了能耗，使直流稳压电源的体积更小，效率更高。这种方式目前在电子充电器中得到了广泛的应用。

如图 7.25 所示为单端正激式变压器输出型开关稳压电源的原理图，这种开关电源的工作情况与降压型开关电源有相似之处，当开关调整管 V_1 导通时，变压器原边电压近似等于输入电压 u_1，变压器副边电压使二极管 V_{D2} 导通，为负载供电，并为电容 C_2 充电。当开关调整管 V_1 截止时，滤波电感 L 产生反向感应电动势使二极管 V_{D3} 导通，C_2 放电，使负载电流连续，在此 T_{off} 期间，二极管 V_{D2} 截止，变压器副边相当于开路，但变压器储存的磁能必须在 T_{off} 期间释放，否则在下一个导通期间，磁能将累加，并逐渐进入饱和状态使开关调整管过流而烧毁。因此，在变压器原边必须并联电阻、电容，并通过二极管 V_{D1} 形成退磁回路。

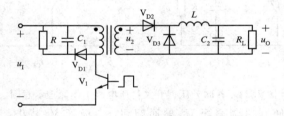

图 7.25　变压器输出型开关稳压电源工作原理图

近年来，开关稳压电源专用集成电路发展很快，品种不断增多，常见的有 MC34063、LM2575、TL494 和 CW3842 等。这些芯片将开关电源的 PWM 控制电路、开关管驱动电路和保护电路集成在一起，具有可靠性高、使用方便等特点。

4. 集成开关电源电路介绍

1）MC3520

MC3520 是美国 Motorola 公司生产的集成脉宽调制器，内部包括两套独立且相位相反的输出电路(集电极开路输出)，适合于构成大、中功率的开关电源。其频率范围是 (2～100) kHz，占空比调整范围是 0%～100%，电源电压 U_{CC} 为 (10～30) V，输出电流为 50 mA×2，峰值电流可达 100 mA。MC3520 采用 DIP-16 封装，其引脚功能和内部框图如图7.26 所示。

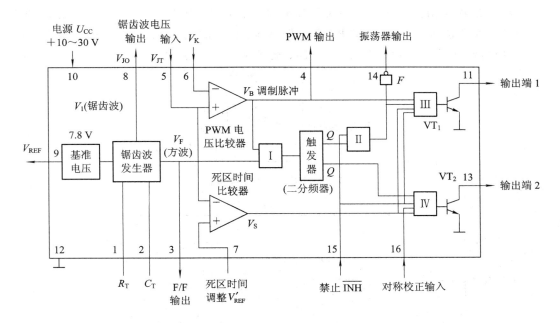

图 7.26　MC3520 的引脚功能和内部框图

MC3520 采用内部基准电压源，该基准电压除内部使用之外，还从第 9 脚输出，可供外部电路使用。

MC3520 的实际应用电路如图 7.27 所示，可作为大型开关稳压电源的驱动电路。

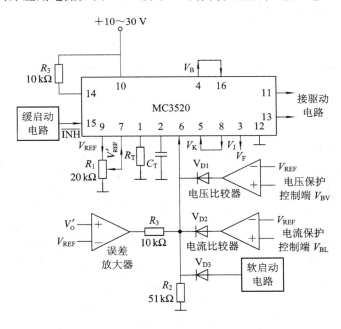

图 7.27　MC3520 的实际应用电路

2）UC3842

UC3842 是美国 Unitrode 公司生产的单端输出式脉宽调制器，其工作温度范围为 0～+70℃，目前在国产设备中的使用量很大。

UC3842 采用 DIP-8 封装,引脚排列图和内部电路框图分别如图 7.28 和图 7.29 所示。电路中主要包括:5.0 V 基准电压源、振荡器、误差放大器、过电流检测电压比较器、PWM 锁存器、输入欠压锁定电路、门电路、输出级、34 V 稳压管。

图 7.28 UC3842 的引脚排列

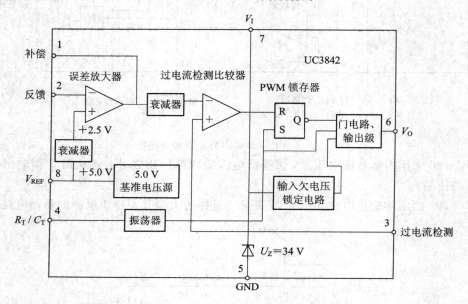

图 7.29 UC3842 的内部电路框图

UC3842 的典型应用电路如图 7.30 所示。

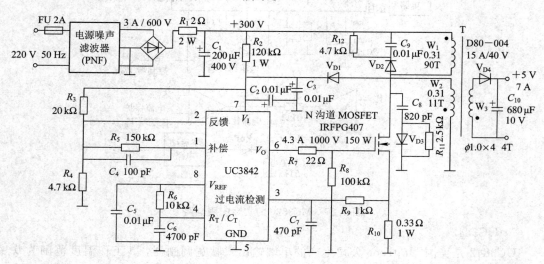

图 7.30 UC3842 的典型应用电路

该电路采用固定频率、改变脉冲宽度的调压原理。其工作过程是首先对输出电压进行采样，然后依次经过误差放大器、过电流检测比较器、PWM 锁存器、门电路和输出级，去控制开关功率管的导通时间和关断时间，高频电压经开关变压器变压后，经过二次整流输出稳定直流电压。

刚启动开关电源时，UC3842 所需要的 +16 V 工作电压暂由 R_2、C_2 电路提供。+300 V 直流高压经过 R_2 降压后加至 UC3842 的输入端 V_1，利用 C_2 的充电过程使 V_1 端的电压逐渐升至 +16 V 以上，实现电路的启动，这种启动方式称为软启动。一旦开关功率管正常工作后，绕组 W_2 上所建立的高频电压经 V_{D1}、C_2 整流滤波后，就作为 UC3842 芯片的工作电压。

UC3842 属于电流控制型脉宽调制器。所谓电流控制型，是指：一方面把绕组 W_2 的输出电压反馈给误差放大器，在与基准电压进行比较之后，得到误差电压 U_r；另一方面一次绕组中的电流取样电阻 R_{10} 上建立的电压，直接加到过电流检测比较器的同相输入端，与 U_r 作比较，进而控制输出脉冲的占空比，使流过开关功率管的最大峰值电流 I_{PM} 始终受误差电压 U_r 的控制，这就是电流控制原理。电流控制型脉宽调制器的优点是调整速度快，一旦 +300 V 输入电压发生变化，就能迅速调整输出脉冲的宽度。因此，采用电流控制型脉宽调制器可以大大改善开关电源的电压调整率及电流调整率。

R_5、C_4 用于调整误差放大器的增益和频率响应。绕组 W_2 的输出电压经过 R_3、R_4 分压后作为比较电压。当电网电压升高导致输出电压也升高时，绕组 W_2 的输出电压也随之升高，迫使 U_r 降低，进而使得输出脉冲宽度变窄，缩短 MOS 功率管的导通时间，使得输出电压 U_o 降低。

PWM 锁存器的作用是保证在每个时钟周期内只输出一个脉宽调制信号，能消除在过电流检测比较器翻转时产生的噪声干扰。

7.4　晶闸管及可控整流电路

晶闸管又称可控硅，是一种大功率半导体可控元件。它主要用于整流、逆变、调压、开关四个方面，应用最多的是晶闸管整流。它具有输出电压可调等特点。晶闸管的种类很多，有普通单向和双向晶闸管、可关断晶闸管、光控晶闸管等。下面主要介绍普通晶闸管的工作原理、特性参数及简单的应用电路。

7.4.1　晶闸管的基本结构、性能及参数

1. 晶闸管的基本结构

晶闸管的基本结构是由 P_1 - N_1 - P_2 - N_2 三个 PN 结四层半导体构成的，如图 7.31 所示。其中 P_1 层引出电极 A 为阳极；N_2 层引出电极 K 为阴极；P_2 层引出电极 G 为控制极，其外形及符号如图 7.32 所示。

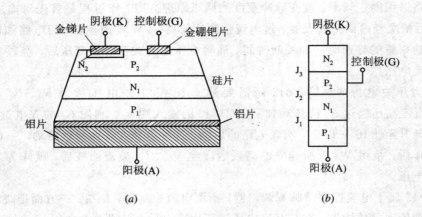

图 7.31　晶闸管结构

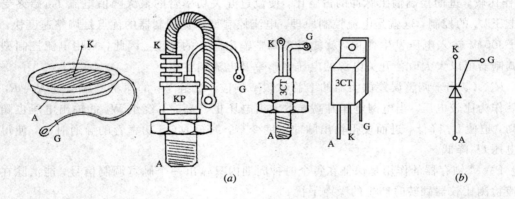

图 7.32　晶闸管的外形及符号

2. 晶闸管的工作原理

我们可以把晶闸管的内部结构看成由 PNP 和 NPN 型两个晶体管连接而成，如图 7.33 所示。

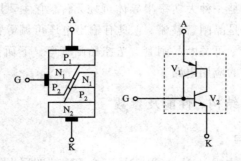

图 7.33　晶闸管内部结构

当在 A、K 两极间加上正向电压 U_{AK} 时，由于 J_2 反偏，故晶闸管不导通，在控制极上加一正向控制电压 U_{GK} 后，产生控制电流 I_G，它流入 V_2 管的基极，并经过 V_2 管电流放大得 $I_{C2}=\beta_2 I_G$；又因为 $I_{C2}=I_{B1}$；所以 $I_{C1}=\beta_1\beta_2 I_G$，$I_{C1}$ 又流入 V_2 管的基极再经放大形成正反馈,使 V_1 和 V_2 管迅速饱和导通。饱和压降约为 1 V 左右,使阳极有一个很大的电流 I_A,电源电压 U_{AK} 几乎全部加在负载电阻 R_L 上。这就是晶闸管导通的原理。当晶闸管导通后,若去掉 U_{GK},晶闸管仍维持导通。要使晶闸管重新关断,只有使阳极电流小于某一值,使 V_1、V_2 管截止,这个电流称维持电流。当可控硅阳极和阴极之间加反向电压时,无论是否加 U_{GK},晶闸管都不会导通。

综上所述,晶闸管是一个可控制的单向开关元件,它的导通条件为:① 阳极与阴极之间加正向电压;② 晶闸管控制极要加正向触发电压。而关断条件为晶闸管阳极接电源负极,阴极接电源正极,或使晶闸管中电流减小到维持电流以下。晶闸管工作情况如图 7.34 所示。

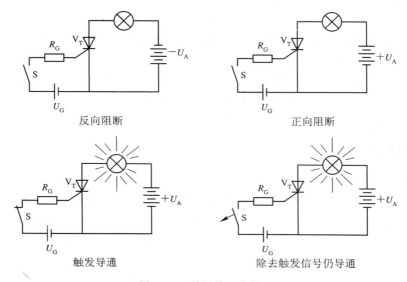

图 7.34　晶闸管工作情况

3. 晶闸管特性

晶闸管的基本特性常用伏安特性表示,如图 7.35 所示。

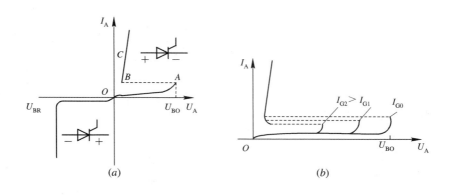

图 7.35　晶闸管伏安特性
(a) $I_G = 0$ 时的伏安特性;(b) 不同 I_G 时的伏安特性

图 7.30(a) 为 $I_G = 0$ 时的伏安特性曲线。在伏安特性曲线上，除 BA 转折段外，很像二极管的伏安特性，因此晶闸管相当于导通时可控的一种二极管。

在很大的正向和反向电压作用下，晶闸管都会损坏。通常是在晶闸管接通合适的正向电压下将正向触发电压加在控制极上，使晶闸管导通，其特性曲线如图 7.35(b) 所示，由图可知，控制极电流 I_G 愈大，正向转折电压愈低，晶闸管愈容易导通。

4. 主要参数

(1) 正向重复峰值电压 U_{FRM} 是在控制极断路时，可以重复加在晶闸管两端的正向峰值电压，通常规定该电压比正向转折电压小 100 V 左右。

(2) 反向重复峰值电压 U_{RRM} 是在控制极开路时，可以重复加在晶闸管元件上的反向重复峰值电压，一般情况下 $U_{RRM} = U_{FRM}$。

(3) 额定正向平均电流 I_F 是在规定环境温度和标准散热及全导通条件下，晶闸管元件可以连续通过的工频正弦半波电流的平均值。

(4) 维持电流 I_H 是在规定环境温度和控制极开路时，维持元件继续导通的最小电流。

(5) 触发电压 U_G 与触发电流 I_G 是在规定环境温度下加一正向电压，使晶闸管从阻断转变为导通时所需的最小控制极电压和电流。

7.4.2 可控整流电路

1. 单向半波可控整流电路

图 7.36 是由晶闸管组成的半波可控整流电路，其中负载电阻为 R_L，工作情况如图 7.37 所示（不同性质的负载工作情况不同，在此仅介绍电阻性负载，电感性负载的工作情况可参考有关书籍）。由图 7.37 可见，在输入交流电压 u 的正半周时，晶闸管 V_T 承受正向电压。

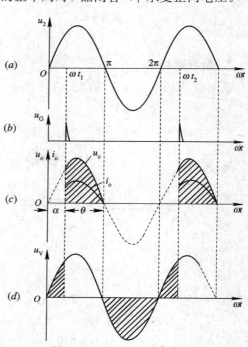

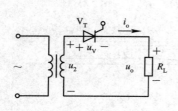

图 7.36　晶闸管组成的半波可控整流电路

图 7.37　电压电流波形图

若在图 7.37 的 ωt_1 时刻，给控制极加上触发脉冲，晶闸管即导通，负载上得到电压。当交流电压 u_2 下降到接近于零值时，晶闸管正向电流小于维持电流而关断。在电压 u_2 的负半周时，晶闸管承受反向电压而关断，负载上的电压、电流均为零。在第二个正半周内，再在相应的 ωt_2 时刻加入触发脉冲，晶闸管再次导通，使负载 R_L 上得到如图 7.37(c) 所示的电压波形。图 7.37(d) 所示的波形为晶闸管所承受的正向和反向电压。最高正向和反向电压均为输入交流电压的幅值。

显然，在晶闸管承受正向电压的时间内，改变控制极触发脉冲的加入时间（称为移相），负载上得到的电压波形随之改变。可见，移相可以控制负载电压的大小。晶闸管在加正向电压下不导通的区域称控制角 α（又称移相角），如图 7.37(c) 所示。而导通区域称为导通角 θ，可以看出导通角愈大，输出电压愈高，可控整流电路输出电压和输出电流的平均值分别为

$$U_o = \frac{1}{2\pi} \int_\alpha^\pi \sqrt{2} U_2 \sin\omega t \, \mathrm{d}(\omega t) = \frac{\sqrt{2}}{2\pi} U_2 (1 + \cos\alpha)$$

$$= 0.45 U_2 \frac{1 + \cos\alpha}{2} \tag{7-23}$$

$$I_o = 0.45 \frac{U_2}{R_L} \cdot \frac{1 + \cos\alpha}{2} \tag{7-24}$$

由式(7-23)可知，输出电压 U_o 的大小随 α 的大小而变化。当 $\alpha = 0$ 时，$U_o = 0.45 U_2$，输出最大，晶闸管处于全导通状态；当 $\alpha = \pi$ 时，$U_o = 0$，晶闸管处于截止状态。以上分析说明，只要适当改变控制角 α，也就是控制触发信号的加入时间，就可灵活地改变电路的输出电压 U_o。

2. 单相半控桥式整流电路

单相半波可控整流电路虽然具有电路简单，使用元件少等优点，但输出电压脉动性大，电流小。单相半控桥式整流电路如图 7.38 所示，桥中有两个桥臂用晶闸管，另两个桥臂用二极管。

设 $u_2 = \sqrt{2} U_2 \sin\omega t$，当 u_2 为正半波时，瞬时极性为上正下负，V_{T1} 和 V_{D2} 承受正向电压。若在 t_1 时刻给 V_{T1} 加触发脉冲，则 V_{T1} 导通，负载上有电压 u_o，电流通路为

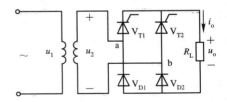

图 7.38　单相半控桥式整流电路

a $\to$ V_{T1} $\to$ R_L $\to$ V_{D2} $\to$ b。当 u_2 为负半波时，晶闸管 V_{T2} 和二极管 V_{D1} 承受正向电压。在 t_2 时刻给 V_{T2} 加触发脉冲，V_{T2} 导通，电流通路为 b $\to$ V_{T2} $\to$ R_L $\to$ V_{D1} $\to$ a。显而易见，桥式整流的输出电压平均值要比单相半波整流大一倍，即

$$U_o = \frac{0.9 U_2 (1 + \cos\alpha)}{2} \tag{7-25}$$

$$I_o = \frac{U_o}{R_L} = \frac{0.9 U_2 (1 + \cos\alpha)}{2 R_L} \tag{7-26}$$

7.4.3　可控整流的触发电路

产生和控制触发信号的电路称为触发电路，其工作性能的好坏对可控整流的效果有很

大影响。触发电路种类很多，在此仅介绍常用的单结晶体管触发电路。

1. 单结晶体管

单结晶体管的外形及结构如图 7.39(a)所示。单结晶体管有三个电极：E 为发射极，B_1、B_2 分别为第一基极和第二基极。由于有两个基极，通常又称为双基极二极管。单结晶体管发射极和两基极间的 PN 结具有单向导电性，可等效成一个二极管 V；两基极 B_1、B_2 之间的电阻约为(2～12) kΩ，B_1 到 PN 结之间的硅片电阻为 R_{B1}；B_2 到 PN 结之间的硅片电阻用 R_{B2} 表示；其等效电路及符号如图 7.39(b)所示。

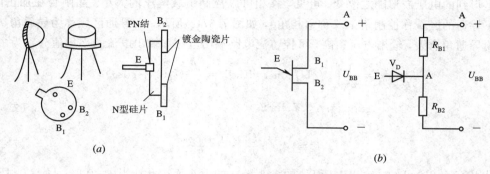

图 7.39　单结晶体管结构、符号及等效电路

(a) 单结晶体管外形及结构示意图；(b) 符号及等效电路

在图 7.39 中，B_1、B_2 间加电压 U_{BB}，则 A 点电位

$$U_A = \frac{R_{B1} U_{BB}}{R_{B2} + R_{B1}} = \eta U_{BB} \qquad (7-27)$$

式中 $\eta = R_{B1}/(R_{B1} + R_{B2})$，称为分压比，一般在 0.3～0.9 之间。

设单结晶体管中 PN 结的导通压降为 U_D，当发射极电位 $U_E < U_D + \eta U_{BB}$ 时，单结晶体管因 PN 结反偏而截止，$I_E = 0$。如果调节发射极电位 U_E，使 $U_E \geq U_D + \eta U_{BB}$，单结晶体管中 PN 结导通，有电流 I_E 流进发射极，流过电阻 R_{B1}。因 R_{B1} 随电流增加而阻值减小，所以这个电流使 R_{B1} 减小，造成 I_E 进一步增大，使 R_{B1} 进一步减小，这个连锁正反馈过程很快使 R_{B1} 减小到最小值。上述电压值 $U_D + \eta U_{BB}$ 称做单结晶体管的峰点电压，用 U_P 表示。

当 R_{B1} 减小到最小值时，U_A 也下降到最小值 $U_{A(min)}$，此时单结晶体管的发射极电位 $U_E = U_D + U_{A(min)}$，称为单结晶体管的谷点电压 U_V。

在上述 R_{B1} 减小过程中，由于 U_A 的下降，使 U_E 也跟着下降。这样，单结晶体管发射极电位 U_E 下降，发射极电流 I_E 反而增大，这种现象称为"负阻效应"。

综上所述：当 $U_E < U_V$ 时，单结晶体管截止；当 $U_E \geq U_P$ 时，单结晶体管处于导通状态；当 U_E 因导通从 U_P 下降到使 $U_E < U_V$ 时，单结晶体管将恢复截止。

2. 单结晶体管触发电路

利用单结晶体管的负阻效应并配以 RC 充放电回路，可以组成一个非正弦波的振荡电路，这个电路可产生可控整流电路中晶闸管所需要的触发脉冲电压。单结晶体管触发脉冲电路如图 7.40 所示。

在图 7.40 所示电路中，接通电源以前 $U_C = 0$，接通电源后，电源通过电阻 R 向 C 充电，当 U_C 上升到峰点电压 U_P 时，即 $U_C = U_P$，单结晶体管导通，电容器 C 即通过 V 管向

R_1 放电。由于 R_{B1} 的负阻特性，R_{B1} 的阻值在 V 管导通后迅速下降，又因 R_1 的阻值很小，故放电很快，使 U_C 迅速下降，当 U_C 放电到谷点电压时，即 $U_C < U_V$ 时，单结晶体管恢复截止。电源又通过电阻 R 向 C 充电，使 U_C 再次等于 U_P，上述过程又重复进行。这样在电阻 R_1 上就得到了一个又一个由电容器放电产生的脉冲电压 U_g，因 C 放电很快，故 U_g 为尖脉冲电压。可通过调整 R 与 C 的大小来调节尖脉冲的触发时间。

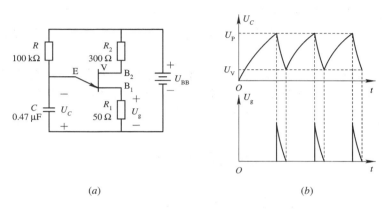

图 7.40　单结晶体管触发脉冲电路

（a）触发脉冲电路；（b）触发脉冲波形

3. 单结晶体管同步触发电路

在图 7.40 所示电路中，R_1 上产生的脉冲电压 U_g 不一定能触发晶闸管，因为触发脉冲与被触发的晶闸管可控整流电路还存在一个同步问题，为了解决这一问题，通常采用单结晶体管同步触发电路，如图 7.41 所示。

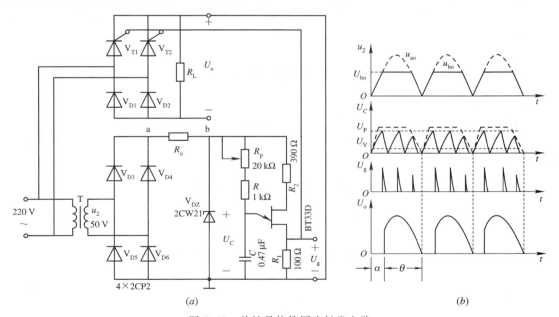

图 7.41　单结晶体管同步触发电路

（a）单结晶体管同步触发电路；（b）电压波形

图 7.41（a）所示电路为同步电压触发电路，T 为同步变压器，它的初级与主电路接在

同一电源上，与之同频率的次级电压经桥式整流、稳压，得到一个幅值为 U_{bo} 的梯形电压，如图 7.41(b) 所示，此电压作为单结晶体管的工作电压。

当 U_{bo} 梯形电压由 0 上升时，电容器 C 开始充电。电容器 C 充电到单结晶体管峰点电压 U_P 时，单结晶体管进入负阻区，电容器 C 放电，在 R_1 上产生触发脉冲。电容器 C 放电到单结晶体管的谷点电压 U_V，当下一个 U_{bo} 梯形电压到来时，重复上述过程。

该电路在主电路交流电源的半个周期内可能产生多个触发脉冲，但起作用的只有第一个触发脉冲，去触发加有正向电压的那个晶闸管导通。电路中各点电压的波形如图7.41(b)所示。

输出电流电压的大小可以通过调节充电回路的电阻 R_p 来实现。改变 R_p 即改变控制角 α 的大小，从而改变第一个实现脉冲输出时间，达到触发脉冲移相的目的。一般 R_p 愈小，α 愈小，导通角 θ 愈大，输出平均值电压愈高。

本 章 小 结

（1）整流电路是利用二极管的单向导电性将交流电转变成脉动直流电，为了消除直流电压中的波纹，需采用滤波电路。负载电流小而变化大时用电容滤波，负载电流大时则采用电感滤波。

（2）稳压电路种类较多，并联型稳压电路输出电压不可调，串联型稳压电路功耗大、效率低。为了提高效率，节省能源，可采用开关型稳压电源。目前应用较多较好的是集成稳压电源。

（3）晶闸管是一种大功率开关器件，可组成可控整流电路，其特点是改变控制角 α 即可改变输出的直流电压。可控整流电路的单结晶体管同步触发电路可改变电容充放电回路的参数，即可改变控制角 α。

思考与习题七

7.1　小功率直流电源由哪几部分组成？各部分作用是什么？

7.2　单相桥式全波整流电路如题 7.2 图所示。当电路出现下列几种情况时，会有什么问题？

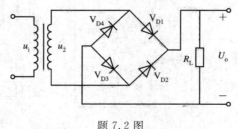

题 7.2 图

（1）二极管 V_{D1} 开路，未接通；

（2）二极管 V_{D1} 短路；

（3）二极管 V_{D1} 极性接反；

（4）二极管 V_{D1}、V_{D2} 极性接反；

（5）二极管 V_{D1} 开路，V_{D2} 短路。

7.3　如题 7.3 图所示是一组多输出的整流电路，$R_{L1}=R_{L2}=900\ \Omega$。

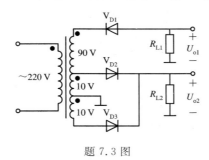

题 7.3 图

试求：

（1）负载 R_{L1} 和 R_{L2} 上的整流电压平均值 U_{o1} 和 U_{o2}，并标出极性；

（2）二极管 V_{D1}、V_{D2} 和 V_{D3} 中的平均电流 I_1、I_2、I_3 及各管所承受的最高反向电压 U_{RM1}、U_{RM2}、U_{RM3}。

7.4　整流电路如题 7.4 图所示。已知输入正弦信号 $u=220\sqrt{2}\ \sin\omega t$ V。

（1）试说明电路为哪种形式的整流电路？有何特点？

（2）当图中电流表满量程为 $100\ \mu$A 时，R 取值应为多大？（计算时可忽略电流表和二极管上的压降）

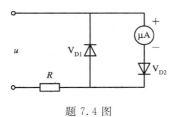

题 7.4 图

7.5　桥式全波整流电路如题 7.2 图所示。已知变压器副边电压 $u_2=25\sqrt{2}\ \sin\omega t$ V。

（1）试计算负载 R_L 两端直流电压 $U_o=$？

（2）当负载电流 $I_L=0.5$ A 时，试确定整流二极管的正向平均电流 I_F 和反向耐压 U_R 的值。

7.6　桥式全波整流电路如题 7.6 图所示。试分析说明：

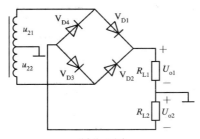

题 7.6 图

（1）R_{L1}、R_{L2} 两端为何种整流波形？

（2）若 $U_{21} = U_{22} = 25$ V，则 U_{o1}、U_{o2} 各为多少？

（3）若二极管 V_{D2} 虚焊，则 U_{o1}、U_{o2} 会发生什么变化？

7.7　稳压管 V_{DZ} 组成题 7.7 图电路，已知 $U_Z = 6$ V，$P_M = 300$ mW，V_{DZ} 中电流不宜低于 10 μA，当 $U_i = 9$ V 时，试确定电阻 R 的范围。

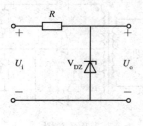

题 7.7 图

7.8　稳压管稳压电路如题 7.8 图所示。已知 $U_{Z1} = 6$ V，$U_{Z2} = 7$ V，试确定 U_i 分别为 24 V 和 12 V 时，电路输出 U_o 的值。

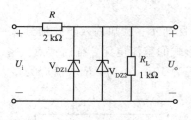

题 7.8 图

7.9　三端稳压器 W7815 和 W7915 组成的直流稳压电路如题 7.9 图所示，已知副边电压 $u_{21} = u_{22} = 20\sqrt{2}\ \sin\omega t$ V。7900 系列稳压器为负电压输出。

（1）在图中标明电容的极性；

（2）确定 U_{o1}、U_{o2} 的值；

（3）当负载 R_{L1}、R_{L2} 上电流 I_{L1}、I_{L2} 均为 1 A 时，估算稳压器上的功耗 P_{CM} 值。

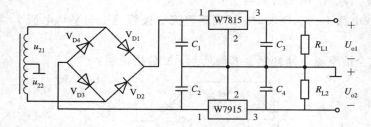

题 7.9 图

7.10　一单相半控桥式整流电路，其输入交流电压有效值为 220 V，负载为 1 kΩ 电阻，试求：当控制角 $\alpha = 0°$ 及 $\alpha = 90°$ 时，负载上电压和电流的平均值，并画出相应的波形。

第二篇　数字电子技术基础

课题八　数字电路基础知识

在数字电路中，进行逻辑分析与设计的数学工具是逻辑代数。本章介绍各种不同的进位计数体制、不同数制间的转换方法、常用编码、逻辑代数的逻辑运算、基本定律和基本规则，着重阐述逻辑函数的化简方法——公式化简法和卡诺图化简法。

8.1　数制和编码

8.1.1　计数体制

常用的计数体制有十进制、二进制、八进制、十六进制等。

1. 十进制数

在十进制中，用 0，1，2，…，9 这 10 个不同的数码按照一定的规律排列起来表示数值的大小，其计数规律是"逢十进一"。十进制数是以 10 为基数的计数体制。

当数码处于不同的位置时，它所表示的数值也不相同。例如，十进制数 785 可表示成

$$(785)_D = 7 \times 10^2 + 8 \times 10^1 + 5 \times 10^0$$

括号加下标"D"表示十进制数。等式右边中的 10^2，10^1，10^0，…标明数码在该位的"权"。不难看出各数位表示的数值就是该位数码(系数)乘以相应的权。按此规律，任意一个十进制数 $(N)_D$ 都可以写成按权展开式

$$(N)_D = K_{n-1} \times 10^{n-1} + K_{n-2} \times 10^{n-2} + \cdots + K_1 \times 10^1 + K_0 \times 10^0$$
$$= \sum_{i=0}^{n-1} K_i \times 10^i \qquad\qquad (8-1)$$

式中，K_i 代表第 i 位的系数，可取 0～9 这 10 个数码中的任一个；10^i 为第 i 位的权；n 为原数的位数。本书只讲整数的数制。关于小数数制，请阅读其他资料。

2. 二进制数

二进制数是以 2 为基数的计数体制。它只有 0 和 1 两个数码，采用"逢二进一"的计数规律。任意一个二进制数 $(N)_B$ 都可以写成按权展开式

$$(N)_B = K_{n-1} \times 2^{n-1} + K_{n-2} \times 2^{n-2} + \cdots + K_1 \times 2^1 + K_0 \times 2^0 = \sum_{i=0}^{n-1} K_i \times 2^i \qquad (8-2)$$

式中，下标"B"表示二进制数；K_i 表示第 i 位的系数，只能取 0 或 1；2^i 为第 i 位的权；n 为原数总位数。

例如，四位二进制数 1011，可以表示成

$$(1011)_B = 1 \times 2^3 + 0 \times 2^2 + 1 \times 2^1 + 1 \times 2^0$$

二进制数的运算规则：

加法　　0+0=0　　　0+1=1+0=1　　　1+1=10

乘法　　0×0＝0　　　0×1＝1×0＝0　　　1×1＝1

从以上可知，二进制数比较简单，只有 0 和 1 两个数码，并且算术运算也很简单，所以二进制数在数字电路中获得广泛应用。但是二进制数也有缺点：用二进制表示一个数时，位数多，读写不方便，而且也难记忆。

3. 八进制数

八进制数是以 8 为基数的计数体制，它用 0，1，2，…，7 这 8 个数码表示，采用"逢八进一"的计数规律。三位二进制码可用一位八进制码表示。任意一个八进制数 $(N)_O$ 可写成按权展开式

$$(N)_O = K_{n-1} \times 8^{n-1} + K_{n-2} \times 8^{n-2} + \cdots + K_1 \times 8^1 + K_0 \times 8^0$$

$$= \sum_{i=0}^{n-1} K_i \times 8^i \qquad\qquad (8-3)$$

式中，下标"O"表示八进制数，K_i 表示第 i 位的系数，可取 0~7 这 8 个数；8^i 为第 i 位的权；n 为原数总位数。

例如，一个三位八进制数 625，可以表示成

$$(625)_O = 6 \times 8^2 + 2 \times 8^1 + 5 \times 8^0$$

4. 十六进制数

十六进制数是以 16 为基数的计数体制，它用 0，1，2，…，9，A，B，C，D，E，F 这 16 个数码表示，采用"逢十六进一"的计数规律。四位二进制码可用一位十六进制码表示。任意一个十六进制数 $(N)_H$ 可以写成按权展开式

$$(N)_H = K_{n-1} \times 16^{n-1} + K_{n-2} \times 16^{n-2} + \cdots + K_1 \times 16^1 + K_0 \times 16^0$$

$$= \sum_{i=0}^{n-1} K_i \times 16^i \qquad\qquad (8-4)$$

例如，一个多位十六进制数 4A8C，可以表示成

$$(4A8C)_H = 4 \times 16^3 + 10 \times 16^2 + 8 \times 16^1 + 12 \times 16^0$$

表 8.1 为几种计数体制对照表。

表 8.1　几种数制对照表

十进制数	二进制数	八进制数	十六进制数	十进制数	二进制数	八进制数	十六进制数
0	0	0	0	9	1001	11	9
1	1	1	1	10	1010	12	A
2	10	2	2	11	1011	13	B
3	11	3	3	12	1100	14	C
4	100	4	4	13	1101	15	D
5	101	5	5	14	1110	16	E
6	110	6	6	15	1111	17	F
7	111	7	7	16	10000	20	10
8	1000	10	8				

8.1.2 数制转换

1. 二进制、八进制、十六进制数转换为十进制数

将一个二进制、八进制或十六进制数转换成十进制数，只要写出该进制数的按权展开式，然后按十进制数的计数规律相加，就可得到所求的十进制数。

例 8.1 将二进制数 $(1101)_B$ 转换成十进制数。

解
$$(1101)_B = 1 \times 2^3 + 1 \times 2^2 + 0 \times 2^1 + 1 \times 2^0 = (13)_D$$

例 8.2 将八进制数 $(156)_O$ 转换成十进制数。

解
$$(156)_O = 1 \times 8^2 + 5 \times 8^1 + 6 \times 8^0 = (110)_D$$

例 8.3 将十六进制数 $(5D4)_H$ 转换成十进制数。

解
$$(5D4)_H = 5 \times 16^2 + 13 \times 16^1 + 4 \times 16^0 = (1492)_D$$

2. 十进制正整数转换为二进制、八进制、十六进制数

在将十进制数转换成二进制、八进制、十六进制数时，分别采用"除 2 取余法"、"除 8 取余法"、"除 16 取余法"，便可求得二、八、十六进制数的各位数码 K_{n-1}，K_{n-2}，…，K_1，K_0。

例 8.4 将十进制数 $(35)_D$ 转换为二进制数。

解 采用"除 2 取余法"

```
2 | 35    …余 1…K₀=1    低位
2 | 17    …余 1…K₁=1
2 |  8    …余 0…K₂=0
2 |  4    …余 0…K₃=0
2 |  2    …余 0…K₄=0
2 |  1    …余 1…K₅=1    高位
     0
```

最后的商为 0。于是，得
$$(35)_D = (K_5 K_4 K_3 K_2 K_1 K_0)_B = (100011)_B$$

例 8.5 将 $(139)_D$ 转换成八进制数。

解

```
8 | 139    …余 3…K₀=3    低位
8 |  17    …余 1…K₁=1
8 |   2    …余 2…K₂=2    高位
      0
```

得
$$(139)_D = (213)_O$$

例 8.6 将 $(139)_D$ 转换成十六进制数。

解

$$16 \quad \underline{|139} \quad \cdots 余\,11\cdots K_0 = B \quad | \quad 低位$$
$$16 \quad \underline{|8} \quad \cdots 余\,8\cdots K_1 = 8 \quad | \quad 高位$$
$$\underline{|0}$$

得
$$(139)_D = (8B)_H$$

3. 八进制数、十六进制数与二进制数的相互转换

因为 $2^3 = 8$，所以对三位的二进制数来讲，从 000～111 共有 8 种组合状态，我们可以分别将这 8 种状态用来表示八进制数码 0，1，2，…，7。这样，每一位八进制数正好相当于三位二进制数。反过来，每三位二进制数又相当于一位八进制数。

同理，$2^4 = 16$，四位二进制数共有 16 种组合状态，可以分别用来表示十六进制的 16 个数码。这样，每一位十六进制数正好相当于四位二进制数。反过来，每四位二进制数等值为一位十六进制数。

例 8.7 将八进制数 $(625)_O$ 转换为二进制数。

解 $(625)_O = (110010101)_B$

例 8.8 将二进制数 $(110100111)_B$ 转换为十六进制数。

解 $(110100111)_B = (1A7)_H$

当要求将八进制数和十六进制数互相转换时，可通过二进制来完成。

8.1.3 编码

在二进制数字系统中，每一位数只有 0 或 1 两个数码，只限于表达两个不同的信号。如果将若干位二进制数码来表示数字、文字符号以及其他不同的事物，我们称这种二进制码为代码。赋予每个代码以固定的含义的过程，就称为编码。

1. 二进制编码

一位二进制代码可以表示两个信号。二位二进制代码可以表示四个信号。依此类推，n 位二进制代码可以表示 2^n 个不同的信号。将具有特定含义的信号用二进制代码来表示的过程称为二进制编码。

2. 二—十进制编码

所谓二—十进制编码，就是用四位二进制代码来表示一位十进制数码，简称 BCD 码。由于四位二进制码有 0000，0001，…，1111 等 16 种不同的组合状态，故可以选择其中任意 10 个状态以代表十进制中 0～9 的 10 个数码，其余 6 种组合是无效的。因此，按选取方式的不同，可以得到不同的二—十进制编码。最常用的是 8421 码。

这种编码是选用四位二进制码的前 10 个代码 0000～1001 来表示十进制的这 10 个数码。此编码的特点如下：

（1）这种编码实际上就是四位二进制数前 10 个代码按其自然顺序所对应的十进制数，十进制数每一位的表示和通常的二进制相同。例如，十进制数 845 的 8421 码形式为

$$(845)_D = (1000\ 0100\ 0101)_{BCD}$$

（2）它是一种有权码。四位二进制编码中由高位到低位的权依次是 2^3，2^2，2^1，2^0（即 8，4，2，1），故称为 8421 码。在 8421 码这类有权码中，如果将其二进制码乘以其对应的权后求和，就是该编码所表示的十进制数。例如：

$$(1001)_{BCD} = 1 \times 2^3 + 0 \times 2^2 + 0 \times 2^1 + 1 \times 2^0 = (9)_D$$

（3）在这种编码中，1010～1111 这 6 种组合状态是不允许出现的，称禁止码。

8421 码是最基本的和最常用的，因此必须熟记。其他编码还有 2421 码、5421 码等，见表 8.2。

格雷码是常用的一种编码，它的特点是两个相邻的码只有一位不同。这种码可靠性高，出现错误的机会少。

表 8.2 常用的几种 BCD 编码

编码 十进制数	8421 码	2421(A)码	2421(B)码	5421 码	余 3 码	格雷码
0	0000	0000	0000	0000	0011	0000
1	0001	0001	0001	0001	0100	0001
2	0010	0010	0010	0010	0101	0011
3	0011	0011	0011	0011	0110	0010
4	0100	0100	0100	0100	0111	0110
5	0101	0101	1011	1000	1000	0111
6	0110	0110	1100	1001	1001	0101
7	0111	0111	1101	1010	1010	0100
8	1000	1110	1110	1011	1011	1100
9	1001	1111	1111	1100	1100	1000
权	8421	2421	2421	5421	无权	无权

8.2 逻 辑 代 数

逻辑代数又称布尔代数，是英国数学家乔治·布尔在 1847 年首先创立的。逻辑代数是研究逻辑函数与逻辑变量之间规律的一门应用数学，是分析和设计数字逻辑电路的数学工具。

8.2.1 基本概念、基本逻辑运算

1. 逻辑变量与逻辑函数

逻辑代数是按一定逻辑规律进行运算的代数，它和普通代数一样有自变量和因变量。虽然自变量都可用字母 A，B，C，…来表示，但是只有两种取值，即 0 和 1。这里的 0 和 1

不代表数量的大小，而是表示两种对立的逻辑状态。例如，用"1"和"0"表示事物的"真"与"假"，电位的"高"与"低"，脉冲的"有"与"无"，开关的"闭合"与"断开"等。这种仅有两个取值的自变量具有二值性，称为逻辑变量。

普通代数中的函数是"随着自变量变化而变化的因变量"。同理，逻辑函数就是逻辑代数的因变量。它也只有 0 和 1 两种取值。

如果逻辑变量 A，B，C，…的取值确定之后，逻辑函数 Y 的值也被惟一地确定了，那么，我们称 Y 是 A，B，C，…的逻辑函数，写作

$$Y = F(A, B, C, \cdots) \qquad (8-5)$$

2. 基本逻辑运算

所谓逻辑，是指"条件"与"结果"的关系。在数字电路中，利用输入信号反映"条件"，用输出信号反映"结果"，从而输入和输出之间就存在一定的因果关系，我们称它为逻辑关系。在逻辑代数中，有与逻辑、或逻辑、非逻辑三种基本逻辑关系，相应的基本逻辑运算为与、或、非，对应的门电路有与门、或门、非门。

1）与逻辑（与运算、逻辑乘）

当决定一件事情的所有条件都具备时，这件事情才能实现，这种因果关系称为与逻辑，也称为与运算或逻辑乘。

如图 8.1(a)所示的开关电路中，只有当开关 A 和 B 都闭合时，灯 Y 才会亮。显然对灯 Y 来说，开关 A 和 B 闭合是"灯 Y 亮"的所有条件，所以 Y 与 A 和 B 属于与逻辑。其逻辑表达式为

$$Y = A \cdot B \qquad (8-6)$$

式中的"·"表示与逻辑的运算符号，在不致于混淆的情况下，可以省略不写。与逻辑的逻辑符号如图 8.1(b)所示。

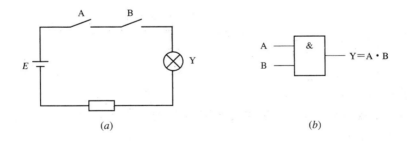

图 8.1　与逻辑关系

(a) 与逻辑电路；(b) 与逻辑符号

与逻辑的运算规则：

$$0 \cdot 0 = 0, \ 0 \cdot 1 = 0, \ 1 \cdot 0 = 0, \ 1 \cdot 1 = 1$$

与逻辑还可以用真值表来表示。所谓真值表，就是将逻辑变量各种可能取值的组合及其相应逻辑函数值列成的表格。例如，在图 8.1(a)中，假设开关闭合为 1，开关断开为 0；灯亮为 1，灯灭为 0，则可列出其真值表，如表 8.3 所示。

如果一个电路的输入、输出端能实现与逻辑，则此电路称为"与门"电路，简称"与门"。"与门"的符号也就是与逻辑的符号。

根据与门的逻辑功能，还可画出其波形图，如图8.2所示。

表8.3　与逻辑真值表

A	B	Y
0	0	0
0	1	0
1	0	0
1	1	1

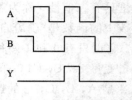

图8.2　与门波形图

2）或逻辑（或运算、逻辑加）

当决定一件事情的所有条件中只要有一条具备时，这件事情就能实现，这种因果关系称为或逻辑，也称为或运算或逻辑加。

如图8.3(a)所示的开关电路中，开关A和B中只要有一个闭合，灯Y就会亮，则Y与A和B的关系属于或逻辑。其逻辑表达式为

$$Y = A + B \tag{8-7}$$

式中的"+"表示或逻辑的运算符号。或逻辑的逻辑符号如图8.3(b)所示。

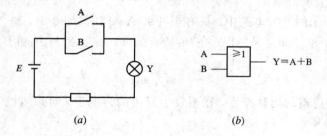

(a)　　　　　　　　　　(b)

图8.3　或逻辑关系

（a）或逻辑电路；（b）或逻辑符号

或逻辑的运算规则：

$$0+0=0, 0+1=1, 1+0=1, 1+1=1$$

或逻辑真值表如表8.4所示。

我们把输入、输出端能实现或逻辑的电路称为"或门"。其符号也采用或逻辑的符号。工作波形如图8.4所示。

表8.4　或逻辑真值表

A	B	Y
0	0	0
0	1	1
1	0	1
1	1	1

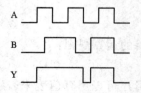

图8.4　或门波形图

3）非逻辑（非运算、逻辑反）

条件的具备与事情的实现刚好相反，这种因果关系称为非逻辑，也称为非运算或逻辑反。

如图 8.5(a) 所示的开关电路中，当开关 A 闭合时，灯 Y 就不会亮；当开关 A 断开时，灯 Y 就会亮，则 Y 与 A 的关系属于非逻辑。其逻辑表达式为

$$Y = \overline{A} \qquad\qquad (8-8)$$

式中，字母 A 上方的横线表示"非逻辑"，读作"非"，即"$\overline{A}$"读作"A 非"。非逻辑的逻辑符号如图 8.5(b) 所示。

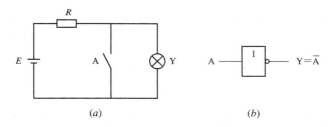

图 8.5 非逻辑关系

(a) 非逻辑电路；(b) 非逻辑符号

非逻辑的运算规则：

$$\overline{0} = 1, \ \overline{1} = 0$$

非逻辑真值表如表 8.5 所示。

我们把输入、输出端能实现非逻辑的电路称为"非门"。非门的符号也就是非逻辑的符号。非门工作波形如图 8.6 所示。

表 8.5 非逻辑真值表

A	Y
0	1
1	0

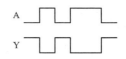

图 8.6 非门波形图

3. 常用复合逻辑

基本逻辑的简单组合称复合逻辑，实现复合逻辑的电路称"复合门"电路。

1）与非逻辑

与非逻辑是"与"逻辑和"非"逻辑的组合，先"与"再"非"。其真值表如表 8.6 所示，逻辑函数表达式为

$$Y = \overline{A \cdot B \cdot C} \qquad\qquad (8-9)$$

我们把输入、输出能实现与非逻辑的电路，称为"与非门"电路，如图 8.7 所示。"与非门"的符号、逻辑功能和与非逻辑符号相同。

表 8.6　与非逻辑真值表

A	B	C	Y
0	0	0	1
0	0	1	1
0	1	0	1
0	1	1	1
1	0	0	1
1	0	1	1
1	1	0	1
1	1	1	0

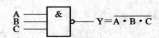

图 8.7　与非逻辑符号

2）或非逻辑

或非逻辑是"或"逻辑和"非"逻辑的组合，先"或"再"非"。其真值表如表 8.7 所示，逻辑表达式为

$$Y = \overline{A + B + C} \tag{8-10}$$

我们把输入、输出能实现或非逻辑的电路称为"或非门"，如图 8.8 所示，"或非门"的符号和逻辑功能与或非逻辑的符号相同。

表 8.7　或非逻辑真值表

A	B	C	Y
0	0	0	1
0	0	1	0
0	1	0	0
0	1	1	0
1	0	0	0
1	0	1	0
1	1	0	0
1	1	1	0

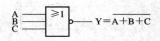

图 8.8　或非逻辑符号

3）与或非逻辑

与或非逻辑是"与"、"或"、"非"三种基本逻辑的组合，先"与"再"或"最后"非"。其逻辑表达式为

$$Y = \overline{A \cdot B + C \cdot D} \tag{8-11}$$

实现与或非逻辑的电路称为"与或非门"，如图 8.9 所示，"与或非门"符号和与或非逻辑的符号相同。

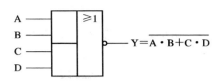

图 8.9　与或非逻辑符号

4）异或逻辑及同或逻辑

异或逻辑及同或逻辑属于两个变量的逻辑函数。

当两个输入变量 A、B 的取值不同时，输出变量 Y 为 1；当 A、B 的取值相同时，输出变量 Y 为 0。这种逻辑关系称为异或逻辑，其真值表如表 8.8 所示，逻辑表达式为

$$Y = A\overline{B} + \overline{A}B = A \oplus B \tag{8-12}$$

式中，符号"⊕"表示"异或运算"，读作"异或"。异或逻辑符号如图 8.10 所示。

表 8.8　异或逻辑真值表

A	B	Y
0	0	0
0	1	1
1	0	1
1	1	0

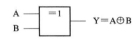

图 8.10　异或逻辑符号

实现异或逻辑的电路称为"异或门"，"异或门"的符号与异或逻辑的符号相同。

当两个输入变量 A、B 的取值相同时，输出变量 Y 为 1；当 A、B 的取值不同时，输出变量 Y 为 0。这种逻辑关系称为同或逻辑，其真值表如表 8.9 所示，逻辑表达式为

$$Y = AB + \overline{A}\overline{B} = A \odot B \tag{8-13}$$

式中，符号"⊙"表示"同或运算"，读作"同或"。同或逻辑符号如图 8.11 所示。

表 8.9　同或逻辑真值表

A	B	Y
0	0	1
0	1	0
1	0	0
1	1	1

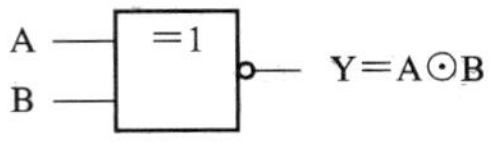

A ——[=1]o—— Y＝A⊙B

图 8.11　同或逻辑符号

从异或逻辑真值表与同或逻辑真值表对照中，可以看出异或逻辑与同或逻辑互为反函数，即

$$A \oplus B = \overline{A \odot B} \tag{8-14}$$

$$A \odot B = \overline{A \oplus B} \tag{8-15}$$

实现同或逻辑的电路称为"同或门"，"同或门"的符号与同或逻辑的符号相同。

5）正、负逻辑

在逻辑电路中有两种逻辑体制：用"1"表示高电位、"0"表示低电位的，称为正逻辑体制（简称正逻辑）；用"1"表示低电位、"0"表示高电位的，称为负逻辑体制（简称负逻辑）。

一般情况下，如无特殊说明，一律采用正逻辑。

8.2.2　逻辑代数的基本定律和基本规则

1. 逻辑函数的相等

假设有两个含有 n 个变量的逻辑函数 Y_1 和 Y_2，如果对应于 n 个变量的所有取值的组合，输出函数 Y_1 和 Y_2 的值相等，则称 Y_1 和 Y_2 这两个逻辑函数相等。换言之，两个相等的逻辑函数具有相同的真值表。

例 8.9　证明 $Y_1 = \overline{A \cdot B}$ 与 $Y_2 = \overline{A} + \overline{B}$ 相等。

解　从给定函数得知 Y_1 和 Y_2 具有两个相同的变量 A 和 B，则输入变量取值的组合状态有 $2^2 = 4$ 个，分别代入逻辑表达式中进行计算，求出相应的函数值，即得表 8.10 所示的真值表。

表 8.10　Y_1 和 Y_2 的真值表

A	B	$Y_1 = \overline{A \cdot B}$	$Y_2 = \overline{A} + \overline{B}$
0	0	1	1
0	1	1	1
1	0	1	1
1	1	0	0

由真值表可知：$Y_1 = Y_2$。

2. 基本定律

根据基本逻辑运算，可推导出逻辑代数的基本定律，如表 8.11 所示。这些公式的正确性可以借助真值表来验证。

表 8.11 中的反演律又称德·摩根定律，并可得出推论：

$$\overline{A \cdot B \cdot C \cdots} = \overline{A} + \overline{B} + \overline{C} + \cdots \tag{8-16}$$

$$\overline{A + B + C + \cdots} = \overline{A} \cdot \overline{B} \cdot \overline{C} + \cdots \tag{8-17}$$

式（8-16）、（8-17）可直接用真值表来证明。德·摩根定律及其推论是很重要的，在逻辑代数中经常用到，所以必须牢牢地掌握它。

表 8.11 中的包含律又可称多余项定律。

$$AB + \overline{A}C + BC = AB + \overline{A}C$$

表 8.11　逻辑代数的基本定律

定律名称	逻辑关系表达式		说　　明
0—1 律	$A \cdot 1 = A$	$A + 1 = 1$	变量与常量的关系
	$A \cdot 0 = 0$	$A + 0 = A$	
互补律	$A \cdot \overline{A} = 0$	$A + \overline{A} = 1$	
交换律	$A \cdot B = B \cdot A$	$A + B = B + A$	与普通代数相似的定律
结合律	$A(BC) = (AB)C$	$A + (B + C) = (A + B) + C$	
分配律	$A(B + C) = AB + AC$	$A + BC = (A + B)(A + C)$	
重叠律	$A \cdot A = A$	$A + A = A$	逻辑代数中的特殊定律
反演律	$\overline{A \cdot B} = \overline{A} + \overline{B}$	$\overline{A + B} = \overline{A}\,\overline{B}$	
还原律	$\overline{\overline{A}} = A$		
吸收律	$(A + B)(A + \overline{B}) = A$	$AB + A\overline{B} = A$	逻辑代数中常用公式
	$A(A + B) = A$	$A + AB = A$	
	$A(\overline{A} + B) = AB$	$A + \overline{A}B = A + B$	
包含律	$(A + B)(\overline{A} + C)(B + C) = (A + B)(\overline{A} + C)$	$AB + \overline{A}C + BC = AB + \overline{A}C$	

证明：$AB + \overline{A}C + BC = AB + \overline{A}C + BC(A + \overline{A})$

$$= AB + \overline{A}C + ABC + \overline{A}BC$$
$$= AB(1 + C) + \overline{A}C(1 + B)$$
$$= AB + \overline{A}C$$

由此推论：

$$AB + \overline{A}C + BCD = AB + \overline{A}C \qquad (8 - 18)$$

证明略。

3．基本规则

逻辑代数中以下三个基本规则是十分重要的。

1）代入规则

在任何一个含有变量 X（假设某变量）的等式中，如果将等式两边所有出现变量 X 的位置都代之以一个逻辑函数 Y，则此等式仍然成立。

利用代入规则可扩大公式的应用范围。

例如，在 $A + BC = (A + B)(A + C)$ 中，用 $Y = B + D$ 来取代等式中的变量 A，则有

等式左边　$A + BC = (B + D) + BC = B + D$

等式右边　$(A + B)(A + C) = (B + D + B)(B + D + C) = (B + D)(B + D + C) = B + D$

可见等式仍然成立。

2）反演规则

对逻辑函数 Y 求其反函数的过程叫反演。

将一个逻辑函数 Y 中的运算符号"·"变"＋"、"＋"变"·"，"0"变"1"、"1"变"0"，原变量变反变量、反变量变原变量，那么所得到的新函数即为原函数 Y 的反函数 $\overline{Y}$，

这个规则就是反演规则。

利用反演规则，可较容易地求出一个逻辑函数的反函数，但要注意两点：

(1) 变换过程中要保持原式中的运算顺序；

(2) 不是单个变量上的"非"号应保持不变。

例如，$Y=(\overline{A}+B\overline{CD})\overline{E}+0$，根据反演规则可直接求出

$$\overline{Y}=[A(\overline{B}+\overline{C+\overline{D}})+E]\cdot 1$$

3) 对偶规则

如果将任何一个逻辑函数 Y 中的"·"变"+"、"+"变"·"，"0"变"1"、"1"变"0"，所有的变量保持不变，这样所得到的新的函数式就是原逻辑函数 Y 的对偶式，记作 Y′。由原式求对偶式时，要注意原式中的运算顺序。

例如，$Y=A\overline{B}+\overline{A}B$，则 $Y'=(A+\overline{B})(\overline{A}+B)$。

对偶规则：如果两个逻辑函数 Y 和 F 相等，那么它们的对偶式 Y′和 F′也一定相等。

例如，$A+\overline{A}B=A+B$ 成立，则它的对偶式 $A(\overline{A}+B)=AB$ 也成立。

8.2.3　逻辑函数的代数法化简

1. 化简的意义和最简的概念

1) 化简的意义

对于同一个逻辑函数，如果表达式不同，实现它的逻辑元件也不同。

例如，逻辑函数

$$Y=\overline{A}\overline{B}\overline{C}+\overline{A}B\overline{C}+\overline{A}BC+A\overline{B}\overline{C}+A\overline{B}C$$

其逻辑电路图如图 8.12(a)所示。

对 Y 进行化简

$$Y=\overline{A}\overline{B}\overline{C}+A\overline{B}\overline{C}+\overline{A}B\overline{C}+\overline{A}BC+A\overline{B}C=\overline{B}+\overline{A}C$$

其逻辑电路图如图 8.12(b)所示。显然，化简后所用的门减少了。

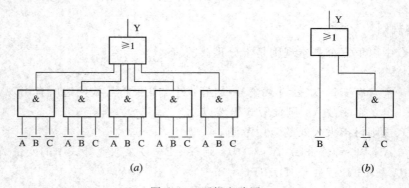

图 8.12　逻辑电路图

比较图 8.12(a)和图 8.12(b)可以看出，对于同一个逻辑函数，如果表达式比较简单，那么实现时所用的元件就比较少，门输入端引线也减少，既可降低成本又可提高电路的可靠性，因此，逻辑函数的化简是逻辑电路设计中十分重要的环节。

2) 最简的概念

一个给定的逻辑函数，其真值表是惟一的，但其表达式可以有许多不同的形式。

例如，逻辑函数 $Y=AB+\overline{A}C$ 就可以用如下五种基本形式表示：

$$Y=AB+\overline{A}C \qquad\qquad 与或表达式$$
$$=(A+C)(\overline{A}+B) \qquad 或与表达式$$
$$=\overline{\overline{AB}\cdot\overline{\overline{A}C}} \qquad\qquad 与非—与非式$$
$$=\overline{\overline{A+C}+\overline{\overline{A}+B}} \qquad 或非—或非式$$
$$=\overline{\overline{\overline{A}C}+\overline{AB}} \qquad\qquad 与或非表达式$$

图 8.13 是根据上述五种表达式画出的逻辑图。

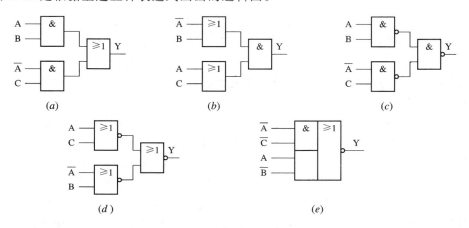

图 8.13　$Y=AB+\overline{A}C$ 五种表达式的逻辑图

(a) $Y=AB+\overline{A}C$（与或式）；(b) $Y=(\overline{A}+B)(A+C)$（或与式）；(c) $Y=\overline{\overline{AB}\cdot\overline{\overline{A}C}}$（与非—与非式）；

(d) $Y=\overline{\overline{A+C}+\overline{\overline{A}+B}}$（或非—或非式）；$(e)$ $Y=\overline{\overline{\overline{A}C}+\overline{AB}}$（与或非式）

对于不同类型的表达式，最简的标准也不一样。最常见的表达式是"与或"式，由它可以比较容易地转换成其他类型的表达式，所以我们主要介绍"与或"式的化简。

最简"与或"式的标准是：

（1）乘积项的个数最少；

（2）每一个乘积项中变量的个数最少。

因为乘积项的个数最少，对应的逻辑电路所用的与门个数就最少；乘积项中变量的个数最少，对应逻辑电路所用的与门输入端个数就最少。所以如果逻辑表达式是最简的，则实现它的逻辑电路也是最简的。

2. 代数法化简

代数法化简也称公式法化简，就是利用逻辑代数的基本公式和常用公式来简化逻辑函数。

1）并项法

利用公式 $AB+A\overline{B}=A$，将两项合并成一项，消去一个变量。例如：

$$A(BC+\overline{BC})+A(B\overline{C}+\overline{B}C)=A\ \overline{(\overline{BC+\overline{BC}})}+A(B\overline{C}+\overline{B}C)$$
$$=A(\overline{BC}+\overline{\overline{BC}}+B\overline{C}+\overline{B}C)=A$$

2）吸收法

利用公式 $A+AB=A$，消去多余的乘积项。例如：

$$A\overline{B} + A\overline{B}CD(E+F) = A\overline{B}$$

3）消去法

利用公式 $A+\overline{A}B=A+B$，消去多余的因子。例如：

$$AB + \overline{A}C + \overline{B}C = AB + (\overline{A}+\overline{B})C = AB + \overline{AB}C = AB + C$$

4）配项法

利用 $A=A(B+\overline{B})$，对不能直接应用公式化简的乘积项配上 $B+\overline{B}$ 进行化简。例如：

$$\begin{aligned}
Y &= A\overline{B} + B\overline{C} + \overline{B}C + \overline{A}B \\
&= A\overline{B} + B\overline{C} + (A+\overline{A})\overline{B}C + \overline{A}B(C+\overline{C}) \\
&= A\overline{B} + B\overline{C} + A\overline{B}C + \overline{A}\overline{B}C + \overline{A}BC + \overline{A}B\overline{C} \\
&= (A\overline{B} + A\overline{B}C) + (B\overline{C} + \overline{A}B\overline{C}) + (\overline{A}\overline{B}C + \overline{A}BC) \\
&= A\overline{B} + B\overline{C} + \overline{A}C
\end{aligned}$$

逻辑函数化简的途径并不是惟一的，上述四种方法可以任意选用或综合运用。

例 8.10 化简函数

$$Y = AD + A\overline{D} + AB + \overline{A}C + BD + ACEF + \overline{A}CEF + \overline{B}EF + DEFG$$

解 $Y = A + AB + \overline{A}C + BD + ACEF + \overline{B}EF + DEFG$ （因为 $AD+A\overline{D}=A$）

$\quad = A + \overline{A}C + BD + \overline{B}EF + DEFG$ （所有含 A 的项均被 A 吸收）

$\quad = A + C + BD + \overline{B}EF + DEFG$ （利用 $A+\overline{A}B$ 消去 $\overline{A}$ 因子）

$\quad = A + C + BD + \overline{B}EF$ （利用包含律的推论，消去添加项 DEFG）

利用代数法化简逻辑函数的优点是没有局限性，但要掌握公式及定律并能熟练运用，另外还需要一定的技巧，化简结果是否最简通常也难以判别。

8.2.4 逻辑函数的卡诺图法化简

卡诺图是按一定规则画出来的方框图，也是逻辑函数的一种表示方法。它可以直观而方便地化简逻辑函数。

1. 逻辑函数的最小项

1）最小项的定义

在逻辑函数中，设有 n 个逻辑变量，由这 n 个逻辑变量所组成的乘积项（与项）中的每个变量只是以原变量或反变量的形式出现一次，且仅出现一次，那么我们把这个乘积项称为 n 个变量的一个最小项。

对于三个变量 A、B、C 来讲，由它们组成的八个乘积项 $\overline{A}\overline{B}\overline{C}$、$\overline{A}\overline{B}C$、$\overline{A}B\overline{C}$、$\overline{A}BC$、$A\overline{B}\overline{C}$、$A\overline{B}C$、$AB\overline{C}$、$ABC$ 都符合最小项的定义，因此我们把这八个乘积项称为三个变量 A、B、C 的最小项。除此之外，$\overline{A}C$、$\overline{A}(B+C)$、$\overline{A}\overline{B}BC$ 和 $AB\overline{A}$ 等项就不是最小项。

n 变量的逻辑函数有 2^n 个最小项。若 $n=2$，$2^n=4$，二变量的逻辑函数就有 4 个最小项，若 $n=4$，$2^4=16$，四变量的逻辑函数就有 16 个最小项……依此类推。

2）最小项的性质

为了分析最小项的性质，列出三变量所有最小项的真值表，如表 8.12 所示。由表 8.12 可知，最小项具有下列性质：

（1）对于任意一个最小项，有且仅有一组变量的取值使它的值等于 1；

（2）任意两个不同最小项的乘积恒为 0；

（3）n 变量的所有最小项之和恒为 1。

3）最小项编号

n 个变量有 2^n 个最小项。为了叙述和书写方便，通常对最小项进行编号。最小项用"m_i"表示，并按如下方法确定下标"i"的值：把最小项取值为 1 所对应的那一组变量取值的组合当成二进制数，与其相应的十进制数就是 i 的值。例如，三变量 A、B、C 的最小值 $\overline{A}\overline{B}C$，使它的值为 1 的变量取值为 001，对应的十进制数为 1，则 $\overline{A}\overline{B}C$ 最小项的编号记作"m_1"。同理，$AB\overline{C}$ 的编号为"m_6"。

表 8.12　三变量最小项真值表

ABC	$\overline{A}\overline{B}\overline{C}$	$\overline{A}\overline{B}C$	$\overline{A}B\overline{C}$	$\overline{A}BC$	$A\overline{B}\overline{C}$	$A\overline{B}C$	$AB\overline{C}$	ABC
0 0 0	1	0	0	0	0	0	0	0
0 0 1	0	1	0	0	0	0	0	0
0 1 0	0	0	1	0	0	0	0	0
0 1 1	0	0	0	1	0	0	0	0
1 0 0	0	0	0	0	1	0	0	0
1 0 1	0	0	0	0	0	1	0	0
1 1 0	0	0	0	0	0	0	1	0
1 1 1	0	0	0	0	0	0	0	1

2．逻辑函数的标准式——最小项表达式

任何一个逻辑函数都可以表示成若干个最小项之和的形式，这样的表达式就是最小项表达式。而且这种形式是惟一的。

从任何一个逻辑函数表达式转化为最小项表达式的方法如下：

（1）由真值表求得最小项表达式。

例如，已知 Y 的真值表如表 8.13 所示。由真值表写出最小项表达式的方法是：使函数 Y＝1 的变量取值组合有 001、010、110 三项，与其对应的最小项是 $\overline{A}\overline{B}C$、$\overline{A}B\overline{C}$、$AB\overline{C}$，则逻辑函数 Y 的最小项表达式为

$$Y(A，B，C) = \overline{A}\overline{B}C + \overline{A}B\overline{C} + AB\overline{C} = m_1 + m_2 + m_6 = \sum m(1，2，6)$$

表 8.13　真　值　表

A	B	C	Y
0	0	0	0
0	0	1	1
0	1	0	1
0	1	1	0
1	0	0	0
1	0	1	0
1	1	0	1
1	1	1	0

（2）由一般逻辑函数式求得最小项表达式。

首先利用公式将表达式变换成一般与或式，再采用配项法，将每个乘积项(与项)都变为最小项。

例如，将 $Y(A, B, C) = \overline{AB + \overline{AB} + C} + AB$ 转化为最小项表达式：

$$Y(A, B, C) = \overline{AB} \cdot \overline{\overline{AB}} \cdot \overline{C} + AB = (\overline{A} + \overline{B})(A + \overline{B})\overline{C} + AB$$
$$= (\overline{A}B + A\overline{B})\overline{C} + AB(\overline{C} + C)$$
$$= \overline{A}B\overline{C} + A\overline{B}\overline{C} + AB\overline{C} + ABC$$
$$= m_2 + m_4 + m_6 + m_7 = \sum m(2, 4, 6, 7)$$

3. 卡诺图

1) 卡诺图的组成及特点

卡诺图是逻辑函数的一种表示方式，是根据真值表按一定的规则画出来的一种方块图。此规则就是使逻辑相邻的关系表现为几何位置上的相邻，利用卡诺图使化简工作变得直观。

所谓逻辑相邻，是指两个最小项中除了一个变量取值不同外，其余的都相同，那么这两个最小项具有逻辑上的相邻性。

例如，$m_3 = \overline{A}BC$ 和 $m_7 = ABC$ 是逻辑相邻。又如，m_3 和 $m_1 = \overline{A}\overline{B}C$、$m_2 = \overline{A}B\overline{C}$ 也是逻辑相邻。

所谓几何相邻，是指在卡诺图中排列位置相邻的那些最小项。

要把逻辑相邻用几何相邻实现，在排列卡诺图上输入变量的取值顺序时，就不要按自然二进制顺序排列，而应对排列顺序进行适当调整。对行或列是两个变量的情况，自变量取值按 00，01，11，10 排列；对行或列是三个变量的情况，自变量取值按 000，001，011，010，110，111，101，100 排列。

n 个变量的逻辑函数，具有 2^n 个最小项，对应的卡诺图也应有 2^n 个小方格。二变量的最小项有 $2^2 = 4$ 个，其对应的二变量卡诺图由 4 个小方格组成，并对应表示 4 个最小项 $m_0 \sim m_3$。如图 8.14 所示。

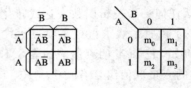

图 8.14　二变量卡诺图

三变量的最小项有 $2^3 = 8$ 个，对应的三变量卡诺图由 8 个小方格组成，并对应表示 8 个最小项，如图 8.15 所示。

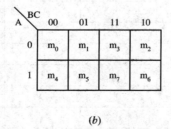

(a)

A\BC	00	01	11	10
0	m_0	m_1	m_3	m_2
1	m_4	m_5	m_7	m_6

(b)

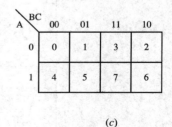

A\BC	00	01	11	10
0	0	1	3	2
1	4	5	7	6

(c)

图 8.15　三变量卡诺图

四变量最小项的个数为 $2^4=16$ 个，对应的四变量卡诺图由 16 个小方格组成，并对应表示 16 个最小项，如图8.16所示。

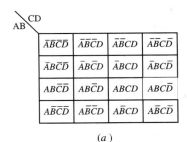
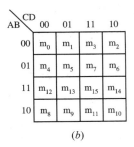

图 8.16　四变量卡诺图

由卡诺图的组成可知，卡诺图具有如下特点：

（1）n 变量的卡诺图具有 2^n 个小方格，分别表示 2^n 个最小项。每个原变量和反变量总是各占整个卡诺图区域的一半。

（2）在卡诺图中，任意相邻小方格所表示的最小项都仅有一个变量不同，即这两个最小项具有"相邻性"。相邻的小方格数是随着变量的增加而增加的，且等于变量个数 n。

2）用卡诺图表示逻辑函数

一个逻辑函数 Y 不仅可以用逻辑表达式、真值表、逻辑图来表示，而且还可以用卡诺图表示。其基本方法是：根据给定逻辑函数画出对应的卡诺图框，按构成逻辑函数最小项的下标在相应的方格中填写"1"，其余的方格填写"0"，便得到相应逻辑函数的卡诺图。

由已知逻辑函数画卡诺图时，通常有下列三种情况：

（1）给出的是逻辑函数的真值表。具体画法是先画与给定函数变量数相同的卡诺图，然后根据真值表来填写每一个方格的值，也就是在相应的变量取值组合的每一小方格中，函数值为 1 的填上"1"，为 0 的填上"0"，就可以得到函数的卡诺图。

例 8.11　已知逻辑函数 Y 的真值表如表 8.14 所示，画出 Y 的卡诺图。

解　先画出 A、B、C 三变量的卡诺图，然后按每一小方格所代表的变量取值，将真值表相同变量取值时的对应函数值填入小方格中，即得函数 Y 的卡诺图，如图 8.17 所示。

表 8.14　真　值　表

A	B	C	Y
0	0	0	0
0	0	1	1
0	1	0	1
0	1	1	1
1	0	0	0
1	0	1	0
1	1	0	0
1	1	1	1

图 8.17　例 8.11 的卡诺图

（2）给出的是逻辑函数最小项表达式。把逻辑函数的最小项填入相应变量的卡诺图中，也就是将表达式中所包含的最小项在对应的小方格中填入"1"，其他的小方格填入"0"，这样所得到的图形就是逻辑函数的卡诺图。

例 8.12 试画出函数 $Y(A, B, C, D) = \sum m(0, 1, 3, 5, 6, 8, 10, 11, 15)$ 的卡诺图。

解 先画出四变量卡诺图，然后在对应于 m_0、m_1、m_3、m_5、m_6、m_8、m_{10}、m_{11}、m_{15} 的小方格中填入"1"，其他的小方格填入"0"，如图 8.18 所示。

AB\CD	00	01	11	10
00	1	1	1	0
01	0	1	0	1
11	0	0	1	0
10	1	0	1	1

图 8.18 例 8.12 的卡诺图

（3）给出的是一般逻辑函数表达式。先将一般逻辑函数表达式变换为与或表达式，然后再变换为最小项表达式，则可得到相应的卡诺图。

实际上，我们在根据一般逻辑表达式画卡诺图时，常常可以从一般"与或"式直接画卡诺图。其方法是：把每一个乘积项所包含的那些最小项所对应的小方格都填上"1"，其余的填"0"，就可以直接得到函数的卡诺图。

例 8.13 画出 $Y(A, B, C) = AB + B\bar{C} + \bar{A}\bar{C}$ 的卡诺图。

解 AB 这个乘积项包含了 $A=1$，$B=1$ 的所有最小项，即 $AB\bar{C}$ 和 ABC。$B\bar{C}$ 这个乘积项包含了 $B=1$，$C=0$ 的所有最小项，即 $AB\bar{C}$ 和 $\bar{A}B\bar{C}$。$\bar{A}\bar{C}$ 这个乘积项包含了 $A=0$，$C=0$ 的所有最小项，即 $\bar{A}B\bar{C}$ 和 $\bar{A}\bar{B}\bar{C}$。最后画出卡诺图如图 8.19 所示。

A\BC	00	01	11	10
0	1	0	0	1
1	0	0	1	1

图 8.19 例 8.13 的卡诺图

需要指出的是：

① 在填写"1"时，有些小方格出现重复，根据 $1+1=1$ 的原则，只保留一个"1"即可；

② 在卡诺图中，只要填入函数值为"1"的小方格，函数值为"0"的可以不填；

③ 上面画的是函数 Y 的卡诺图。若要画 $\bar{Y}$ 的卡诺图，则要将 Y 中的各个最小项用"0"填写，其余填写"1"。

4. 利用卡诺图化简逻辑函数

1）合并最小项的规律

利用卡诺图合并最小项，实质上就是反复运用公式 $AB + A\bar{B} = A$，消去相异的变量，从而得到最简的"与或"式：

（1）当 2 个（2^1）相邻小方格的最小项合并时，消去 1 个互反变量；

（2）当 4 个（2^2）相邻小方格的最小项合并时，消去 2 个互反变量；

（3）当 8 个（2^3）相邻小方格的最小项合并时，消去 3 个互反变量；

（4）当 2^n 个相邻小方格的最小项合并时，消去 n 个互反变量。n 为正整数。

图 8.20、图 8.21、图 8.22 分别画出了相邻 2 个小方格的最小项、相邻 4 个小方格的最小项、相邻 8 个小方格的最小项合并的情况。

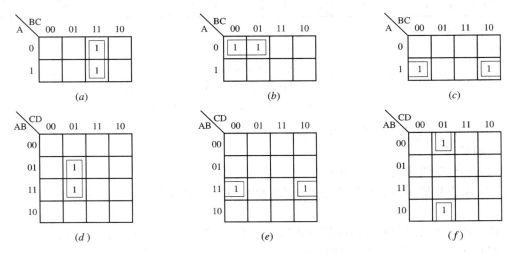

图 8.20　2 个最小项的合并

（a）$Y(A，B，C)=\overline{A}BC+ABC=BC$；（b）$Y(A，B，C)=\overline{A}\,\overline{B}C+\overline{A}BC=\overline{A}B$

（c）$Y(A，B，C)=A\overline{B}\overline{C}+AB\overline{C}=A\overline{C}$；（d）$Y(A，B，C，D)=\overline{A}B\overline{C}D+AB\overline{C}D=B\overline{C}D$

（e）$Y(A，B，C，D)=AB\overline{C}\overline{D}+ABC\overline{D}=AB\overline{D}$；（f）$Y(A，B，C，D)=\overline{A}\,\overline{B}CD+A\overline{B}CD=\overline{B}CD$

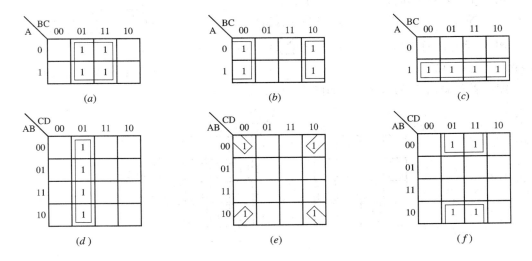

图 8.21　4 个最小项的合并

（a）$Y(A，B，C)=B$；（b）$Y(A，B，C)=\overline{C}$；（c）$Y(A，B，C)=A$；

（d）$Y(A，B，C，D)=\overline{C}D$；（e）$Y(A，B，C，D)=\overline{B}\,\overline{D}$；（f）$Y(A，B，C，D)=\overline{B}D$

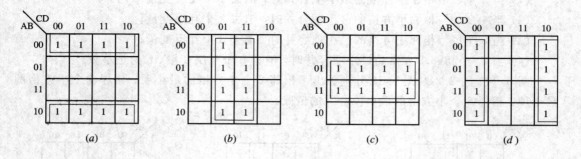

图 8.22　8个最小项的合并

(a) Y(A, B, C, D) = $\overline{B}$; (b) Y(A, B, C, D) = D;
(c) Y(A, B, C, D) = B; (d) Y(A, B, C, D) = $\overline{D}$

2）利用卡诺图化简逻辑函数

一般按以下三个步骤进行：

（1）画出逻辑函数的卡诺图；

（2）按合并最小项的规律合并最小项，将可以合并的最小项分别用包围圈（复合圈）圈出来；

（3）将每个包围圈所得的乘积项相加，就可得到逻辑函数最简"与或"表达式。

例 8.14　用卡诺图化简逻辑函数

$$Y(A, B, C, D) = \sum m(0, 2, 3, 5, 7, 8, 10, 11, 15)$$

解　第一步，画出 Y 的卡诺图，如图 8.23 所示；

第二步，按合并最小项的规律画出相应的包围圈；

第三步，将每个包围圈的结果相加，得

$$Y(A, B, C, D) = CD + \overline{B}\,\overline{D} + \overline{A}BD$$

例 8.15　化简 Y(A, B, C, D) = $\sum m$ (3, 4, 5, 7, 9, 13, 14, 15)。

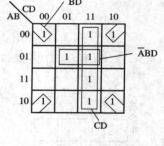

图 8.23　例 8.14 的卡诺图

解　首先画出 Y 的卡诺图，如图 8.24 所示。

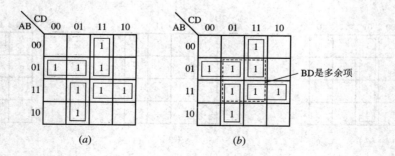

图 8.24　例 8.15 的卡诺图

(a) 最简；(b) 非最简

然后合并最小项。图 8.24(a)、(b)是两种不同的圈法，图(a)是最简的；图(b)不是最简的，因为只注意对 1 画包围圈应尽可能大，但没注意复合圈的个数应尽可能少，实际上包含 4 个最小项的复合圈是多余的。

最后写出最简"与或"式为

$$Y(A, B, C, D) = \overline{A}B\overline{C} + A\overline{C}D + ABC + \overline{A}CD$$

从上述例题可知，利用卡诺图化简逻辑函数，对最小项画包围圈是比较重要的。圈的最小项越多，消去的变量就越多；圈的数量越少，化简后所得到的乘积项就越少。

综上所述，复合最小项应遵循的原则是：

① 按合并最小项的规律，对函数所有的最小项画包围圈；

② 包围圈的个数要最少，使得函数化简后的乘积项最少；

③ 一般情况下，应使每个包围圈尽可能大，则每个乘积项中变量的个数最少；

④ 最小项可以被重复使用，但每一个包围圈至少要有一个新的最小项（尚未被圈过）。

需要指出的是：用卡诺图化简逻辑函数时，由于对最小项画包围圈的方式不同，得到的最简"与或"式也往往不同。

卡诺图法化简逻辑函数的优点是简单、直观、容易掌握，但不适用于五变量以上逻辑函数的化简。

5．具有无关项的逻辑函数的化简

1）无关项

在前面所讨论的逻辑函数中，我们认为逻辑变量的取值是独立的，不受其他变量取值的制约。但是，在某些实际问题的逻辑关系中，变量和变量之间存在一定的制约关系，即对应于 n 个输入变量的某些取值，不一定所有的变量取值组合都会出现，函数仅与其中的一部分有关，与另一部分无关，通常将那些与函数逻辑值无关的最小项称为无关项。

例如，用 8421BCD 码表示十进制数，只用 0000~1001 共 10 组编码来表示 0~9 这 10 个十进制数，其余 1010~1111 六组编码未使用，它们是与 8421BCD 码无关的组合，在正常工作时，它们是不会（也不允许）出现的，因此 1010~1111 六种状态所对应的最小项即为无关项。

这个含有无关项的函数可写为

$$Y(A, B, C, D) = \sum m(0, 1, 2, 3, 4, 5, 6, 7, 8, 9)$$
$$+ \sum d(10, 11, 12, 13, 14, 15) \qquad (8-19)$$

既然无关项对应的变量取值的组合不会出现，那么，无关项的处理就可以是任意的，可以认为是"1"，也可以认为是"0"。在对含有无关项的逻辑函数的化简中，要考虑无关项，当它对函数的化简有利时，认为它是"1"，反之认为是"0"。通常把对应的函数值记作"×"或"φ"。

2）具有无关项的逻辑函数的化简

对于具有无关项的逻辑函数，可以利用无关项进行化简，使得表达式简化。

例 8.16 设输入 A、B、C、D 是十进制数 X 的二进制编码，当 X≥5 时，输出 Y 为 1，否则为 0，求 Y 的最简"与或"表达式。

解 （1）根据题意列真值表，如表 8.15 所示。

表 8.15　真　值　表

X	A	B	C	D	Y	X	A	B	C	D	Y
0	0	0	0	0	0	8	1	0	0	0	1
1	0	0	0	1	0	9	1	0	0	1	1
2	0	0	1	0	0	—	1	0	1	0	×
3	0	0	1	1	0	—	1	0	1	1	×
4	0	1	0	0	0	—	1	1	0	0	×
5	0	1	0	1	1	—	1	1	0	1	×
6	0	1	1	0	1	—	1	1	1	0	×
7	0	1	1	1	1	—	1	1	1	1	×

从表中可看出：

① 当 A、B、C、D 的取值为 0000～0100 时，Y＝0；

② 当 A、B、C、D 的取值为 0101～1001 时，Y＝1；

③ 当 A、B、C、D 的取值为 1010～1111 时，因为十进制数只有 0～9 这 10 个数码，对应的二进制编码是 0000～1001，所以对于 A、B、C、D 的这六组取值是不允许出现的。也就是说，这六个最小项是无关项。

由真值表得 Y 的表达式为

$$Y(A, B, C, D) = \sum m(5, 6, 7, 8, 9) + \sum d(10, 11, 12, 13, 14, 15)$$

（2）用卡诺图化简。

不考虑无关项的化简如图 8.25(a)所示，化简结果为

$$Y(A, B, C, D) = \overline{A}BD + \overline{A}BC + A\overline{B}\,\overline{C}$$

考虑无关项的化简如图 8.25(b)所示，化简结果为

$$Y(A, B, C, D) = A + BD + BC$$

可见，利用无关项的表达式较为简单。

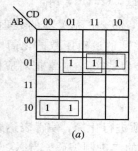
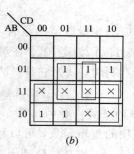

(a)　　　　　　　　　　(b)

图 8.25　例 8.16 的卡诺图

(a) 不考虑无关项的化简；(b) 考虑无关项的化简

本 章 小 结

（1）数制：主要介绍了十进制、二进制、八进制和十六进制数的特点、表示方法以及它们之间的相互转换。

（2）编码：用四位二进制码来表示一位十进制数，称为二-十进制编码，简称 BCD 码。采用不同的编码方案，就可以得到不同形式的 BCD 码。最基本和最常用的是 8421BCD 码。除此之外，常见的还有 2421、5421 等 BCD 码。格雷码也是常见的编码，它的特点是任意两个相邻的代码仅有一位不同。

（3）逻辑代数用以描述逻辑关系，反映逻辑变量运算规律，其逻辑变量具有二值性，即只能取 0 和 1 两种值。基本的逻辑关系有与逻辑、或逻辑、非逻辑三种。由这三种基本的逻辑运算可组成复杂的运算形式，这就是逻辑函数。逻辑函数通常有四种表示方法：真值表、逻辑表达式、逻辑图和卡诺图。它们之间可以相互转换。

（4）逻辑代数中有许多基本定律、基本公式和三个法则，它们是分析、变换和化简逻辑函数的基本依据。

（5）逻辑函数的两种化简方法是逻辑代数的重点内容。公式化简法是利用逻辑代数的基本定律和公式对逻辑表达式进行化简，求得最简表达式。它适用于复杂的、变量个数较多的逻辑函数的化简，但它需要熟练、灵活地应用逻辑代数的常用公式。图形法化简是利用函数的卡诺图进行化简，其特点是直观、简便，容易掌握。但不适用于变量个数较多（五变量以上）的逻辑函数的化简。另外，还介绍了具有无关项的逻辑函数的化简，这在实际中经常用到。

思考与习题八

8.1 常用的计数体制由哪几种？什么叫计数？什么叫权？

8.2 什么是 BCD 码、8421 码、余 3 码和格雷码？各有什么特点？

8.3 逻辑代数的四种表达方法是什么？

8.4 什么是无关项？具有无关项的逻辑函数有什么特点？

8.5 将下列二进制数转换成十进制数。

(1) $(110010111)_B = ($ _____ $)_D$

(2) $(10011)_B = ($ _____ $)_D$

(3) $(1111001101)_B = ($ _____ $)_D$

8.6 将下列十进制数转换成二进制数。

(1) $(1029)_D = ($ _____ $)_B$

(2) $(34)_D = ($ _____ $)_B$

(3) $(4100)_D = ($ _____ $)_B$

8.7 完成下列数制转换。

(1) $(101101)_B = ($ _____ $)_O = ($ _____ $)_H$

(2) $(100)_D = ($ _____ $)_B = ($ _____ $)_O = ($ _____ $)_H$

(3) $(7CE3)_H = ($ $)_B = ($ $)_O$

(4) $(436)_O = ($ $)_B = ($ $)_H$

8.8 完成下列十进制数和 8421 BCD 码之间的转换。

(1) $(123)_D = ($ $)_{BCD}$

(2) $(859)_D = ($ $)_{BCD}$

(3) $(10101\ 0110\ 0010)_{BCD} = ($ $)_D$

(4) $(1001\ 0001\ 1000\ 0000)_{BCD} = ($ $)_D$

8.9 已知输入信号 A、B、C 的波形如题 8.9(b) 图所示,试对应画出题 8.9(a) 图所示各个逻辑门电路的输出波形。

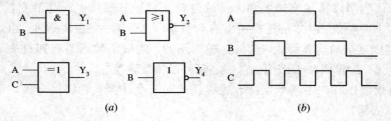

题 8.9 图

8.10 已知逻辑电路及输入信号 A、B、C 的波形如题 8.10 图所示,试画出输出 $Y_1 \sim Y_4$ 的波形。

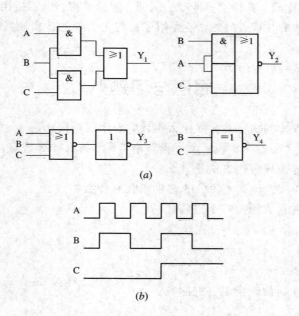

题 8.10 图

8.11 用公式法化简下列逻辑函数为最简"与或"式。

(1) $(A \oplus B)\overline{AB} + \overline{A}B + AB$

(2) $\overline{\overline{A\overline{B} + ABC} + A(B + A\overline{B})}$

(3) $A(\overline{A}C+BD)+B(C+DE)+B\overline{C}$

(4) $A+\overline{B}+\overline{CD}+\overline{\overline{A}D\overline{B}}$

(5) $(\overline{A}+\overline{B}+\overline{C})(\overline{D}+\overline{E})(\overline{A}+\overline{B}+\overline{C}+DE)$

(6) $ABC\overline{D}+ABD+BC\overline{D}+ABC+BD+B\overline{C}$

(7) $A\overline{B}(C+D)+D+\overline{D}(A+B)(\overline{B}+\overline{C})$

(8) $DEFG+BC(A+D)+(\overline{A}+\overline{B})(B+C)\overline{D}+D\overline{E}+D\overline{F}+D\overline{G}$

(9) $(AD+\overline{A}\overline{D})C+(A\overline{D}+\overline{A}D)B+BCD+ABC$

8.12　将下列函数展开成最小项表达式。

(1) $AB+BC+CA$

(2) $(A+B)(\overline{A}+C)(\overline{A}+B)$

(3) $\overline{AB\overline{C}D}+\overline{A}\overline{B}\overline{C}$

(4) $A\overline{B}C+D$

8.13　用卡诺图法化简下列函数。

(1) $Y(A,B,C)=\overline{A}\overline{B}\overline{C}+A\overline{B}+B\overline{C}$

(2) $Y(A,B,C)=A\overline{B}+\overline{B}C+BC+A$

(3) $Y(A,B,C,D)=\overline{A}B+\overline{A}C+\overline{B}C+AD$

(4) $Y(A,B,C,D)=\overline{B}+ACD+BC+\overline{C}$

(5) $Y(A,B,C,D)=\overline{A}BC+AD+\overline{D}(B+C)+A\overline{C}+\overline{A}\overline{D}$

(6) $Y(A,B,C,D)=\sum m(0,1,2,4,8,9,10,11,12,13,14,15)$

(7) $Y(A,B,C,D)=\sum m(0,2,3,4,8,10,11)$

(8) $Y(A,B,C,D)=\sum m(2,4,5,6,7,11,12,14,15)$

(9) $Y(A,B,C,D)=\sum m(2,3,5,6,7,8,9,12,13,15)$

(10) $Y(A,B,C,D)=\sum m(0,2,5,7,8,10,13,15)$

8.14　用卡诺图化简下列函数。

(1) $Y(A,B,C,D)=\sum m(0,1,2,3,6,8)+\sum d(10,11,12,13,14,15)$

(2) $Y(A,B,C,D)=\sum m(0,1,4,9,12,13)+\sum d(2,3,6,10,11,14)$

(3) $Y(A,B,C,D)=\sum m(8,9,10,11,12)+\sum d(5,6,7,13,14,15)$

(4) $Y(A,B,C,D)=\sum m(1,4,7,9,12,15)+\sum d(6,14)$

课题九　集成逻辑门电路

把若干个有源器件和无源器件及其连线，按照一定的功能要求，制做在同一块半导体基片上，这样的产品称为集成电路。若它完成的功能是逻辑功能或数字功能，则称为逻辑集成电路或数字集成电路。最简单的数字集成电路是集成逻辑门电路。本章将介绍双极型集成逻辑门（TTL 门、OC 门和 TSL 门等）和单极型集成逻辑门电路的组成、工作原理、元件参数的影响以及门电路的外部特性等。

9.1　TTL 与非门

这种集成逻辑门的输入级和输出级都是由晶体管构成，并实现与非功能，所以称为晶体管—晶体管逻辑与非门，简称 TTL 与非门。

9.1.1　典型 TTL 与非门电路

1. 电路组成

图 9.1 是典型 TTL 与非门电路，它由三部分组成：输入级由多发射极三极管 V_1 和电阻 R_1 组成，完成与逻辑功能；中间级由 V_2、R_2、R_3 组成，其作用是将输入级送来的信号分成两个相位相反的信号来驱动 V_3 和 V_5 管；输出级由 V_3、V_4、V_5、R_4 和 R_5 组成，其中 V_5 为反相管，V_3、V_4 组成的复合管是 V_5 的有源负载，完成逻辑上的"非"。

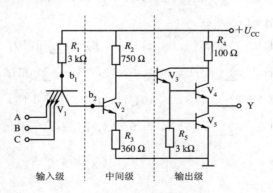

图 9.1　典型 TTL 与非门

2. 工作原理

1) 当输入端有低电平时（$U_{iL}=0.3$ V）

在图 9.1 所示电路中，假如，输入信号 A 为低电平，即 $U_A=0.3$ V，$U_B=U_C=3.6$ V（A＝0，B＝C＝1），则对应于 A 端的 V_1 管的发射结导通，V_1 管基极电压 U_{B1} 被钳位在

$U_{B1}=U_A+U_{beA}=0.3+0.7=1$ V。该电压不足以使 V_1 管集电结、V_2 及 V_5 管导通，所以 V_2 及 V_5 管截止。由于 V_2 管截止，U_{C2} 约为 5 V。此时，输出电压 U_o 为：$U_o=U_{oH}\approx U_{C2}-U_{be3}-U_{be4}=5-0.7-0.7=3.6$ V，即输入有低电平时，输出为高电平。

2）当输入端全为高电平时（$U_{iH}=3.6$ V）

假如，输入信号 A＝B＝C＝1，即 $U_A=U_B=U_C=3.6$ V，V_1 管的基极电位升高，使 V_2 及 V_5 管导通，这时 V_1 管的基极电压钳位在 $U_{b1}=U_{bc1}+U_{be2}+U_{be5}=0.7+0.7+0.7=2.1$ V。于是 V_1 的三个发射结均反偏截止，电源 U_{CC} 经过 R_1、V_1 的集电结向 V_2、V_5 提供基流，使 V_2、V_5 管饱和，输出电压 U_o 为 $U_o=U_{oL}=U_{CES5}=0.3$ V，故输入全为高电平时，输出为低电平。

由以上分析可知，当电路输入有低电平时，输出为高电平；而输入全为高电平时，输出为低电平。电路的输出和输入之间符合与非逻辑，即 $Y=\overline{ABC}$。

9.1.2　TTL 与非门的特性与主要参数

要正确地选择和使用集成器件，必须了解它的特性和参数。

1. 电压传输特性

电压传输特性是指与非门输出电压 u_o 随输入电压 u_i 变化的关系曲线。图 9.2(a)、(b) 分别为电压传输特性的测试电路和电压传输特性曲线。

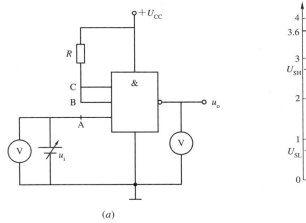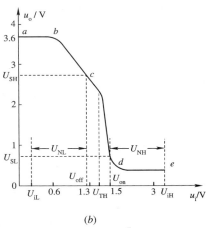

(a)　　　　　　　　　　　　　　　　(b)

图 9.2　TTL 与非门的电压传输特性

(a) 测试电路；(b) 电压传输特性

图 9.2(b) 所示电压传输特性曲线可分成下列四段：

① ab 段（截止区）$0\leqslant u_i<0.6$ V，$u_o=3.6$ V。

② bc 段（线性区）0.6 V$\leqslant u_i<1.3$ V，u_o 线性下降。

③ cd 段（转折区）1.3 V$\leqslant u_i<1.5$ V，u_o 急剧下降。

④ de 段（饱和区）$u_i\geqslant1.5$ V，$u_o=0.3$ V。

从电压传输特性可得以下主要参数：

（1）输出高电平 U_{oH} 和输出低电平 U_{oL}。U_{oH} 是指输入端有一个或一个以上为低电平时的输出高电平值；U_{oL}是指输入端全部接高电平时的输出低电平值。U_{oH}的典型值为 3.6 V，U_{oL}的典型值为 0.3 V。但是，实际门电路的U_{oH}和U_{oL}并不是恒定值，考虑到元件参数的差异及实际使用时的情况，手册中规定高、低电平的额定值为：$U_{oH}=3$ V，$U_{oL}=0.35$ V。有的手册中还对标准高电平(输出高电平的下限值)U_{SH}及标准低电平(输出低电平的上限值)U_{SL}规定：$U_{SH}\geqslant 2.7$ V，$U_{SL}=0.5$ V。

(2) 阈值电压U_{TH}。U_{TH}是电压传输特性的转折区中点所对应的u_i值，是 V_5管截止与导通的分界线，也是输出高、低电平的分界线。它的含义是：当$u_i<U_{TH}$时，与非门关门(V_5管截止)，输出为高电平；当$u_i>U_{TH}$时，与非门开门(V_5管导通)，输出为低电平。实际上，阈值电压有一定范围，通常取$U_{TH}=1.4$ V。

(3) 关门电平U_{off}和开门电平U_{on}。在保证输出电压为标准高电平U_{SH}(即额定高电平的 90%)的条件下，所允许的最大输入低电平，称为关门电平U_{off}。在保证输出电压为标准低电平U_{SL}(额定低电平)的条件下，所允许的最小输入高电平，称为开门电平U_{on}。U_{off}和U_{on}是与非门电路的重要参数，表明正常工作情况下输入信号电平变化的极限值，同时也反映了电路的抗干扰能力。一般为：0.8 V$\leqslant U_{off}\leqslant 1.4$ V，1.4 V$\leqslant U_{on}\leqslant 1.8$ V。

(4) 噪声容限。低电平噪声容限是指与非门截止，保证输出高电平不低于高电平下限值时，在输入低电平基础上所允许叠加的最大正向干扰电压，用U_{NL}表示。由图 9.2 可知，$U_{NL}=U_{off}-U_{iL}$。高电平噪声容限是指与非门导通，保证输出低电平不高于低电平上限值时，在输入高电平基础上所允许叠加的最大负向干扰电压，用U_{NH}表示。由图 9.2 可知，$U_{NH}=U_{iH}-U_{on}$。显然，为了提高器件的抗干扰能力，要求U_{NL}与U_{NH}尽可能地接近。

2. 输入特性

1) 输入伏安特性

输入伏安特性是指与非门输入电流随输入电压变化的关系曲线。图 9.3(a)为测试电路，图 9.3(b)为 TTL 与非门的输入伏安特性曲线。一般规定输入电流以流入输入端为正。

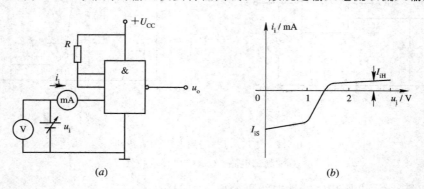

图 9.3　TTL 与非门的输入伏安特性

(a) 测试电路；(b) 输入伏安特性

由图 9.3 可以得到以下几个主要参数：

(1) 输入短路电流I_{iS}为当输入端有一个接地时，流经这个输入端的电流，如图 9.4 所示。由图 9.4 得

$$I_{iS}=-\frac{U_{CC}-U_{be1}-U_i}{R_1}$$

当 $U_i = 0$ 时，

$$I_{is} = -\frac{5 - 0.7 \text{ V}}{3 \text{ k}\Omega} \approx -1.4 \text{ mA}$$

式中，负号表示电流是流出的，当与非门是由前级门驱动时，I_{is} 就是流入（灌入）前级与非门 V_5 的负载电流，因此，它是一个和电路负载能力有关的参数，它的大小直接影响前级门的工作情况。一般情况下，$I_{is} \leqslant 2 \text{ mA}$。

（2）输入漏电流 I_{iH} 为当任何一个输入端接高电平时，流经这个输入端的电流，如图 9.5 所示。由于此电流是流入与非门的，因而是正值。当与非门的前级驱动门输出为高电平时，I_{iH} 就是前级门的流出（拉）电流，因此，它也是一个和电路负载能力有关的参数。显然，I_{iH} 越大，前级门输出级的负载就越重。一般情况下，$I_{iH} < 40 \text{ }\mu\text{A}$。

I_{is} 和 I_{iH} 都是 TTL 与非门的重要参数，是估算前级门带负载能力的依据之一。

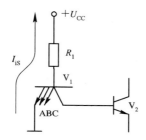

图 9.4　I_{is} 的定义

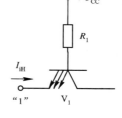

图 9.5　I_{iH} 的定义

2）输入端负载特性

输入端负载特性是指输入端接上电阻 R_i 时，输入电压 u_i 随 R_i 的变化关系。图 9.6(a) 为测试电路，图 9.6(b) 为 TTL 与非门的输入负载特性曲线。

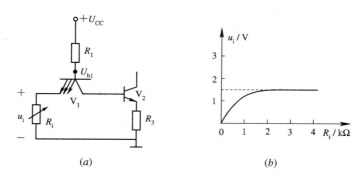

(a)　　　　　　　　　　(b)

图 9.6　TTL 与非门的输入端负载特性

(a) 测试电路；(b) 特性曲线

当 TTL 与非门的一个输入端外接电阻 R_i 时（其余输入端悬空），在一定范围内，输入电压 u_i 随着 R_i 的增大而升高。在 V_5 管导通前，输入电压

$$u_i \approx \frac{(U_{CC} - U_{be1})R_i}{R_1 + R_i} = \frac{4.3R_i}{R_1 + R_i}$$

由图 9.6(b) 可知，开始 u_i 随 R_i 增大而上升，但当 $u_i = 1.4 \text{ V}$ 后，V_5 导通，V_1 的基极

电位钳位在 2.1 V 不变，u_i 亦被钳位在 1.4 V，不再随 R_i 增大而增大。这时，V_5 饱和导通，输出为低电平 0.3 V。

由以上分析可知，输入端外接电阻的大小会影响门电路的工作情况。当 R_i 较小时，相当于输入信号是低电平，门电路输出为高电平；当 R_i 较大时，相当于输入信号是高电平，门电路输出为低电平。

（1）关门电阻 R_{off}。使 TTL 与非门输出为标准高电平 U_{SH} 时，所对应的输入端电阻 R_i 的最大值称为关门电阻，用 R_{off} 表示。

（2）开门电阻 R_{on}。使 TTL 与非门输出为标准低电平时，输入端外接电阻的最小值称为开门电阻，用 R_{on} 表示。

这两个参数是与非门电路中的重要参数。当 $R_i < R_{off}$ 时，TTL 与非门截止，输出高电平；当 $R_i > R_{on}$ 时，TTL 与非门导通，输出低电平。在 TTL 与非门典型电路中，一般选 $R_{off} = 0.9$ kΩ，$R_{on} \geqslant 2.5$ kΩ。

3. 输出特性

TTL 与非门的输出特性是指它的输出电压与输出电流（负载电流）的关系。

在实际应用中，TTL 与非门的输出端总是要与其他门电路连接，也就是它要带负载。TTL 与非门带的负载分为灌电流负载和拉电流负载两种。

1）输入为高电平时的输出特性（灌电流负载特性）

当输入全为高电平时，TTL 与非门导通，输出为低电平。此时，V_5 管饱和，负载电流为灌电流，如图 9.7(a) 所示。负载 R_L 越小，灌入 V_5 管的电流 I_{oL} 越大，V_5 管饱和程度变浅，输出低电平值增大，如图 9.7(b) 所示。为了保证 TTL 与非门的输出为低电平，对 I_{oL} 要有一个限制。一般将输出低电平 $U_{oL} = 0.35$ V 时的灌电流定义为最大灌电流 $I_{o(Lmax)}$。

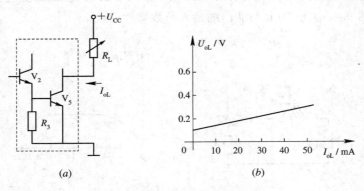

图 9.7　输入高电平时的输出特性

(a) 测试电路；(b) 特性曲线

2）输入为低电平时的输出特性（拉电流负载特性）

当输入端有一个为低电平时，TTL 与非门截止，输出为高电平。此时 V_5 管截止，负载为拉电流，如图 9.8(a) 所示。V_3、V_4 管工作于射极跟随器状态，其输出电阻很小。负载 R_L 越小，从 TTL 与非门拉出的电流 I_{oH} 越大，门电路的输出高电平 U_{oH} 将下降，如图 9.8(b) 所示。为了保证 TTL 与非门的输出为高电平，I_{oH} 不能太大，一般将输出高电平 $U_{oH} = 2.7$ V 时的拉电流定义为最大拉电流 $I_{oH(max)}$。

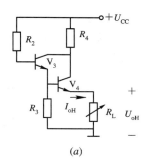 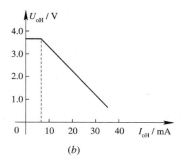

(a) (b)

图 9.8 输入低电平时的输出特性

（a）测试电路；（b）特性曲线

4. 其他参数

1）平均传输延迟时间 t_{pd}

平均传输延迟时间 t_{pd} 是指 TTL 与非门电路导通传输延迟时间 t_{p1} 和截止延迟时间 t_{p2} 的平均值，即 $t_{pd}=(t_{p1}+t_{p2})/2$，如图 9.9 所示。t_{pd} 是衡量门电路开关速度的一个重要参数。一般，$t_{pd}=10\sim40$ ns。

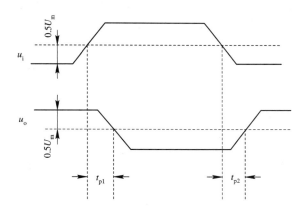

图 9.9 t_{pd} 的定义

2）空载功耗

空载功耗是指 TTL 与非门输出端不接负载时所消耗的功率，它又分为导通功耗和截止功耗。

导通功耗 P_{on} 是与非门输出为低电平时消耗的功率；截止功耗 P_{off} 是与非门输出为高电平时消耗的功率。导通功耗大于截止功耗。作为门电路的功耗指标通常是指空载导通功耗。TTL 门的功耗范围为 $12\sim22$ mW。

9.1.3 其他逻辑功能的 TTL 门电路

在实际使用的数字系统中，往往需要多种多样逻辑功能的门电路，仅有与非门一种基本单元电路是满足不了需求的。在 TTL 与非门的基础上稍作改动，或将与非门中的若干部分组合起来，便可形成不同类型且具有特殊功能的 TTL 门电路。

1. 集电极开路与非门(OC门)

在实际使用中，有时需要将多个与非门的输出端直接并联来实现"与"的功能，如图
9.10 所示。只要 Y_1 或 Y_2 有一个为低电平，Y 便为低电
平，只有当 Y_1 和 Y_2 均为高电平时，Y 才为高电平。因
此，这个电路实现的逻辑功能是 $Y = Y_1 \cdot Y_2$，即能实现
"与"的功能。这种用"线"连接形成"与"功能的方式称为
"线与"。

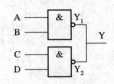

但是，并不是所有形式的与非门都能接成"线与"电
路。具有推拉式输出的与非门，其输出端就不允许进行线与连接。因此，无论输出是高电
平还是低电平，输出电阻都比较低，如果将两个输出端直接相连，当一个门的输出为高电
平，另一个门输出为低电平时，就会形成一条从 $+U_{CC}$ 到地的低阻通路，必将产生一个很大
的电流从截止门的 V_4 管灌入到导通门的 V_5 管，如图 9.11 所示。这个电流不仅会使导通
门的输出低电平抬高，甚至会损坏两个门的输出管，这是不允许的。为了克服一般 TTL 门
不能直接相连的缺点，人们又研制出了集电极开路与非门。

集电极开路与非门简称 OC 门。电路如图 9.12(a) 所示，其逻辑符号如图 9.12(b) 所
示。OC 门是用外接电阻 R_L 来代替 V_3、V_4 复合管组成的有源负载，它在工作时需外接负
载电阻 R_L 和电源。只要 R_L 选择恰当，既能保证输出的高、低电平符合要求，又能使输出
三极管的负载电流不致过大。

图 9.10　与非门输出端直接并联

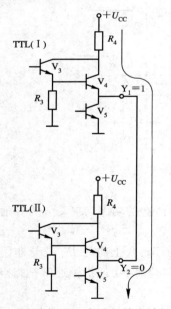

图 9.11　两个 TTL 与非门输出端相连

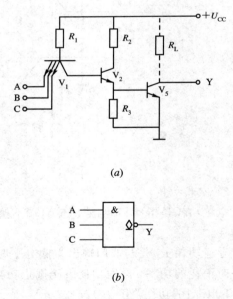

图 9.12　集电极开路与非门
(a) 电路；(b) 逻辑符号

R_L 的取值原则是：应保证输出高电平 $U_{oH} \geqslant 2.7\ \text{V}$，输出低电平 $U_{oL} \leqslant 0.35\ \text{V}$。

综上所述，可以得出以下两种 OC 门电路：① OC 门在单个使用时，在输出端与电源
U_{CC} 之间必须外接一个负载电阻 R_L，如图 9.13 所示。② 当 n 个 OC 门的输出端并联时，能
实现"线与"功能，如图 9.14 所示。

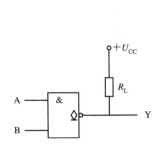

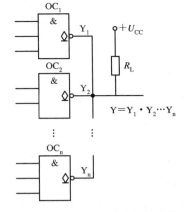

图 9.13 OC 门单个使用时的接法　　　　图 9.14　n 个 OC 门输出端并联接法

2. 三态门

三态门就是输出有三种状态的与非门，简称 TSL 门。它与一般 TTL 与非门的不同点是：

（1）输出端除了可以输出高、低电平两种状态外，还可以出现第三种状态——高阻状态（或称禁止状态）；

（2）输入级多了一个"控制端"（或称使能端）$\overline{E}$。

图 9.15(a)为三态门电路，图 9.15(b)为三态门的逻辑符号。

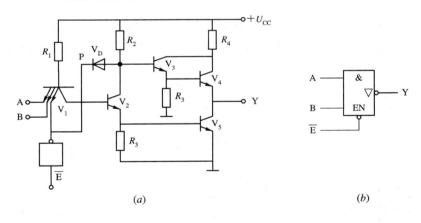

图 9.15　三态门
（a）电路；（b）逻辑符号

从图 9.15(a)得知：

（1）当 $\overline{E}=0$ 时，P 点为高电平，V_D 截止对与非门无影响，电路处于正常工作状态，$Y=\overline{AB}$。

（2）当 $\overline{E}=1$ 时，P 点为低电平，V_D 管导通，使 V_2 管的集电极电压 $U_{c2} \approx 1$ V，因而 V_4 管截止。同时，由于 $\overline{E}=1$，因而 V_1 管的基极电压 $U_{b1}=1$ V，则 V_2、V_5 管也截止。这时从输出端看进去，电路处于高阻状态。这种门的真值表如表 9.1 所示。

表 9.1　TSL 门的真值表

$\overline{E}$	A	B	Y
1	×	×	高阻态
0	0	0	1
0	0	1	1
0	1	0	1
0	1	1	0

从前面分析可知,图 9.15 所示三态门是在 $\overline{E}=0$ 时,与非门处于正常工作状态,所以,在逻辑符号中,$\overline{E}$ 端加小圆圈表示控制端为低电平有效。必须注意,还有一种三态门是在控制端为高电平时,与非门处于工作状态,在其逻辑符号中 E 端没有小圆圈,表示控制端是高电平有效,如图 9.16 所示。在实际应用三态门时,请注意区分控制端 E 是低电平有效还是高电平有效。

三态门主要应用在数字系统的总线结构中,实现用一条总线有秩序地传送几组不同数据或信号,如图 9.17 所示。

只要 $\overline{E}_1$、$\overline{E}_2$、$\overline{E}_3$ 按时间顺序轮流接低电平,那么,同一条总线可分时传递 $\overline{A_1 B_1}$、$\overline{A_2 B_2}$、$\overline{A_3 B_3}$。值得注意的是:在任一时刻,$\overline{E}_1$、$\overline{E}_2$、$\overline{E}_3$ 中只能有一个控制端为低电平,使该门信号进入总线,其余所有控制端均应为高电平,对应门处于高阻状态,不影响总线上信号的传输。

三态门还可实现数据的双向传输,如图 9.18 所示。当 E＝1 时,G_1 工作,G_2 为高阻态,数据由 A 传输到 B。当 E＝0 时,G_2 工作,G_1 为高阻态,总线上的数据由 B 传输到 A。

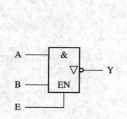

图 9.16　控制端高电平有效的
三态门的逻辑符号

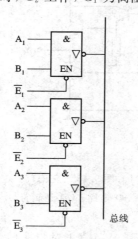

图 9.17　用三态门接成总线结构

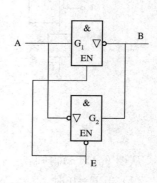

图 9.18　用三态门实现数据的
双向传输

9.1.4　TTL 集成逻辑门电路产品系列

目前,国产 TTL 集成逻辑门电路产品有 54/74、54H/74H、54S/74S、54LS/74LS 四

大系列。其中 54/74 系列相当于旧型号 CT1000 系列，为标准系列；54H/74H 系列相当于旧型号 CT2000 系列，为高速系列；54S/74S 系列相当于旧型号 CT3000 系列，为肖特基系列；54LS/74LS 系列相当于旧型号 CT4000 系列，为低功耗肖特基系列。

TTL 集成逻辑门电路产品型号中，54 表示国际通用 54 系列，74 表示国际通用 74 系列，H 表示高速系列，S 表示肖特基系列，LS 表示低功耗肖特基系列；C 表示中国，T 表示 TTL 集成逻辑门电路。

74 系列 TTL 与非门的延迟时间及功耗如表 9.2 所示。

表 9.2　74 系列 TTL 与非门的传输延迟时间和功耗

产品型号	传输延迟时间 t_{pd}/ns	功耗 P_{on}/mW	产品名称的意义
7400	10	10	标准 TTL
74H00	6	22	高速 TTL
74L00	33	1	低功耗 TTL
74S00	3	19	肖特基 TTL
74LS00	9.5	2	低功耗肖特基 TTL
74ALS00	3.5	1.3	先进低功耗肖特基 TTL
74AS00	3	8	先进肖特基 TTL

由表 9.2 可知：

(1) H 型和 S 型相比较，功耗相近，但 S 型速度较高，较优于 H 型。

(2) L 型和 LS 型相比较，功耗相近，而 LS 型速度较高，在低功耗高速场合更多地使用 LS 型。

(3) 标准型和 LS 型相比较，速度相近，但 LS 型功耗较小，较优于标准型产品。

9.2　CMOS 集成逻辑门

前面我们已经学过的 MOS 管有 NMOS 和 PMOS 两种，并且还分为增强型和耗尽型。如果将导电极性相反的增强型 NMOS 管和 PMOS 管做在同一块芯片上，就构成了互补型 MOS 电路，简称 CMOS 电路。

由于 CMOS 电路具有工作速度高、功耗低、性能优越等特点，因而近年来发展迅速，广泛应用于大规模集成器件中。

9.2.1　CMOS 反相器

CMOS 反相器电路如图 9.19(a)所示。它是由 NMOS 管 V_N 和 PMOS 管 V_P 组合而成的。V_N 和 V_P 的栅极相连，作为反相器的输入端；漏极相连，作为反相器的输出端。V_P 是负载管，其源极接电源 U_{DD} 的正极，V_N 为放大管（驱动管），其源极接地。为了使电路正常工作，要求电源电压大于两管开启电压的绝对值之和，即 $U_{DD} > |U_{TP}| + U_{TN}$。

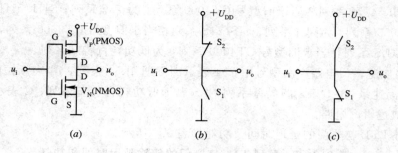

图 9.19 CMOS 反相器及其等效电路

（a）电路图；（b）输入为低电平时的等效电路；（c）输入为高电平时的等效电路

1. 工作原理

设 $+U_{DD} = +10$ V，V_N、V_P 的开启电压 $U_{TN} = |U_{TP}|$，其工作原理如下：

（1）当输入电压为低电平时，即 $U_{GSN} = 0$，V_N 截止，等效电阻极大，相当于 S_1 断开，而 $U_{GSP} = -U_{DD} < U_{TP}$，所以 V_P 导通，导通等效电阻极小，相当于 S_2 接通，如图 9.19(b) 所示，输出电压为高电平，即 $u_o \approx +U_{DD}$。

（2）当输入电压为高电平时，工作情况正好相反，V_N 导通，V_P 截止，相当于 S_1 接通，S_2 断开，如图 9.19(c) 所示，输出电压为低电平，即 $u_o \approx 0$ V。

综上所述，可以得出以下结论：

① 输出电压 u_o 与输入电压 u_i 是反相关系。

② 反相器不论输入是高电平还是低电平，V_N 管和 V_P 管中总有一个处于截止状态，静态电流近似为零，所以静态功耗很小。

③ V_N 管和 V_P 管跨导 g_m 都较大，即导通等效电阻都很小，能为负载电容提供一个低阻抗的充电回路，因而开关速度较高。

2. CMOS 反相器的电压传输特性

典型的 CMOS 反相器的电压传输特性曲线如图 9.20 所示。由图可知，电压传输特性的过渡区比较陡峭，说明 CMOS 反相器虽有动态功耗，但其平均功耗仍远低于其他任何一种逻辑电路。这是 CMOS 电路的突出特点。另外，V_N 和 V_P 的特性接近相同，使电路有互补对称性，即 V_N 和 V_P 互为负载管，显然，阈值电压 V_{TH} 接近 $U_{DD}/2$，所以 CMOS 反相器的电压传输特性曲线比较接近理想开关特性。

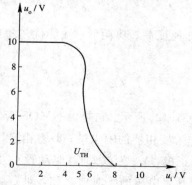

图 9.20 CMOS 反相器电压传输特性

3. CMOS 反相器的主要特点

CMOS 反相器具有以下特点：

（1）静态功耗小。

（2）工作速度高。

（3）抗干扰能力强。由于 $U_{TH} = U_{DD}/2$，$U_{oL} \approx 0$，$U_{oH} \approx +U_{DD}$，则它的噪声容限为 $U_{NL} = U_{NH} = U_{DD}/2$，因而抗干扰能力强。

（4）扇出系数大。因为 V_N、V_P 管的导通等效电阻都比较小，所以拉电流和灌电流负载能力都很强，可以驱动比较多的同类型 CMOS 门电路。

（5）只用一组电源，且允许电源电压在 3～18 V 范围内变化，所以 CMOS 的电源电压波动范围大。

（6）制造工艺复杂，成本高，且门电路的集成度较小。

9.2.2 CMOS 门电路

1. CMOS 与非门

图 9.21 所示是一个两输入端的 CMOS 与非门电路，它是由两个 CMOS 反相器构成的。A、B 为输入端，Y 为输出端。其工作原理如下：

（1）当输入端 A 或 B 中有一个为低电平时，两个串联的 NMOS 管 V_{N1}、V_{N2} 中至少有一个截止，而并联的 PMOS 管 V_{P1}、V_{P2} 中至少有一个是导通的，所以，输出端 Y 是高电平。

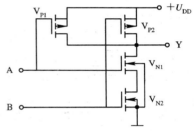

图 9.21 CMOS 与非门电路

（2）当输入端 A 和 B 都为高电平时，V_{N1}、V_{N2} 导通，V_{P1}、V_{P2} 截止，输出端 Y 为低电平。

电路符合与非门的逻辑关系：$Y = \overline{AB}$。

2. CMOS 或非门

图 9.22 所示是一个两输入端的 CMOS 或非门电路。A、B 为输入端，Y 为输出端。其工作原理如下：

（1）当输入端 A 和 B 都为低电平时，并联的 V_{N1}、V_{N2} 均截止，串联的 V_{P1}、V_{P2} 导通，其输出端 Y 是高电平。

（2）当输入端 A 或 B 中有一个为高电平时，V_{N1}、V_{N2} 中至少有一个导通，而 V_{P1}、V_{P2} 中至少有一个截止，所以，输出端 Y 是低电平。

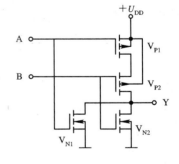

图 9.22 CMOS 或非门电路

该电路符合或非门的逻辑关系：$Y = \overline{A+B}$。

3. CMOS 三态门

图 9.23(a) 所示是 CMOS 三态门，其中 V_{P1} 和 V_{N1} 组成 CMOS 反相器，V_{P2} 与 V_{P1} 串联后接电源，V_{N2} 与 V_{N1} 串联后接地。V_{P2}、V_{N2} 受使能端 $\overline{E}$ 控制。A 为输入端，Y 为输出端。

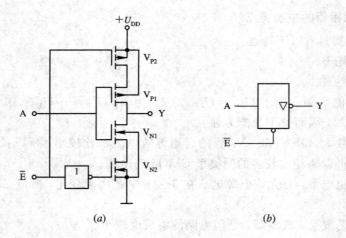

图 9.23　CMOS 三态门

（a）电路；（b）逻辑符号

CMOS 三态门的工作原理如下：

(1) 当 $\overline{E}=0$ 时，V_{P2}、V_{N2} 均导通，电路处于工作状态，$Y=\overline{A}$。

(2) 当 $\overline{E}=1$ 时，V_{P2}、V_{N2} 均截止，输出端如同断开，呈高阻状态。

这是一种控制端（使能端）为低电平有效的 CMOS 三态门，逻辑符号如图 9.23（b）所示。

CMOS 三态门也有控制端是高电平有效的电路，这里不再介绍。

4. CMOS 传输门和模拟开关

1) CMOS 传输门

将 P 沟道增强型 MOS 管 V_P 和 N 沟道增强型 MOS 管 V_N 并联起来，并在两管的栅极加互补的控制信号就构成 CMOS 传输门，简称 TG。其电路及逻辑符号如图9.24 所示。它是一种传输信号的可控开关电路。

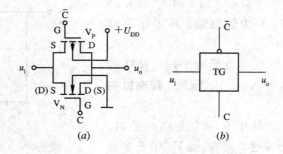

图 9.24　CMOS 传输门

（a）电路；（b）逻辑符号

CMOS 传输门的工作原理如下：

设电源电压 $U_{DD}=10$ V，控制信号的高、低电平分别为 $+10$ V 和 0 V，两管的开启电压的绝对值均为 3 V，输入信号 u_i 的变化范围为 $0\sim+U_{DD}$。

（1）当 $u_C = 0$ V，$u_{\bar{C}} = +10$ V（C=0，$\bar{C}$=1）时：u_i 在 0～+10 V 之间变化，V_N、V_P 均为反偏截止，u_i 不能传输到输出端，相当于开关断开，即传输门截止。

（2）当 $u_C = +10$ V，$u_{\bar{C}} = 0$ V（C=1，$\bar{C}$=0）时：因为 MOS 管的结构对称，源极和漏极可以互换使用，所以

$$U_{GSN} = u_C - u_i = +10 \text{ V} - u_i$$
$$U_{GSP} = u_{\bar{C}} - u_i = 0 \text{ V} - u_i$$

当 u_i 在 0～+10 V 之间变化时，V_N 在 0 V$\leqslant u_i \leqslant$+7 V 期间导通，V_P 在 3 V$\leqslant u_i \leqslant$+10 V 期间导通，V_N 和 V_P 至少有一管导通，$u_o \approx u_i$，相当于开关接通，即传输门导通。

2）模拟开关

将 CMOS 传输门和一个反相器结合，则可组成一个模拟开关，如图 9.25 所示。

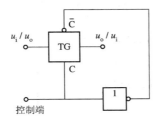

图 9.25　模拟开关

当控制端 C=1 时，TG 导通；当 C=0 时，TG 截止。由于 MOS 管的源极、漏极可以互换，因而模拟开关是一种双向开关，即输入端和输出端可以互换使用。

9.2.3　CMOS 集成逻辑门电路产品系列

目前，国产 CMOS 集成逻辑门电路产品主要有两大系列：CC4000 系列和 74C××系列。

1. CC4000 系列

第一个字母 C 表示中国；第二个字母 C 表示 CMOS 集成电路；40 表示国际通用系列。CC4000 系列电源电压 U_{DD} 为 3～18 V，其功能和引脚排列与对应序号的国外产品一致。

2. 74C×× 系列

74C×× 系列是普通系列，其功能和引脚排列与 TTL74 系列相同。

74HC×× 系列是高速系列；74HCT×× 系列是高速并且与 TTL 兼容的系列。

74AC×× 系列是新型高速系列；74ACT×× 系列是新型高速并且与 TTL 兼容的系列。

9.3　集成逻辑门电路的使用

在数字系统中，每一种集成门电路都有其特点，例如，有高速逻辑门、低功耗逻辑门或抗干扰能力强的逻辑门等。因此在使用时，必须根据需要首先选定逻辑门的类型，然后确定合适的集成逻辑门的型号。在逻辑门的使用中，应注意下列事项。

1. 对多余的或暂时不用的输入端进行合理的处理

对于 TTL 门来说，多余的或暂时不用的输入端可采用以下方法进行处理：

① 悬空；

② 与其他已用输入端并联使用；

③ 按功能要求接电源或接地。

对于 CMOS 门来说，由于其输入电阻很高，易受外界干扰信号的影响，因而 CMOS 门多余的或暂时不用的输入端不允许悬空。其处理方法为：① 与其他输入端并联使用；② 按电路要求接电源或接地。

2. 使用中应注意的问题

（1）在门电路的使用安装过程中应尽量避免干扰信号的侵入，不用的输入端按上述方式处理，保证整个装置有良好的接地系统。

（2）CMOS 门电路尤其要避免静电损坏。因为 MOS 器件的输入电阻极大，输入电容小，当栅极悬空时，只要有微量的静电感应电荷，就会使输入电容很快充电到很高的电压，结果将会把 MOS 管栅极与衬底之间很薄的 SiO_2 绝缘层击穿，造成器件永久性损坏。

本 章 小 结

集成逻辑门电路可分为双极型和单极型两大类。本章从电路组成、工作原理、外特性及性能特点等几个方面介绍了几种逻辑门电路，重点介绍了 TTL 门及 CMOS 门的电路结构、工作原理及特点。

TTL 电路具有较高的工作速度，较强的抗干扰能力和一定的负载能力。它的系列产品较多。特别是 LSTTL 电路的应用比较普遍。

CMOS 电路具有功耗小、电源电压范围宽、抗干扰能力强、制造工艺简单、集成度高以及负载能力强等特点，因此 CMOS 电路应用范围迅速扩大到工业控制设备及民用电子产品领域。

本章学习的重点应放在几种逻辑门的性能和特点方面。

思考与习题九

9.1 TTL 与非门空载时输出的高电平和低电平分别为多少伏？阈值电压 U_{TH} 约为多少？

9.2 TTL 与非门的主要参数有哪些？反映 TTL 与非门抗干扰能力的参数有哪些？

9.3 OC 门和 TSL 门的特点是什么？

9.4 什么是 COMS 电路？它有什么优缺点？COMS 反相器的特点是什么？

9.5 TTL 与非门和或非门不用的输入端应如何处理？COMS 与非门和或非门不用的输入端应如何处理？

9.6 根据题 9.6 图所示的逻辑电路和输入波形，写出输出 F 的逻辑表达式，并画出它们的波形。

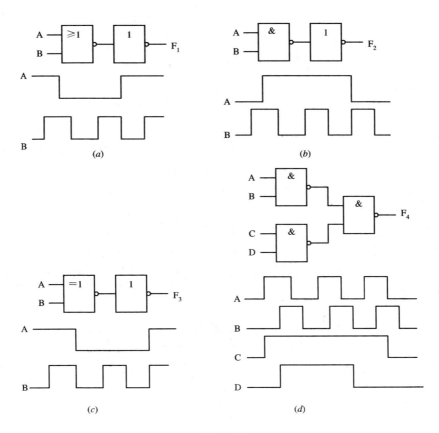

题 9.6 图

9.7 根据题 9.7 图所示的逻辑图，写出逻辑表达式，并列出真值表和卡诺图。

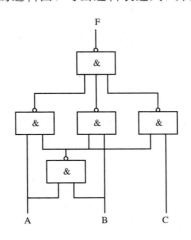

题 9.7 图

9.8 已知门电路输入 A、B 与输出 F 之间的逻辑关系如题表 9.8 所示。

（1）写出逻辑表达式；

（2）已知 A、B 的波形如题 9.8 图所示，画出输出 F 的波形。

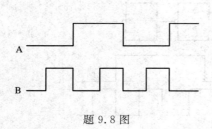

题表 9.8

A	B	F
0	0	1
0	1	1
1	0	1
1	1	0

题 9.8 图

9.9 用与非门实现下列逻辑关系，并画出逻辑图。

(1) $F = ABC$；　　　　　　　　(2) $F = A + B + C$；

(3) $F = ABC + DEG$；　　　　　(4) $F = \overline{A + B + C}$；

(5) $F = A\overline{B} + \overline{A}B$；　　　　　(6) $F = AB + \overline{A}\overline{B}$；

(7) $F = \overline{AB} + (\overline{A} + B)\overline{C}$；　　　(8) $F = A\overline{B} + A\overline{C} + \overline{A}B\overline{C}$。

9.10 在题 9.10 图各电路中，哪些能实现逻辑非功能？题 9.10 图(a)为 TTL 门电路，题 9.10 图(b)为 CMOS 电路。

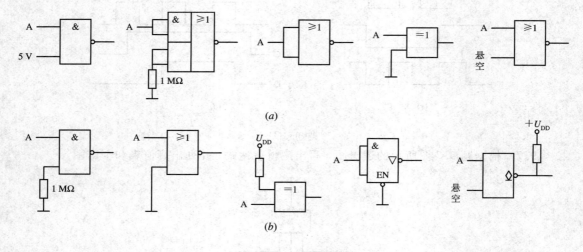

题 9.10 图

9.11 在题 9.11 图中所示的 TTL 门电路中，输入端 1、2、3 为多余输入端，试问哪些接法是正确的？

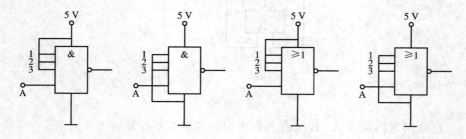

题 9.11 图

课题十 组合逻辑电路

10.1 组合逻辑电路的分析与设计

10.1.1 组合逻辑电路的分析

如果数字电路的输出只决定于电路当前输入，而与电路以前的状态无关，这类数字电路就是组合逻辑电路。

对组合逻辑电路的分析，就是根据给定的电路，确定其逻辑功能。对于比较简单的组合逻辑电路，通过列写逻辑函数式或真值表及化简等过程，即可确定其逻辑功能。对于较复杂的电路，则要搭接实验电路，测试输出与输入变量之间的逻辑关系，列成表格（功能表），方可分析出其逻辑功能。

下面通过实例，说明组合逻辑电路的分析方法。

例 10.1 分析图 10.1 所示电路的逻辑功能。

解 （1）写出该电路输出函数的逻辑表达式。

$$Z = \overline{A}C + B\overline{C} + A\overline{B}$$

（2）列出函数的真值表，如表 10.1 所示。所谓真值表，是在表的左半部分列出函数中所有自变量的各种组合，右半部分列出对应于每一种自变量组合的输出函数的状态。

表 10.1 真值表

A	B	C	Z
0	0	0	0
0	0	1	1
0	1	0	1
0	1	1	1
1	0	0	1
1	0	1	1
1	1	0	1
1	1	1	0

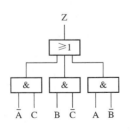

图 10.1 不一致判定电路

（3）可见该电路是判断三个变量是否一致的电路。

例 10.2 分析图 10.2 所示电路的逻辑功能。

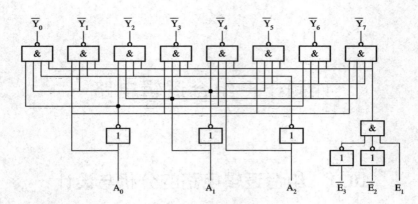

图 10.2 3－8 译码器逻辑电路图

解　该电路有八个输出端 $\overline{Y}_0 \sim \overline{Y}_7$，当 $E_1=1$、$\overline{E}_2=\overline{E}_3=0$ 不成立时，与门输出低电平 0，封锁了输出端八个与非门，电路不能工作；当 $E_1=1$、$\overline{E}_2=\overline{E}_3=0$ 成立时，上述封锁作用消失，输出端的状态随输入信号 A_2、A_1、A_0 的变化而变化，电路工作。E_1、$\overline{E}_2$、$\overline{E}_3$ 三个输入端可以使电路工作或者不工作，故称它们为使能端。

当 $A_2 A_1 A_0 = 101$ 时，A_1 的低电平使 $\overline{Y}_2$、$\overline{Y}_3$、$\overline{Y}_6$、$\overline{Y}_7$ 输出高电平，A_0 的高电平进一步使 $\overline{Y}_0$、$\overline{Y}_4$ 输出高电平，A_2 的高电平进一步使 $\overline{Y}_1$ 输出高电平。这样，只有 $\overline{Y}_5$ 输出低电平。因而得到 $\overline{Y}_5$ 的逻辑表达式为

$$\overline{Y}_5 = \overline{A_2 \overline{A}_1 A_0 E_1 E_2 E_3}$$

用同样的方法，可以写出所有输出端的逻辑表达式如下：

$$\overline{Y}_0 = \overline{\overline{A}_2 \overline{A}_1 \overline{A}_0 E_1 E_2 E_3}, \qquad \overline{Y}_1 = \overline{\overline{A}_2 \overline{A}_1 A_0 E_1 E_2 E_3}, \qquad \overline{Y}_2 = \overline{\overline{A}_2 A_1 \overline{A}_0 E_1 E_2 E_3},$$

$$\overline{Y}_3 = \overline{\overline{A}_2 A_1 A_0 E_1 E_2 E_3}, \qquad \overline{Y}_4 = \overline{A_2 \overline{A}_1 \overline{A}_0 E_1 E_2 E_3}, \qquad \overline{Y}_5 = \overline{A_2 \overline{A}_1 A_0 E_1 E_2 E_3},$$

$$\overline{Y}_6 = \overline{A_2 A_1 \overline{A}_0 E_1 E_2 E_3}, \qquad \overline{Y}_7 = \overline{A_2 A_1 A_0 E_1 E_2 E_3}$$

根据上述表达式可列出如表 10.2 所示的真值表。

表 10.2　真　值　表

输　　入						输　　出							
E_1	$\overline{E}_2$	$\overline{E}_3$	A_2	A_1	A_0	$\overline{Y}_0$	$\overline{Y}_1$	$\overline{Y}_2$	$\overline{Y}_3$	$\overline{Y}_4$	$\overline{Y}_5$	$\overline{Y}_6$	$\overline{Y}_7$
0	×	×	×	×	×	1	1	1	1	1	1	1	1
×	1	×	×	×	×	1	1	1	1	1	1	1	1
×	×	1	×	×	×	1	1	1	1	1	1	1	1
1	0	0	0	0	0	0	1	1	1	1	1	1	1
1	0	0	0	0	1	1	0	1	1	1	1	1	1
1	0	0	0	1	0	1	1	0	1	1	1	1	1
1	0	0	0	1	1	1	1	1	0	1	1	1	1
1	0	0	1	0	0	1	1	1	1	0	1	1	1
1	0	0	1	0	1	1	1	1	1	1	0	1	1
1	0	0	1	1	0	1	1	1	1	1	1	0	1
1	0	0	1	1	1	1	1	1	1	1	1	1	0

依据上述分析，可以看出，对应于 A_2、A_1、A_0 八种组合中的每一种组合，八个输出端中只有对应的一个端子输出 0，其他输出端都输出 1。这就是该电路能完成的逻辑功能。

图 10.2 是我们将要讲到的译码器中的集成译码器 74LS138 的内部电路。

10.1.2　组合逻辑电路的设计

组合逻辑电路的设计，一般分下述几个步骤：

(1) 根据给定的设计要求，确定哪些是输入变量，哪些是输出变量，分析它们之间的逻辑关系，并确定输入变量的不同状态以及输出端的不同状态，哪个该用 1 表示，哪个该用 0 表示。

(2) 列真值表。在列真值表时，不会出现或不允许出现的输入变量的取值组合可不列出。如果列出，就在相应的输出函数处画"×"号，化简时作约束项处理。

(3) 用卡诺图或公式法化简。

(4) 根据简化后的逻辑表达式画出逻辑电路图。

例 10.3　交叉路口的交通管制灯有三个，分红、黄、绿三色。正常工作时，应该只有一盏灯亮，其他情况均属电路故障。试设计故障报警电路。

解　设定灯亮用 1 表示，灯灭用 0 表示；报警状态用 1 表示，正常工作用 0 表示。红、黄、绿三灯分别用 R、Y、G 表示，电路输出用 Z 表示。列出真值表如表 10.3 所示。

表 10.3　真值表

R	Y	G	Z
0	0	0	1
0	0	1	0
0	1	0	0
0	1	1	1
1	0	0	0
1	0	1	1
1	1	0	1
1	1	1	1

作出卡诺图(图 10.3)，可得到电路的逻辑表达式为 $Z=\overline{R}\,\overline{Y}\,\overline{G}+RY+YG+RG$。

若限定电路用与非门作成，则逻辑函数式可改写成 $Z=\overline{\overline{R}\,\overline{Y}\,\overline{G}\cdot\overline{RY}\cdot\overline{YG}\cdot\overline{RG}}$。据此表达式作出的电路如图 10.4 所示。

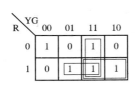

图 10.3　报警电路卡诺图

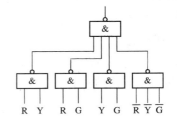

图 10.4　电路逻辑图

10.2 组合逻辑部件

10.2.1 编码器

所谓编码就是将特定含义的输入信号(文字、数字、符号等)转换成二进制代码的过程。实现编码操作的数字电路称为编码器。按照被编码信号的不同特点和要求,常用编码器有二进制编码器、二-十进制编码器和优先编码器。

一位二进制码有 0、1 两种取值状态,n 位二进制编码有 2^n 种不同的取值状态。用不同的取值状态表示不同的信息,就是二进制编码器的基本原理。

1. 二-十进制编码器

二-十进制编码器是指用四位二进制代码表示一位十进制数的编码电路,也称 10 线 4 线编码器。最常见是 8421BCD 码编码器,如图 10.5 所示。其中,输入信号 $I_0 \sim I_9$ 代表 $0 \sim 9$ 共 10 个十进制信号,输出信号 $Y_0 \sim Y_3$ 为相应的二进制代码。

由图 10.5 可以写出各位输出的逻辑函数式为

$$Y_3 = \overline{\overline{I_9}\,\overline{I_8}} \qquad\qquad Y_2 = \overline{\overline{I_7}\,\overline{I_6}\,\overline{I_5}\,\overline{I_4}}$$
$$Y_1 = \overline{\overline{I_7}\,\overline{I_6}\,\overline{I_3}\,\overline{I_2}} \qquad\qquad Y_0 = \overline{\overline{I_9}\,\overline{I_7}\,\overline{I_5}\,\overline{I_3}\,\overline{I_1}}$$

根据逻辑函数式列出其功能表如表 10.4 所示。

表 10.4 8421 BCD 码编码器功能表

I	Y_3	Y_2	Y_1	Y_0
I_0	0	0	0	0
I_1	0	0	0	1
I_2	0	0	1	0
I_3	0	0	1	1
I_4	0	1	0	0
I_5	0	1	0	1
I_6	0	1	1	0
I_7	0	1	1	1
I_8	1	0	0	0
I_9	1	0	0	1

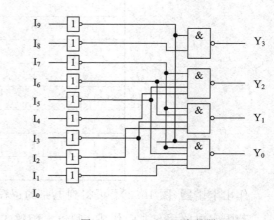

图 10.5 8421BCD 编码器

从该编码器的逻辑电路图图 10.5 中可见,I_0 的编码是隐含的,当 $I_1 \sim I_9$ 均为 0 时,电路的输出就是 I_0 的编码。

2. 优先编码器

与普通编码器不同,优先编码器允许多个输入信号同时有效,但它只按其中优先级别最高的有效输入信号编码,对级别较低的输入信号不予理睬。常用的优先编码器有 10-4 线(如 74LS147)、8-3 线(74LS148)等。

74LS148 是 8-3 线优先编码器,其逻辑符号如图 10.6 所示,逻辑功能表如表 10.5。

表 10.5 8－3 线优先编码器逻辑功能表

输　　入									输　　出					说　　明
$\overline{E_I}$	$\overline{I_7}$	$\overline{I_6}$	$\overline{I_5}$	$\overline{I_4}$	$\overline{I_3}$	$\overline{I_2}$	$\overline{I_1}$	$\overline{I_0}$	$\overline{Y_2}$	$\overline{Y_1}$	$\overline{Y_0}$	$\overline{CS}$	E_o	
1	×	×	×	×	×	×	×	×	1	1	1	1	1	禁止编码
0	1	1	1	1	1	1	1	1	1	1	1	1	0	允许但输入无效
0	0	×	×	×	×	×	×	×	0	0	0	0	1	正
0	1	0	×	×	×	×	×	×	0	0	1	0	1	常
0	1	1	0	×	×	×	×	×	0	1	0	0	1	
0	1	1	1	0	×	×	×	×	0	1	1	0	1	编
0	1	1	1	1	0	×	×	×	1	0	0	0	1	
0	1	1	1	1	1	0	×	×	1	0	1	0	1	码
0	1	1	1	1	1	1	0	×	1	1	0	0	1	
0	1	1	1	1	1	1	1	0	1	1	0	0	1	

图 10.6 中，小圆圈表示低电平有效，各引脚功能如下：

（1）$\overline{I_0}$～$\overline{I_7}$ 为输入信号端，低电平有效，且 $\overline{I_7}$ 的优先级别最高，$\overline{I_0}$ 的优先级别最低。$\overline{Y_0}$～$\overline{Y_2}$ 是三个编码的输出端。

（2）$\overline{E_I}$ 是使能输入端，低电平有效。当 $\overline{E_I}=0$ 时，电路允许编码；当 $\overline{E_I}=1$ 时，电路禁止编码，输出均为高电平。

（3）E_o 和 $\overline{CS}$ 为使能输出端和优先标志输出端，主要用于级联和扩展。当 $E_o=0$，$\overline{CS}=1$ 时，标志可以编码，但输入信号无效，即无码可编；当 $E_o=1$，$\overline{CS}=0$ 时，表示该电路允许编码，并正在编码；当 $E_o=\overline{CS}=1$ 时，表示该电路禁止编码，即无法编码。

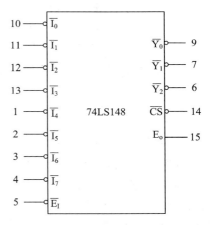

图 10.6　74LS148 逻辑符号

10.2.2　译码器

译码是编码的逆过程。译码器将输入的二进制代码转换成与代码对应的信号。

若译码器输入的是 n 位二进制代码，则其输出端子数 $N \leqslant 2^n$。$N=2^n$ 称为完全译码，$N<2^n$ 称为部分译码。

1. 3－8 译码器

在 10.1.1 中提到的 74LS138，就是用三位二进制码输入，具有八个输出端子的完全译码器。它的三个输入端的每一种二进制码组合，代表某系统的八种状态之一。当八种状态的某一种状态存在而向 74LS138 三个输入端输入对应于该状态的二进制码时，八个输出端中对应于这个状态的输出端输出低电平，其他输出端输出高电平。

图 10.7 是某系统存储器寻址电路，用 74LS138 产生内存芯片片选信号。该系统地址码有 16 位($A_{15} \sim A_0$)，用了八片容量为 2 K×8 的 ROM 存储芯片(图中只画出了三片)。每片存储芯片的片内寻址需 11 位地址码($A_{10} \sim A_0$)。地址码 A_{15}、A_{14} 接 74LS138 的使能端。当地址码 A_{15}、A_{14} 为 0，地址码 $A_{13} \sim A_{11}$ 从 000～111 取值时，74LS138 的 $\overline{Y}_0 \sim \overline{Y}_7$ 八个输出端中依次有一个输出低电平。这个低电平送往与这个输出端连接的存储芯片的片选端 $\overline{CS}$，选通了该存储芯片，CPU 就可以从该芯片读取数据。

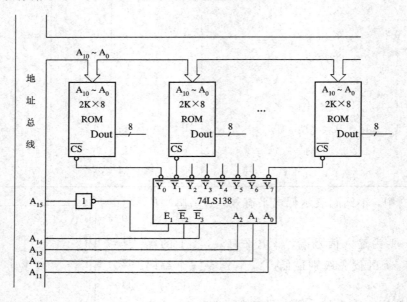

图 10.7　存储器寻址电路实例

2. 8421BCD 码译码器

这种译码器的输入端子有四个，分别输入四位 8421BCD 二进制代码的各位，输出端子有 10 个。每当输入一组 8421BCD 码时，输出端的 10 个端子中对应于该二进制数所表示的十进制数的端子就输出高/低电平，而其他端子保持原来的低/高电平。

74LS42 是 8421BCD 码译码器，其逻辑符号如图 10.8 所示。其中，A、B、C、D 为从高位到低位的 8421BCD 码输入端，$\overline{Y}_0 \sim \overline{Y}_9$ 为输出端。例如，当 ABCD＝0110 时，$\overline{Y}_6$ 输出低电平，表明输入的二进制

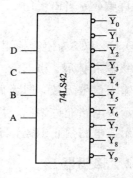

图 10.8　74LS42 逻辑符号

代码所表示的是十进制数字 6。而当 ABCD＝1010～1111 这 6 种数码时，10 个输出端都是高电平，表示输入的代码是伪码，不能表示数字。

3. 显示译码器

如果 BCD 译码器的输出能驱动显示器件发光，将译码器中的十进制数显示出来，这种译码器就是显示译码器。显示译码器有好多种，下面以控制发光二极管显示的译码电路为例，讨论显示译码器的工作过程。

图 10.9 所示为由发光二极管组成的七段显示器字型图及其接法。a～g 七段是七个发

光二极管，有共阴极和共阳极两种接法。共阴极接法时，哪个管子的阳极接收到高电平，哪个管子发光；共阳极接法时，哪个管子阴极接收到低电平，哪个管子发光。例如，对共阴极接法，当 a～g＝1011011 时，显示数字"5"。

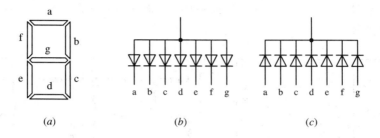

图 10.9　发光二极管组成的七段显示器及其接法

(a) 外形；(b) 共阳极接法；(c) 共阴极接法

　　74LS48 是控制七段显示器显示的集成译码电路之一，其引线排列图如图 10.10 所示。A、B、C、D 为 BCD 码输入端，A 为最高位，Y_a～Y_g 为输出端，分别驱动七段显示器的 a～g 输入端，高电平触发显示，可驱动共阴极发光二极管组成的七段显示器显示。其他端为使能端。

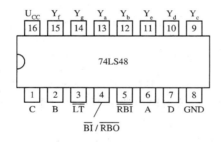

图 10.10　74LS48 引线排列图

10.2.3　数据选择器和数据分配器

1. 数据选择器

　　根据地址码从多路数据中选择一路输出的器件，叫数据选择器。利用数据选择器，可将并行输入的数据转换成串行数据输出。图 10.11 所示为集成八选一数据选择器 74LS251 的逻辑符号。D_0～D_7 为八个数据输入端，A_2、A_1、A_0 为地址码输入端，Y 和 $\overline{Y}$ 为三态数据输出端，$\overline{ST}$ 是输出选通信号。当 $\overline{ST}$＝1 时，电路处于禁止状态，输出端 Y 和 $\overline{Y}$ 均为高阻状态；当 $\overline{ST}$＝0 时，选择器

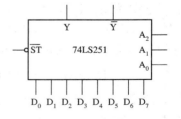

图 10.11　74LS251 逻辑符号

正常工作。当地址码是 000～111 中之一时，数据 D_0～D_7 中有一个被选中，从 Y 和 $\overline{Y}$ 端输出。其中，$\overline{Y}$ 是对原数据取反后输出。当 $A_2 A_1 A_0$＝001 时，D_1 被输出，余类推。

　　常用的数据选择器有二选一、四选一、八选一、十六选一等；地址码分别是一位、两位、三位和四位；工作原理与 74LS251 类似。

分时传送四位十进制数并显示的电路如图 10.12 所示。四个七段显示器的输入端并接在显示译码器的七个输出端。千位的四位 BCD 码，在 $A_1A_0=11$ 时由四块数据选择器的 D_3 传送。百位、十位、个位依次在 A_1A_0 为 10、01、00 时由各选择器的 D_2、D_1、D_0 传送。在千位数字被传送时，$A_1A_0=11$，权位选择器的 Y_3 被译出，选通千位七段显示器显示，随后其他各位依次显示。

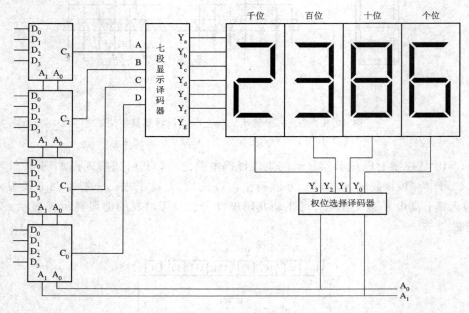

图 10.12　用数据选择器实现分时数字显示

只要地址码循环频率高于视觉暂留所要求的最低频率，人眼就感觉不到各数位分时显示的闪烁。

例 10.4　利用四选一数据选择器实现逻辑功能 $Y=\overline{A}BC+A\overline{B}C+AB\overline{C}+ABC$。

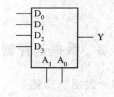

图 10.13　四选一数据选择器逻辑符号

解　四选一数据选择器的逻辑符号如图 10.13 所示。A_1、A_0 为地址码，$D_0 \sim D_3$ 为数据输入端，Y 为输出。若将逻辑变量 A、B 作为地址码 A_1、A_0，那么，输出函数就为 $Y=\overline{A}\overline{B}D_0+\overline{A}BD_1+A\overline{B}D_2+ABD_3$。

要实现本题所要求的逻辑功能，须使

$$\overline{A}\overline{B}D_0 + \overline{A}BD_1 + A\overline{B}D_2 + ABD_3 = \overline{A}BC + A\overline{B}C + AB\overline{C} + ABC$$

这样，只要 $D_0=0$ ，$D_1=C$，$D_2=C$，$D_3=1$ 即可。

实际上，并非一定要列出上面的等式，用观察法从原题也可得出同样的结果。原题逻辑式说明，当地址码 $A_1A_0=\overline{A}B=01$ 时，$Y=C$；当 $A\overline{B}=10$ 时，$Y=C$；而当 $A_1A_0=AB=11$ 时，$Y=\overline{C}+C=1$。另外，原逻辑函数中不出现 $A_1A_0=\overline{A}\overline{B}=00$ 的状态，说明此时 $Y=0$。

2. 数据分配器

数据分配器有一个输入端，多个输出端。由地址码对输出端进行选通，将一路输入数据分配到多路接收设备中的某一路。图 10.14 所示为 8 路数据分配器逻辑符号。当地址码

$A_2 A_1 A_0 = 011$ 时，$Y_3 = D$，余类推。

分配器也能多级连接，实现多路多级分配。图 10.15 中五个四选一分配器构成 16 路分配器。五个分配器用同样的地址码 A_1、A_0，请读者分析电路工作过程。

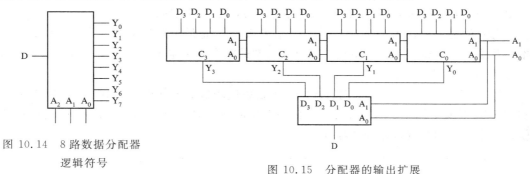

图 10.14　8 路数据分配器
逻辑符号

图 10.15　分配器的输出扩展

10.2.4　数据比较器

数据比较器是对两个位数相同的二进制数进行比较以判定其大小的逻辑电路。图 10.16 为集成比较器 74LS85 的逻辑符号，表 10.6 是其功能表。

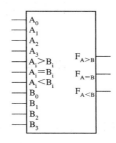

图 10.16　74LS85 逻辑符号

表 10.6　74LS85 功能表

输　　　　　入				级　联　输　入			输　　　出		
A_3　B_3	A_2　B_2	A_1　B_1	A_0　B_0	$A>B$	$A<B$	$A=B$	$F_{A>B}$	$F_{A<B}$	$F_{A=B}$
$A_3>B_3$	×	×	×	×	×	×	1	0	0
$A_3<B_3$	×	×	×	×	×	×	0	1	0
$A_3=B_3$	$A_2>B_2$	×	×	×	×	×	1	0	0
$A_3=B_3$	$A_2<B_2$	×	×	×	×	×	0	1	0
$A_3=B_3$	$A_2=B_2$	$A_1>B_1$	×	×	×	×	1	0	0
$A_3=B_3$	$A_2=B_2$	$A_1<B_1$	×	×	×	×	0	1	0
$A_3=B_3$	$A_2=B_2$	$A_1=B_1$	$A_0>B_0$	×	×	×	1	0	0
$A_3=B_3$	$A_2=B_2$	$A_1=B_1$	$A_0<B_0$	×	×	×	0	1	0
$A_3=B_3$	$A_2=B_2$	$A_1=B_1$	$A_0=B_0$	1	0	0	1	0	0
$A_3=B_3$	$A_2=B_2$	$A_1=B_1$	$A_0=B_0$	0	1	0	0	1	0
$A_3=B_3$	$A_2=B_2$	$A_1=B_1$	$A_0=B_0$	0	0	1	0	0	1

由功能表可见,该比较器的输入端分两组。其中的八个输入端分别输入待比较的两组四位二进制数 $A_3A_2A_1A_0$ 和 $B_3B_2B_1B_0$,三个输出端 $F_{A>B}$、$F_{A<B}$ 和 $F_{A=B}$ 分别在 $A>B$、$A<B$ 和 $A=B$ 时输出 1。在比较过程中,先比较最高位,最高位大的肯定大;否则依次比较第二位、第三位和第四位。只有四位都相等时,两数才相等。

芯片的另三个输入端 $A_i>B_i$、$A_i<B_i$ 和 $A_i=B_i$ 是低位进过来的低位的比较结果。当本芯片进行比较的两个数相等时,三个输出端的状态就决定于这三个输入端的状态。如果低位的 A 比 B 大,则整个 A 大于 B。

图 10.17 是用 74LS85 组成的八位二进制数比较器的连接图。图中,低位片的 $A_i>B_i$ 和 $A_i<B_i$ 接地,$A_i=B_i$ 接高电平,是因为低位前面没有更低位。这样接,低位的比较结果就只决定于低四位进行比较的数据。

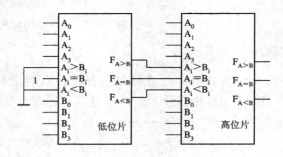

图 10.17 74LS85 组成的八位二进制数比较器

10.2.5 全加器

进行二进制加法时,除本位的两个加数 A_n、B_n 相加外,还要加上低位的进位 C_{n-1}。这种加上低位进位的加法叫全加,能实现这种功能的电路叫全加器。全加器的输出有本位 S_n 和向高位的进位 C_n。全加器的真值表如表 10.7 所示。

表 10.7 全加器真值表

输	入		输	出
A_n	B_n	C_{n-1}	S_n	C_n
0	0	0	0	0
0	0	1	1	0
0	1	0	1	0
0	1	1	0	1
1	0	0	1	0
1	0	1	0	1
1	1	0	0	1
1	1	1	1	1

根据真值表，可写出全加器输出 S_n 和 C_n 的表达式如下：

$$S_n = \overline{A}_n B_n \overline{C}_{n-1} + A_n \overline{B}_n \overline{C}_{n-1} + \overline{A}_n \overline{B}_n C_{n-1} + A_n B_n C_{n-1}$$

$$C_n = A_n B_n \overline{C}_{n-1} + A_n \overline{B}_n C_{n-1} + \overline{A}_n B_n C_{n-1} + A_n B_n C_{n-1}$$

对上面两式可作如下转换：

$$S_n = \overline{A}_n B_n \overline{C}_{n-1} + A_n \overline{B}_n \overline{C}_{n-1} + \overline{A}_n \overline{B}_n C_{n-1} + A_n B_n C_{n-1}$$

$$= (\overline{A}_n B_n + A_n \overline{B}_n)\overline{C}_{n-1} + (\overline{A}_n \overline{B}_n + A_n B_n)C_{n-1}$$

$$= (A_n \oplus B_n)\overline{C}_{n-1} + \overline{A_n \oplus B_n}C_{n-1}$$

$$= A_n \oplus B_n \oplus C_{n-1}$$

$$C_n = A_n B_n \overline{C}_{n-1} + A_n \overline{B}_n C_{n-1} + \overline{A}_n B_n C_{n-1} + A_n B_n C_{n-1}$$

$$= A_n B_n + (A_n \overline{B}_n + \overline{A}_n B_n)C_{n-1}$$

$$= A_n B_n + (A_n \oplus B_n)C_{n-1}$$

用异或门等门电路组成的全加器及其逻辑符号如图 10.18 所示。

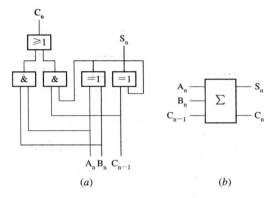

图 10.18　全加器逻辑电路

(*a*) 电路；(*b*) 逻辑符号

10.3　竞　争　与　冒　险

10.3.1　竞争

在组合逻辑电路中，若某个变量通过两条以上途径到达输出端，由于各条途径的传输延迟时间不同，故同一个变量沿不同途径到达输出端的时间就有先有后，这一现象称为竞争。

经多途径向输出端传递的变量称为有竞争能力的变量。

10.3.2　冒险

组合逻辑电路中某一具有竞争能力的变量变化时，如果输出端的状态在短暂时间里偏离，应有状态会进入另一状态，后又退回应有状态，这种现象叫做冒险。

图 10.19(*a*)所示电路的逻辑功能为 $Y = \overline{A} + A$，当 A 处于稳定状态时，Y 恒为 1。当 A 变化时，由于门电路延迟时间的存在，$\overline{A}$ 要滞后于 A 的变化，从而导致输出变量 Y 在短暂

的一段时间产生负向脉冲，如图 10.19(b) 所示。类似的现象也出现在图 10.19(c) 所示的电路中，其波形图如图 10.19(d) 所示。

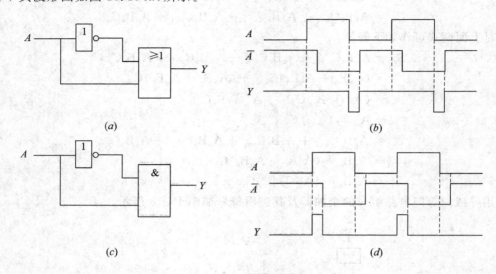

图 10.19　具有竞争能力的电路实例

冒险现象的存在使得逻辑电路的正常功能在短暂的一段时间内遭到破坏，应引起足够的重视。

在图 10.19(b) 所示的电路里，$F=(A+C)(\overline{A}+\overline{B})$。当 $B=C=0$ 时，输出 $F=A\overline{A}$ 应恒为 0。但当变量 A 由 0 变 1 时，输出偏离 0 而出现高电平，在 A 由 0 变 1 后经过 t_{pd}，输出端或门的两个输入端都变为低电平；再经过 t_{pd}，输出端出现高电平，高电平持续一个 t_{pd} 后消失。

存在竞争的情况下，并不一定发生冒险。

10.3.3　冒险现象的判断

上面举出的两个具有冒险现象的电路虽然只是两个实例，但具有普遍意义。一般来说，只要两个互补的变量送入同一门电路，就有可能出现冒险现象。

判断电路是否发生冒险的办法较多，常用的方法有代数法和卡诺图法。

1. 代数法

依据电路，写出逻辑函数式。先找出具有竞争能力的变量，然后使其他变量取各种可能的组合值，判断是否有 $A+\overline{A}$ 和 $A\overline{A}$ 状态发生而产生冒险现象。

例 10.5　判断逻辑函数 $F=AB+\overline{B}C+A\overline{C}$ 的电路是否会发生冒险现象。

解　由于 B 和 C 在函数式中以互补状态出现，因此具有竞争能力。

先判断变量 B 是否会产生冒险。令 A、C 两变量取各种可能值的组合，算出对应的 F。容易得到，在 AC 取 00、01 和 10 时，输出 F 的值是定值，AC＝10 时，$F=B+\overline{B}$，所以有冒险现象。

用同样的办法可以得到，AB＝10 时，$F=C+\overline{C}$，变量 C 也会产生冒险现象。

例 10.6　判断逻辑函数为 $F=(A+B)(\overline{B}+C)(\overline{A}+C)$ 的电路是否会发生冒险现象。

解　A、B 两变量可能产生冒险现象。代入变量 B 和 C 的各种组合值计算 F，当

$B＝C＝0$ 时，$F＝A\bar{A}$，所以变量 A 能产生冒险。

当 $A＝C＝0$ 时，$F＝B\bar{B}$，所以变量 B 也能产生冒险。

2. 卡诺图法

用卡诺图法判断冒险现象直观、方便。当卡诺图中圈出的相邻方格组相切时，则有冒险现象发生。但方格组的圈法与用卡诺图化简时有区别。

对例 10.5 所讨论的函数 $F＝AB＋\bar{B}C＋A\bar{C}$ 来说，其卡诺图如图 10.20(a)所示。粗看起来，这个卡诺图可圈一个二格组和一个四格组。这时的函数为 $F＝A＋\bar{B}C$，没有相切的小方格，似乎没有冒险现象发生。但是，函数 $F＝A＋\bar{B}C$ 的电路已不是原来函数 $F＝AB＋\bar{B}C＋A\bar{C}$ 的电路，因而不能反映原电路是否存在冒险。用原来函数作出的卡诺图，应是图 10.20(a)所示的与原来三个与项对应的三个方格组，右边两个方格组相切，相切处两个小方格(下排中间两格)反映的关系是 $A＝C＝1$，是发生 $F＝B＋\bar{B}$ 冒险现象的情况。

所以，用卡诺图判断其逻辑函数用与一或表达式表达的电路是否产生冒险现象时，要用原来的函数作出卡诺图，几个与项就圈出几个对应方格组。若有方格组相切，则能使方格组相切处小方格同时成立的条件就是发生 $A＋\bar{A}$ 型冒险的条件。

用同样的方法，可以判断出上面卡诺图中左边两相切方格组发生冒险的条件是 $A＝1$，$B＝0$，此时 $F＝C＋\bar{C}$。

判断其逻辑函数用或一与表达式表达的电路是否产生冒险现象的方法与上述方法类似。不过，或一与关系式的卡诺图是圈“0”而不圈“1”，且变量为 0 时取原变量，变量为 1 时取反变量。对例 10.6 所讨论的逻辑函数，其卡诺图如图 10.20(b)所示。左边两方格组相切，相切处两个小方格(第一列)同时成立的条件是 $B＝C＝0$，发生 $F＝A\bar{A}$ 冒险。另一组相切的方格组相切处两个小方格同时成立的条件是 $A＝C＝0$，这时 $F＝B\bar{B}$。

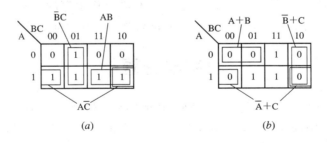

图 10.20　判断冒险卡诺图实例

10.3.4　冒险现象的防止

冒险现象能使电路产生误动作。防止发生冒险现象的常用方法如下。

1. 修改逻辑设计，增加多余项

例如，对 $F＝AB＋\bar{B}C＋A\bar{C}$，增加多余项 AC 和 $A\bar{B}$，使原函数变为 $F＝AB＋\bar{B}C＋A\bar{C}$ $＋AC＋A\bar{B}$。这样，当原来 $A＝C＝1$ 而发生 $F＝B＋\bar{B}$ 冒险时，由于 AC 项的存在，使 $F＝1$，因而消除了冒险。同样，原来 $AB＝10$ 而出现的 $F＝C＋\bar{C}$ 冒险也被 $A\bar{B}$ 消除。

2. 增加选通电路

对图 10.19(a)所示电路，可以像图 10.21 那样增加选通信号，以防止冒险发生。在输入信号发生变化，电路可能发生冒险时，选通信号 ST＝0 封锁了最后一级与非门，冒险不能发生。当电路达到稳定状态后，选通信号 ST＝1，最后一级与非门开放，电路输出稳定的状态。

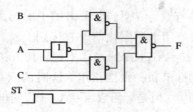

图 10.21　加选通电路消除冒险的电路实例

3. 加接滤波电容

若在电路输出端加上一个电容，由于冒险脉冲宽度很窄，利用电容的惰性，可有效削弱冒险脉冲的幅度，不致使其对电路的工作状态造成影响。

本 章 小 结

本章介绍了组合逻辑电路的基本分析方法和设计方法，并介绍了编码器、译码器、数据选择器和分配器、比较器等常用组合逻辑电路的个别典型集成电路的外部性能。希望读者能举一反三，对主要组合逻辑电路的功能有较明确的认识。

本章同时列举了一些实用电路，以使读者加深对电路功能的理解，并掌握这些集成电路的一般特点。

一般说来，对数字集成电路的内部电路，没有必要作很深的了解，只要掌握其外部性能，能熟练应用就行了。所以，本章对许多电路只介绍了其外部功能。

思考与习题十

10.1　说明 74LS138 的使能端对电路工作的影响。74LS138 的逻辑功能是什么？

10.2　74LS85 级联使用时，最低位片的 $A_i > B_i$、$A_i < B_i$ 和 $A_i = B_i$ 应怎样连接？说明这样做的原因。

10.3　74LS251 的 $\overline{ST}$ 端子的作用是什么？试用其组成十六选一数据选择器。

10.4　十六选一数据选择器有几位地址码？有 12 个输出端的分配器有几位地址码？

10.5　冒险竞争是如何发生的？简述用卡诺图判断冒险是否发生的方法。

10.6　写出如题 10.6 图所示电路的输出函数表达式，并将其转换成与非逻辑门电路，写出与非逻辑门电路的输出函数表达式，画出电路图。

10.7　分析如题 10.7 图所示电路的逻辑功能。

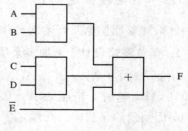

题 10.7

10.8 分析如题 10.8 图所示电路的逻辑功能。

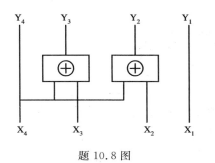

题 10.8 图   题 10.9 图

10.9 设计一个多数表决器电路，电路有三个输入端，一个输出端，它的功能是输出信号电平与输入信号的多数电平一致。

10.10 设计一个楼梯开关系统，分别使一、二、三楼的三个开关都能对楼梯上的同一盏灯进行控制。

10.11 用 3−8 译码器实现函数：

$$F = \sum m(0, 2, 3, 6, 7)$$

10.12 设计一位二进制数全减器（包括低位借位）电路。

10.13 有 A、B、C、D 四台设备，功率均为 10 kW，由两台发电机 X_1 和 X_2 供电。X_1 的功率为 20 kW，X_2 的功率为 10 kW。四台设备不可能同时工作，最多有三台而且必须有一台设备工作。试设计合理的供电控制电路。

10.14 A、B、C 三信号的优先权依次降低，它们通过编码器分别由 X_3、X_2、X_1 输出，但同一时间只能有一个信号输出，若两个以上信号输入，优先权高的信号被输出。试设计出逻辑电路。

课题十一　集　成　触　发　器

前面介绍了各种逻辑门以及由它们组成的各种组合逻辑电路。这些电路有一个共同的特点，就是某一时刻的输出完全取决于当时的输入信号，它们没有记忆功能。

在数字系统中，常常需要存储各种数字信息。触发器具有记忆功能，是存储一位二进制代码的最常用的单元电路，也是构成时序逻辑电路的基本单元电路。

本章主要介绍 RS 触发器、JK 触发器、D 触发器和 T 触发器的逻辑功能及其应用。

11.1　基本 RS 触发器

11.1.1　逻辑电路构成和逻辑符号

RS 触发器由两个与非门交叉连接而成，图 11.1 是它的逻辑图和逻辑符号。其中 S_d 为置 1（置位）输入端，R_d 为置 0（复位）输入端，在逻辑符号中用小圆圈表示输入信号为低电平有效。Q 和 $\overline{Q}$ 是一对互补输出端，同时用它们表示触发器的输出状态，即 $Q=1$、$\overline{Q}=0$ 表示触发器的 1 态，$Q=0$、$\overline{Q}=1$ 表示触发器的 0 态。

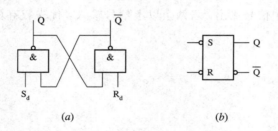

(a) (b)

图 11.1　基本 RS 触发器
(a) 逻辑图；(b) 逻辑符号

11.1.2　逻辑功能描述

通常用状态真值表、特征方程（次态方程）和状态转移图来描述触发器的逻辑功能。

1. 状态真值表

基本 RS 触发器的逻辑功能可以用表 11.1 所示的状态真值表来描述。

表 11.1 中，S_d、R_d 为触发器的两个输入信号；Q^n 为触发器的现态（初态），即输入信号作用前触发器 Q 端的状态；Q^{n+1} 为触发器的次态，即输入信号作用后触发器 Q 端的状态。

表 11.1 基本 RS 触发器状态真值表

S_d	R_d	Q^n	Q^{n+1}	说　明
0	0	0	$\times$	不允许
0	0	1	$\times$	
0	1	0	1	置 1
0	1	1	1	$(Q^{n+1}=1)$
1	0	0	0	置 0
1	0	1	0	$(Q^{n+1}=0)$
1	1	0	0	保　持
1	1	1	1	$(Q^{n+1}=Q^n)$

当 $S_d=0$、$R_d=1$ 时,无论触发器原来处于什么状态,其次态一定为 1,即 $Q^{n+1}=1$,故触发器处于置 1 状态(置位状态)。

当 $S_d=1$、$R_d=0$ 时,无论触发器原来处于什么状态,其次态一定为 0,即 $Q^{n+1}=0$,故触发器处于置 0 状态(复位状态)。

当 $S_d=R_d=1$ 时,触发器状态保持不变,即 $Q^{n+1}=Q^n$。

当 $S_d=R_d=0$ 时,触发器两个输出端 Q 和 $\overline{Q}$ 不互补,破坏了触发器的正常工作,使触发器失效。当输入条件同时消失时,触发器状态不定,即 $Q^{n+1}=\times$。这种情况在触发器工作时不允许出现。因此,使用这种触发器时,禁止 $S_d=R_d=0$ 的输入状态出现。

2. 特征方程(次态方程)、状态转移图及波形图

描述触发器逻辑功能的函数表达式称为触发器的特征方程或次态方程。由表 11.1 可得基本 RS 触发器的卡诺图,如图 11.2(a)所示。

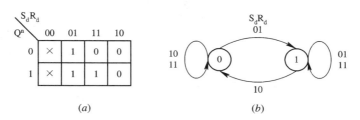

图 11.2　基本 RS 触发器的卡诺图及状态转移图

(a) 卡诺图;(b) 状态转移图

由卡诺图化简得基本 RS 触发器的特征方程为

$$\left.\begin{array}{l} Q^{n+1} = \overline{S}_d + R_d Q^n \\ S_d + R_d = 1 \end{array}\right\} \tag{11-1}$$

式中,$S_d+R_d=1$ 称为约束项。由于 S_d 和 R_d 同时为 0 又同时恢复为 1 时,状态 Q^{n+1} 不确定,为了获得确定的 Q^{n+1},输入信号 S_d 和 R_d 应满足约束条件 $S_d+R_d=1$。

基本 RS 触发器共有两个状态:0 态和 1 态。当 $Q^n=0$,输入 $S_d R_d=10$ 或 11 时,使触发器状态保持为 0 态;只有 $S_d R_d=01$ 时,才能使状态转移到 1 态。当 $Q^n=1$,输入 $S_d R_d=01$ 或 11 时,状态将保持为 1 态;只有 $S_d R_d=10$ 时,才使状态转移到 0 态。基本 RS 触发器的状态转移图如图 11.2(b)所示。

如果已知 S_d 和 R_d 的波形和触发器的起始状态，则可画出触发器 Q 端的工作波形如图 11.3 所示。

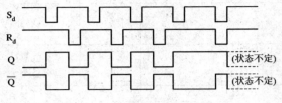

图 11.3　基本 RS 触发器波形图

11.1.3　集成基本 RS 触发器

以 TTL 集成触发器 74LS279 为例，其逻辑符号如图 11.4(a) 所示。每片 74LS279 中包含四个独立的用与非门组成的基本 RS 触发器。其中第一个和第三个触发器各有两个 S_d 输入端(S_1 和 S_3)，在任一输入端加低电平均能将触发器置 1；每个触发器只有一个 R_d 输入端(R)。图 11.4(b) 为第一个触发器的逻辑电路。

可用表 11.2 所示的功能表来描述 74LS279 集成电路的逻辑功能。

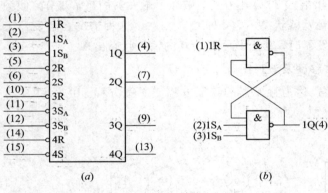

图 11.4　74LS279 集成电路
(a) 逻辑符号；(b) 逻辑电路

表 11.2　功能表

输	入	输 出
$\overline{S}$	$\overline{R}$	Q
1	1	Q_0
0	1	1
1	0	0
0	0	×

注：Q_0 为规定的稳态输入
条件建立前的 Q 状态；
×为不定状态。

11.2　时钟控制的触发器

上述基本 RS 触发器具有直接置 0、置 1 的功能，当 S_d 和 R_d 的输入信号发生变化时，触发器的状态就立即改变。在实际使用中，通常要求触发器按一定的时间节拍动作。这就要求触发器的翻转时刻受时钟脉冲的控制，而翻转到何种状态由输入信号决定，从而出现了各种时钟控制的触发器(简称钟控触发器)。按其功能，钟控触发器分为 RS 触发器、JK 触发器、D 触发器和 T 触发器。

11.2.1　RS 触发器

在基本 RS 触发器的基础上，加上两个与非门即可构成 RS 触发器，其逻辑图如图 11.5(a) 所示，逻辑符号如图 11.5(b) 所示。S_d 为直接置位端，R_d 为直接复位端。当用作

RS 触发器时，$S_d = R_d = 1$。S 为置位输入端，R 为复位输入端，CP 为时钟脉冲输入端。

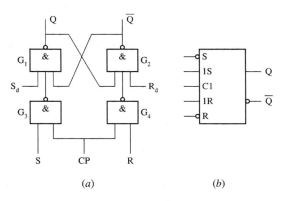

图 11.5 RS 触发器

(a) 逻辑图；(b) 逻辑符号

1. RS 触发器状态真值表

当 CP＝0 时，G_3、G_4 被封锁，输出均为 1，G_1、G_2 门构成的基本 RS 触发器处于保持状态。此时，无论 R、S 输入端的状态如何变化，均不会改变 G_1、G_2 门的输出，故对触发器状态无影响。

当 CP＝1 时，触发器处于工作状态，其逻辑功能见表 11.3。

表 11.3 RS 触发器功能表

S	R	Q^n	Q^{n+1}	说　明
0	0	0	0	保　持
0	0	1	1	$Q^{n+1} = Q^n$
0	1	0	0	置 0
0	1	1	0	$Q^{n+1} = 0$
1	0	0	1	置 1
1	0	1	1	$Q^{n+1} = 1$
1	1	0	×	禁　止
1	1	1	×	

S＝1，R＝0，$Q^{n+1} = 1$，触发器置 1；S＝0，R＝1，$Q^{n+1} = 0$，触发器置 0；S＝R＝0，$Q^{n+1} = Q^n$，触发器状态不变（保持）；S＝R＝1，触发器失效，禁止此状态出现。

2. 特征方程、状态转移图及波形图

与基本 RS 触发器一样，可由表 11.3 得 RS 触发器的卡诺图，如图 11.6(a)所示。

对卡诺图化简得 RS 触发器的特征方程为

$$\left. \begin{array}{l} Q^{n+1} = S + \bar{R}Q^n \\ SR = 0 \end{array} \right\} \tag{11-2}$$

式中，SR＝0 为约束项。

由真值表得到的 RS 触发器的状态转移图如图 11.6(b)所示。

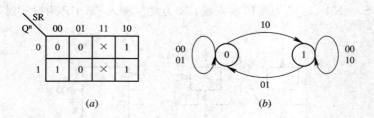

图 11.6 RS 触发器的卡诺图及状态转移图

(a) 卡诺图；(b) 状态转移图

如已知 CP、S 和 R 的波形，可画出触发器的工作波形如图 11.7 所示。

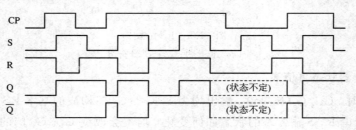

图 11.7 RS 触发器波形图

11.2.2 JK 触发器

在钟控 RS 触发器中，必须避免输入 R 和 S 同时为 1 的情况出现，这给使用带来不便。为了从根本上消除这种情况，可将钟控 RS 触发器接成如图 11.8(a) 所示的形式，同时将输入端 S 改成 J，R 改成 K，这样就构成了 JK 触发器。它的逻辑符号如图 11.8(b) 所示。

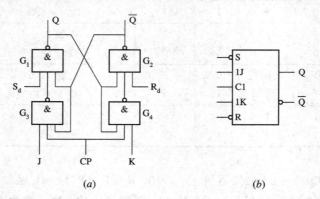

图 11.8 JK 触发器

(a) 逻辑图；(b) 逻辑符号

1. JK 触发器真值表

当 CP=0 时，G_3、G_4 门被封锁，J、K 输入端的变化对 G_1、G_2 门的输入无影响，触发器处于保持状态。

当 CP=1 时，如果 J、K 输入端状态依次为 00、01 或 10，输出端 Q^{n+1} 状态与 RS 触发器输出状态相同；如果 J、K=11，触发器必将翻转。JK 触发器状态真值表如表 11.4 所示。

表 11.4 JK 触发器状态真值表

J	K	Q^n	Q^{n+1}	说　　明
0	0	0	0	保持
0	0	1	1	（$Q^{n+1} = Q^n$）
0	1	0	0	置 0
0	1	1	0	（$Q^{n+1} = 0$）
1	0	0	1	置 1
1	0	1	1	（$Q^{n+1} = 1$）
1	1	0	1	必翻
1	1	1	0	（$Q^{n+1} = \overline{Q}^n$）

2. 特征方程、状态转移图及波形图

由真值表得 JK 触发器的卡诺图如图 11.9(a)所示，化简得 JK 触发器的特征方程为

$$Q^{n+1} = J\overline{Q}^n + \overline{K}Q^n \tag{11-3}$$

由真值表得 JK 触发器的状态转移图如图 11.9(b)所示。

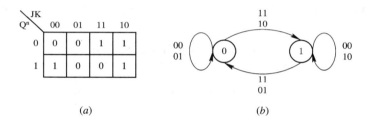

(a)　　　　　　　　　(b)

图 11.9　JK 触发器的卡诺图及状态转移图

（a）卡诺图；（b）状态转移图

如果已知 CP、J、K 的波形，可画出 JK 触发器的工作波形如图 11.10 所示。

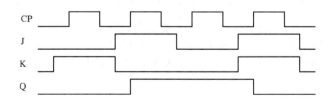

图 11.10　JK 触发器波形图

11.2.3　D 触发器

RS 触发器和 JK 触发器有两个输入端。有时需要只有一个输入端的触发器，于是将 RS 触发器接成图 11.11(a)所示的形式，这样就构成了单输入端的 D 触发器。它的逻辑符号如图 11.11(b)所示。

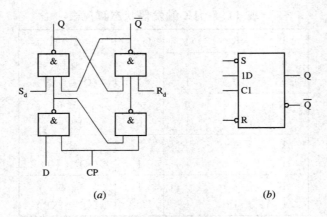

图 11.11 D 触发器

(a) 逻辑图；(b) 逻辑符号

1. D 触发器状态真值表

当 CP=0 时，D 触发器保持原来状态。

当 CP=1 时，如果 D=0，无论 D 触发器原来状态为 0 或 1，D 触发器输出均为 0；如果 D=1，无论 D 触发器原来状态为 0 或 1，D 触发器输出均为 1。D 触发器的状态真值表见表 11.5。

表 11.5　D 触发器状态真值表

D	Q^n	Q^{n+1}
0	0	0
0	1	
1	0	1
1	1	

2. 特征方程、状态转移图及波形图

由真值表得 D 触发器的卡诺图如图 11.12(a)所示，化简得 D 触发器的特征方程为

$$Q^{n+1} = D \tag{11-4}$$

由真值表得 D 触发器的状态转移图如图 11.12(b)所示。

如果已知 CP 和 D 的波形，可画出 D 触发器的工作波形如图 11.13 所示。

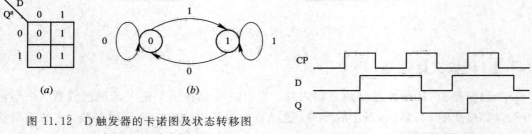

图 11.12　D 触发器的卡诺图及状态转移图

(a) 卡诺图；(b) 状态转移图

图 11.13　D 触发器波形图

11.2.4 T 触发器

如果把 JK 触发器的两个输入端 J 和 K 连在一起，并把这个连在一起的输入端用 T 表示，就构成了 T 触发器，如图 11.14(a)所示。其逻辑符号如图 11.14(b)所示。

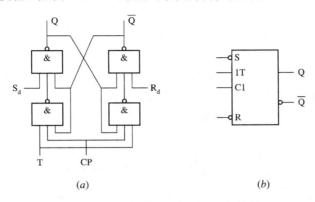

(a) (b)

图 11.14　T 触发器逻辑图及逻辑符号

(a) 逻辑图；(b) 逻辑符号

1. T 触发器状态真值表

当 CP＝0 时，T 触发器保持原来状态。

当 CP＝1 时，如果 T＝0，则 T 触发器保持原来状态；如果 T＝1，则 T 触发器翻转，相当于一位计数器。T 触发器的状态真值表见表 11.6。

表 11.6　T 触发器状态真值表

T	Q^n	Q^{n+1}	说　　明
0	0	0	保　持
0	1	1	（$Q^{n+1}=Q^n$）
1	0	1	必　翻
1	1	0	（$Q^{n+1}=\overline{Q}^n$）

2. 特征方程、状态转移图

由真值表得 T 触发器的卡诺图如图 11.15(a)所示，化简得 T 触发器的特征方程为

$$Q^{n+1}=T\overline{Q}^n+\overline{T}Q^n \tag{11-5}$$

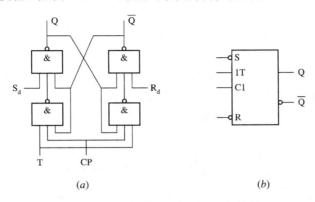

(a) (b)

图 11.15　T 触发器的卡诺图及状态转移图

(a) 卡诺图；(b) 状态转移图

由真值表得 T 触发器状态转移图如图 11.15(b)所示。

11.2.5　空翻与振荡现象

本节所介绍的各种时钟控制的触发器在实际应用中虽能满足时序逻辑电路的需要，但有时也会产生工作异常的现象，即空翻与振荡。

（1）空翻现象：即在 CP=1 期间，当输入信号发生变化时，使触发器的输出状态翻转两次或两次以上。

（2）振荡现象：即使在 CP=1 期间输入信号不发生变化，由于 CP 脉冲过宽，因互补性而使得输出反馈到输入端产生多次翻转（振荡）现象。

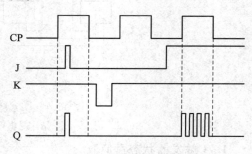

如图 11.16 所示的钟控 JK 触发器波形图，在第一个时钟脉冲 CP=1 期间，因 J 端输入信号的变化导致 JK 触发器的输出由 0 态翻转为 1 态，而后又翻转为 0 态，即产生空翻现象。而在第三个时钟脉冲 CP=1 期间，由于 J=K=1，而 $Q^n=0$，$\overline{Q^n}=1$，此输出反馈回输入端使得 $Q^{n+1}=1$，$\overline{Q^{n+1}}=0$，以此类推，只要 CP=1 存在，JK 触发器的输出就会不停的翻转，从而产生振荡。

图 11.16　空翻与振荡现象

由于空翻与振荡现象的存在，使得时钟控制的触发器抗干扰能力下降，从而导致其工作的可靠性降低，限制了它的实际应用。为了避免空翻与振荡现象，需要进一步对时钟控制的触发器进行电路改良。

11.3　边沿触发器

为了进一步提高触发器的工作性能，避免其出现空翻与振荡等不稳定现象，通过电路改良形成边沿触发器。边沿触发器由于只在 CP 时钟脉冲的上升或下降沿接受输入信号，使触发器的输出按输入信号的要求改变状态，因此称边沿触发。在除 CP 时钟脉冲的上升或下降沿以外的其他时刻，触发器处在保持状态。因此，这是一种抗干扰能力强的实用触发器，应用最为广泛。

11.3.1　边沿 JK 触发器

1. 逻辑功能

图 11.17(a)所示是一种下降沿触发的 JK 触发器逻辑电路，其逻辑符号如图 11.17(b)所示。CP 是时钟脉冲输入端，J、K 是控制输入端，输入端 $\overline{S_d}$ 和 $\overline{R_d}$ 是直接置 1、置 0 端，用来设置触发器的初始状态，在使用 CP、J、K 功能时，$\overline{S_d}$ 和 $\overline{R_d}$ 必须保持为 1。

边沿 JK 触发器的逻辑功能如表 11.7 所示。表中 ↓ 表示只有在 CP 时钟脉冲的下降沿时刻，触发器的输出才受输入 J、K 的控制。在 CP 时钟脉冲的其他时刻，触发器的输出不受输入 J、K 的控制，始终保持原来状态。

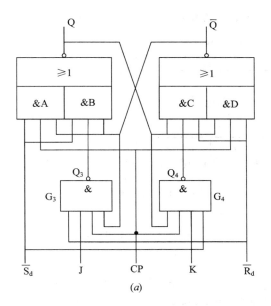

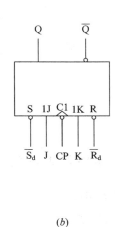

(a)　　　　　　　　　　　　　　(b)

图 11.17　边沿 JK 触发器

（a）逻辑图（b）逻辑符号

表 11.7　边沿 JK 触发器的逻辑功能表

J	K	CP	Q^{n+1}	功能
0	0	↓	Q^n	保持
0	1	↓	0	置 0
1	0	↓	1	置 1
1	1	↓	$\overline{Q^n}$	翻转

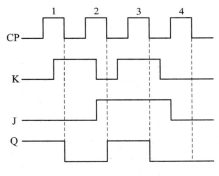

图 11.18　下降沿触发的 JK 触发器工作波形图

根据边沿 JK 触发器的功能表可以得到边沿 JK 触发器的特征方程为

$$Q^{n+1}=J\,\overline{Q^n}+\overline{K}Q^n$$

图 11.18 所示为下降沿触发的 JK 触发器工作波形图。当 CP＝1 的第一个脉冲下降沿出现时，因 K＝1、J＝0，根据边沿 JK 触发器的逻辑功能，其输出 Q 由 1 翻转为 0。同理，当 CP 的第二、第三、第四个脉冲下降沿出现时，输入依次为 K＝0、J＝1；K＝1、J＝1；K＝0、J＝0，因此 Q 的状态变化为 1→0→0。

由此可见，边沿触发器仅在 CP 时钟脉冲的有效边沿到来时，触发器才发生输出状态的跳变，跳变后的状态也仅与该时刻的输入信号 J、K 的状态有关，而与此时刻前后的输入信号 J、K 的状态无关。这正是边沿触发型触发器抗干扰能力强的体现。

2. 集成边沿 JK 触发器

JK 触发器已做成各种集成电路，如 74LS76、74LS112、74LS114；CD4027、4095、4096 等都是集成边沿 JK 触发器。

74LS112 是 TTL 双下降沿 JK 触发器，其管脚排列图如图 11.19 所示。

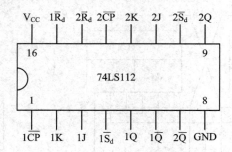

图 11.19 74LS112 管脚排列图

11.3.2 维持阻塞 D 触发器

1. 逻辑功能

维持阻塞触发器也是一种边沿触发器，一般是在 CP 时钟脉冲的上升沿接收输入信号并使触发器翻转，其他时间均处于保持状态。使用较多的是上升沿触发的维持阻塞 D 触发器，其逻辑电路如图 11.20(a)，逻辑符号如图 11.20(b)。

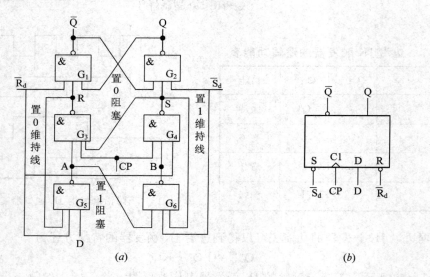

图 11.20 维持阻塞 D 触发器

(a) 逻辑图；(b) 逻辑符号

维持阻塞 D 触发器的逻辑功能如表 11.8 所示。表中↑表示只有在 CP 时钟脉冲的上升沿时刻，触发器的输出才受输入 D 的控制。

表 11.8 D 触发器的逻辑功能表

D	CP	Q^{n+1}	功能
0	↑	0	置 0
1	↑	1	置 1

与同钟控制 D 触发器一样，维持阻塞 D 触发器的特征方程为

$$Q^{n+1} = D$$

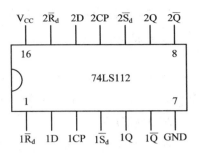

图 11.21　74LS74 管脚排列图

2. 集成 D 触发器

常用的集成 D 触发器有 74LS74、CD4013 等。74LS74 为 TTL 双上升沿 D 触发器，管脚排列如图 11.21 所示，CP 为时钟输入端，D 为数据输入端。

维持阻塞触发器（简称维阻触发器）有 RS、JK、D、T、T′等类型，此处不再赘述。

11.4　不同触发器的转换

从逻辑功能来分，触发器共有四种类型：RS、JK、D 和 T 触发器。在数字装置中往往需要各种类型的触发器，而市场上出售的触发器多为集成 D 触发器和 JK 触发器，没有其他类型触发器，因此，这就要求我们必须掌握不同类型触发器之间的转换方法。

转换逻辑电路的方法，一般是先比较已有触发器和待求触发器的特征方程，然后利用逻辑代数的公式和定理实现两个特征方程之间的变换，进而画出转换后的逻辑电路。

11.4.1　JK 触发器转换成 D、T 和 T′触发器

JK 触发器的特征方程为

$$Q^{n+1} = J\overline{Q}^n + \overline{K}Q^n \qquad (11-6)$$

1. JK 触发器转换成 D 触发器

D 触发器的特征方程为

$$Q^{n+1} = D \qquad (11-7)$$

对照公式(11-6)，对公式(11-7)变换得

$$Q^{n+1} = D\overline{Q}^n + DQ^n \qquad (11-8)$$

比较公式(11-6)和(11-8)，可见只要取 J＝D，K＝$\overline{D}$，就可以把 JK 触发器转换成 D 触发器。图 11.22(a)是转换后的 D 触发器电路图。转换后，D 触发器的 CP 触发脉冲与转换前 JK 触发器的 CP 触发脉冲相同。

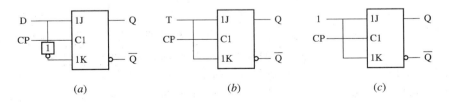

图 11.22　JK 触发器转换成 D 触发器、T 触发器和 T′触发器

(a) D 触发器；(b) T 触发器；(c) T′触发器

2. JK 触发器转换成 T 触发器

T 触发器的特征方程为

$$Q^{n+1} = T\overline{Q}^n + \overline{T}Q^n \tag{11 - 9}$$

比较公式(11 - 6)和(11 - 9)，可见只要取 J＝K＝T，就可以把 JK 触发器转换成 T 触发器。图11.22(b)是转换后的 T 触发器电路图。

3. T′触发器

如果 T 触发器的输入端 T＝1，则称它为 T′触发器，如图 11.22(c)所示。T′触发器也称为一位计数器，在计数器中应用广泛。

11.4.2 D 触发器转换成 JK、T 和 T′触发器

由于 D 触发器只有一个信号输入端，且 Q^{n+1}＝D，因此，只要将其他类型触发器的输入信号经过转换后变为 D 信号，即可实现转换。

1. D 触发器转换成 JK 触发器

令 $D = J\overline{Q}^n + \overline{K}Q^n$，就可将 D 触发器转换成 JK 触发器，如图 11.23(a)所示。

2. D 触发器转换成 T 触发器

令 $D = T\overline{Q}^n + \overline{T}Q^n$，就可以把 D 触发器转换成 T 触发器，如图 11.23(b)所示。

3. D 触发器转换成 T′触发器

直接将 D 触发器的 $\overline{Q}^n$ 端与 D 端相连，就构成了 T′触发器，如图 11.23(c)所示。D 触发器到 T′触发器的转换最简单，计数器电路中用得最多。

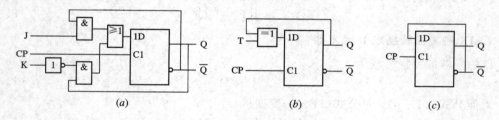

图 11.23　JK 触发器 、T 触发器和 T′触发器
(a) JK 触发器；(b) T 触发器；(c) T′触发器

本 章 小 结

(1) 触发器是一种能记存一位二进制信息 0、1 的电路，有互补输出 Q、$\overline{Q}$，它是组成各种时序逻辑电路的基本单元电路。触发器次态与输入、初态之间的关系可以用其状态真值表、特征方程(次态方程)、状态转移图来表示。三种方法互有联系，但各有其侧重点。

(2) 按逻辑划分，触发器有基本 RS 触发器、时钟同步 RS 触发器、JK 触发器、D 触发器、T 触发器、T′触发器等。同一种逻辑功能的触发器可以有各种不同的电路结构形式和制造工艺。

(3) 各种触发器的特征方程分别如下。

① 基本 RS 触发器：

$$\left.\begin{array}{l} Q^{n+1} = \bar{S}_d + R_d Q^n \\ S_d + R_d = 1 \end{array}\right\}$$

② 时钟同步 RS 触发器：

$$\left.\begin{array}{l} Q^{n+1} = S + \bar{R} Q^n \\ SR = 0 \end{array}\right\}$$

CP＝1 有效。

③ JK 触发器：

$$Q^{n+1} = J\bar{Q}^n + \bar{K} Q^n$$

CP＝1，CP 上升沿或下降沿有效。

④ D 触发器：

$$Q^{n+1} = D$$

CP＝1，CP 上升沿或下降沿有效。

⑤ T 触发器：

$$Q^{n+1} = T\bar{Q}^n + \bar{T} Q^n$$

CP＝1，CP 上升沿或下降沿有效。

⑥ T′ 触发器：

$$Q^{n+1} = \bar{Q}^n$$

CP＝1，CP 上升沿或下降沿有效。

（4）由于 RS 触发器存在约束条件，而时钟控制的触发器又存在空翻与振荡现象，使得在实际中人们更倾向于使用各种边沿触发器。使用边沿触发器要明确其工作时是处在上升沿还是下降沿，以防止错误。

边沿触发器由于抗干扰能力强、工作可靠，被广泛应用在寄存器、计数器、分频器等时序逻辑电路中。其中 D 触发器由于结构简单、价格便宜，应用更为广泛。

（5）从制造工艺上划分，触发器还可分为 TTL、CMOS 两大类，它们的外特性与 TTL 门电路、CMOS 门电路的外特性相同，有关电路特点及使用时应注意的问题也和门电路相同。

思考与习题十一

11.1 试画出用或非门组成的基本 RS 触发器，并列出状态真值表，求出特征方程。

11.2 触发器电路如题 11.2 图所示。试列出状态真值表，求出特征方程，画出状态转移图。如已知 A、B、CP 的波形，对应画出 Q、$\bar{Q}$ 端的波形。

11.3 芯片 CC4096 为主从 JK 触发器（有 JK 输入端）。试查阅电子器件手册，画出逻辑符号和功能表，并说明其逻辑功能。

11.4 设维持阻塞 D 触发器的初始状态 Q^n＝0。试画出在题 11.4 图所示的 CP、D 信号作用下触发器 Q 端的工作波形。

11.5 将题 11.4 图所示的波形作用在下降沿触发的边沿式 D 触发器上，重做一遍。

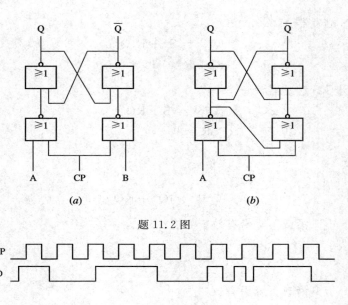

(a)　　　　　　　　　　　　(b)

题 11.2 图

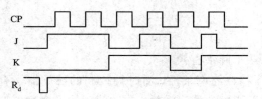

题 11.4 图

11.6　S112 为下降沿触发的双 JK 触发器，它的输入信号波形如题 11.6 图所示。试画出 Q 端的工作波形。

题 11.6 图

11.7　题 11.7 图中，各个触发器的初态 $Q^n = 0$。在连续 4 个时钟脉冲作用下，试画出各触发器 Q 端的工作波形（设各触发器均为 TTL 电路）。

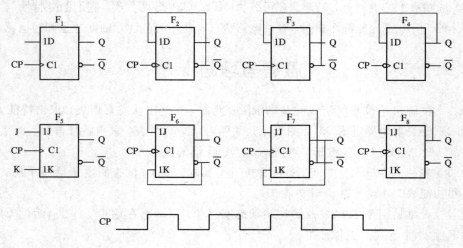

题 11.7 图

11.8 题 11.8 图分别为 JK 触发器、D 触发器和 T 触发器组成的时序逻辑电路。试画出它们分别在 5 个 CP 脉冲作用下 Q 端的工作波形及 A、B、C 和 D 端的工作波形。

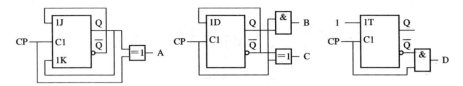

题 11.8 图

11.9 芯片 CC4013 双 D 触发器组成的逻辑电路如题 11.9 图所示。设各触发器的初态均为 0，试画出在 8 个 CP 脉冲作用下 Q_1 和 Q_2 端的工作波形。

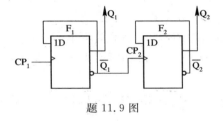

题 11.9 图

课题十二　时序逻辑电路

数字电路分组合逻辑电路和时序逻辑电路两大类。在组合逻辑电路中，任意时刻的输出信号仅取决于该时刻的输入信号，而与信号作用前电路原来所处的状态无关。在时序逻辑电路中，任何时刻电路的输出信号不仅与该时刻电路的输入信号有关，而且还与电路过去的状态有关。凡是含有触发器的数字电路，都可称为时序逻辑电路，触发器就是最简单的时序逻辑电路，也是较复杂时序逻辑电路的基本单元电路。

本章将介绍时序逻辑电路的分析方法以及计数器和寄存器等内容。

12.1　时序逻辑电路的分析方法

时序逻辑电路按其触发方式分为同步时序逻辑电路和异步时序逻辑电路两类。

时序逻辑电路中，所有触发器的脉冲触发端与外接 CP 脉冲端相连（即所有触发器在外来 CP 脉冲作用下同时动作）的电路称为同步时序逻辑电路。

时序逻辑电路中，不同触发器的时钟脉冲不相同，触发器只在其 CP 脉冲的相应边沿才动作的电路，称为异步时序逻辑电路。

时序逻辑电路的分析方法与组合逻辑电路的分析方法相类似，即根据给定的时序逻辑电路，分析出电路的逻辑功能。在分析之前，首先应判断时序逻辑电路是同步时序电路还是异步时序电路。下面分别介绍同步时序电路和异步时序电路的分析方法。

12.1.1　同步时序电路分析

1. 同步时序电路分析方法

同步时序电路的分析方法和分析步骤如下：

（1）写方程。方程式包含各触发器的激励方程（即每一个触发器输入端的函数表达式），将激励方程代入相应触发器的特征方程即得到各触发器的次态方程（又称为状态方程），再根据输出电路写出输出方程。

（2）列状态真值表。假定一个状态（现态），将其代入次态方程就可得出相应的次态。逐个假定状态，并列表表示，即得状态真值表。

（3）画状态转移图。根据状态真值表，画出状态转移图。因为状态转移图直观，很容易分析其功能。

（4）画波形图。根据状态真值表、状态转移图和触发器的触发边沿形式（上升沿或下降沿）画出波形图。

（5）功能描述。用文字概括电路的逻辑功能。

2. 同步时序电路分析举例

例 12.1 时序电路如图 12.1(a)所示，试分析其功能。

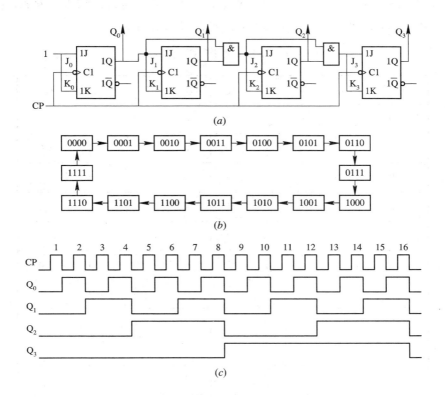

图 12.1 例 12.1 图
(a) 电路图；(b) 状态转移图；(c) 波形图

解 该电路中，时钟脉冲 CP 与每个触发器的时钟脉冲输入端相连接，故为下降沿触发的同步时序电路。

（1）写方程。

① 激励方程为

$$J_0 = K_0 = 1$$
$$J_1 = K_1 = Q_0$$
$$J_2 = K_2 = Q_0 Q_1$$
$$J_3 = K_3 = Q_0 Q_1 Q_2$$

② 次态方程：将上述激励方程代入触发器的特征方程中，即得每一个触发器的次态方程。

$$Q_0^{n+1} = J_0 \overline{Q_0^n} + \overline{K_0} Q_0^n = \overline{Q_0^n}$$

$$Q_1^{n+1} = J_1 \overline{Q_1^n} + \overline{K_1} Q_1^n = Q_0^n \overline{Q_1^n} + \overline{Q_0^n} Q_1^n$$

$$Q_2^{n+1} = J_2 \overline{Q_2^n} + \overline{K_2} Q_2^n = Q_0^n Q_1^n \overline{Q_2^n} + \overline{Q_0^n Q_1^n} Q_2^n$$

$$Q_3^{n+1} = J_3 \overline{Q_3^n} + \overline{K_3} Q_3^n = Q_0^n Q_1^n Q_2^n \overline{Q_3^n} + \overline{Q_0^n Q_1^n Q_2^n} Q_3^n$$

③ 输出方程：输出信号 $Q_3Q_2Q_1Q_0$ 为对应四个触发器的输出。

（2）列状态真值表。假定一个现态，代入上述次态方程便得出相应的次态，逐个假定现态，并列表表示，得出相应的状态真值表，如表 12.1 所示。

表 12.1 状态真值表

序 号	Q_3^n	Q_2^n	Q_1^n	Q_0^n	Q_3^{n+1}	Q_2^{n+1}	Q_1^{n+1}	Q_0^{n+1}
0	0	0	0	0	0	0	0	1
1	0	0	0	1	0	0	1	0
2	0	0	1	0	0	0	1	1
3	0	0	1	1	0	1	0	0
4	0	1	0	0	0	1	0	1
5	0	1	0	1	0	1	1	0
6	0	1	1	0	0	1	1	1
7	0	1	1	1	1	0	0	0
8	1	0	0	0	1	0	0	1
9	1	0	0	1	1	0	1	0
10	1	0	1	0	1	0	1	1
11	1	0	1	1	1	1	0	0
12	1	1	0	0	1	1	0	1
13	1	1	0	1	1	1	1	0
14	1	1	1	0	1	1	1	1
15	1	1	1	1	0	0	0	0

（3）画状态转移图。由状态真值表可得相应的状态转移图，如图 12.1(b) 所示。

（4）画波形图。波形图如图 12.1(c) 所示。

（5）功能描述。由以上分析可知，图 12.1(a) 所示电路为同步四位二进制加法计数器，即记录 CP 脉冲的个数。计数范围从 0000 到 1111。另外，它还可以对 CP 脉冲分频。所谓分频，是指将信号频率成比例地降低。将信号从电路输入端输入，由输出端输出时，频率降低到输入信号的几分之一，就叫几分频，该电路就叫几分频电路。在本电路中，Q_0 端是 CP 脉冲的二分频输出；Q_1 端是 CP 脉冲的四分频输出；Q_2 端是 CP 脉冲的八分频输出；

Q_3 端是 CP 脉冲的十六分频输出。

例 12.2 时序电路如图 12.2(a)所示，试分析其功能。

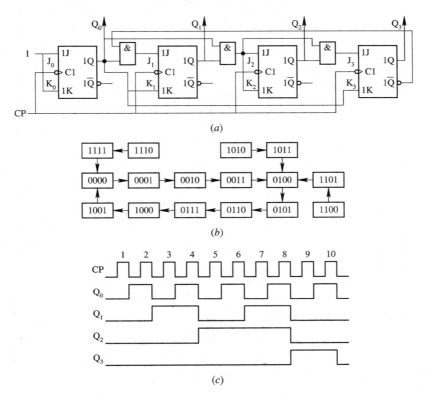

$$(a)$$

$$(b)$$

$$(c)$$

图 12.2 例 12.2 图

(a) 电路图；(b) 状态转移图；(c) 波形图

解 该电路为下降沿触发的同步时序电路。

激励方程为

$$J_0 = K_0 = 1$$

$$J_1 = Q_0 \overline{Q}_3 \qquad K_1 = Q_0$$

$$J_2 = K_2 = Q_0 Q_1$$

$$J_3 = Q_0 Q_1 Q_2 \qquad K_3 = Q_0$$

次态方程为

$$Q_0^{n+1} = \overline{Q}_0^n$$

$$Q_1^{n+1} = Q_0^n \overline{Q}_3^n \overline{Q}_1^n + \overline{Q}_0^n Q_1^n$$

$$Q_2^{n+1} = Q_0^n Q_1^n \overline{Q}_2^n + \overline{Q_0^n Q_1^n} Q_2^n$$

$$Q_3^{n+1} = Q_0^n Q_1^n Q_2^n \overline{Q}_3^n + \overline{Q_0^n} Q_3^n$$

输出信号为 $Q_3 Q_2 Q_1 Q_0$。

由次态方程得状态真值表如表 12.2 所示。

状态转移图如图 12.2(b)所示。波形图如图 12.2(c)所示。

表 12.2 状 态 真 值 表

序 号	Q_3^n	Q_2^n	Q_1^n	Q_0^n	Q_3^{n+1}	Q_2^{n+1}	Q_1^{n+1}	Q_0^{n+1}
0	0	0	0	0	0	0	0	1
1	0	0	0	1	0	0	1	0
2	0	0	1	0	0	0	1	1
3	0	0	1	1	0	1	0	0
4	0	1	0	0	0	1	0	1
5	0	1	0	1	0	1	1	0
6	0	1	1	0	0	1	1	1
7	0	1	1	1	1	0	0	0
8	1	0	0	0	1	0	0	1
9	1	0	0	1	0	0	0	0
10	1	0	1	0	1	0	1	1
11	1	0	1	1	0	1	0	0
12	1	1	0	0	1	1	0	1
13	1	1	0	1	1	0	0	0
14	1	1	1	0	1	1	1	1
15	1	1	1	1	0	0	0	0

由以上分析可知,图 12.2(a)所示电路为同步十进制加法计数器,计数范围从 0000 到 1001 构成计数环。1010 到 1111 六种状态为多余项,由于它们都能自动进入计数环中,所以称该电路为具有自启动能力的同步十进制加法计数器。

12.1.2 异步时序电路分析

1. 异步时序电路分析方法

异步时序电路的分析与同步时序电路分析方法基本相同,只是另外还需写出时钟方程。

2. 异步时序电路分析举例

例 12.3 异步时序电路如图 12.3(a)所示,试分析其电路。

解 由于该电路中 4 个上升沿 D 触发器的触发脉冲不相同(分别为 CP_0、CP_1、CP_2 和 CP_3),所以该电路为异步时序电路。

激励方程为

$$D_0 = \overline{Q}_0, \ D_1 = \overline{Q}_1, \ D_2 = \overline{Q}_2, \ D_3 = \overline{Q}_3$$

次态方程为

$$Q_0^{n+1} = \overline{Q}_0^n, \ Q_1^{n+1} = \overline{Q}_1^n, \ Q_2^{n+1} = \overline{Q}_2^n, \ Q_3^{n+1} = \overline{Q}_3^n$$

时钟方程为

$$CP_0 = CP, \ CP_1 = Q_0, \ CP_2 = Q_1, \ CP_3 = Q_2$$

输出信号为 $Q_3 Q_2 Q_1 Q_0$。

由于各触发器仅在其触发脉冲的上升沿动作,其余时间均处于保持状态,故在列电路状态真值表时,必须把触发条件列入其中。状态真值表见表 12.3。

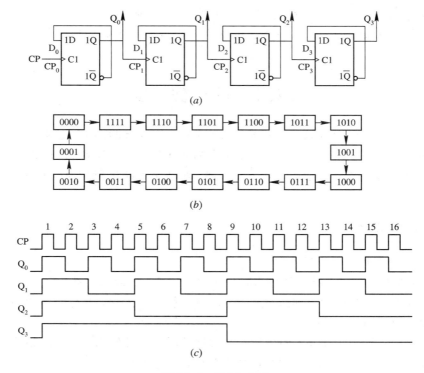

图 12.3　例 12.3 图

(a) 电路图；(b) 状态转移图；(c) 波形图

表 12.3　状 态 真 值 表

Q_3^n	Q_2^n	Q_1^n	Q_0^n	Q_3^{n+1}	Q_2^{n+1}	Q_1^{n+1}	Q_0^{n+1}	CP_3	CP_2	CP_1	CP_0
0	0	0	0	1	1	1	1	↑	↑	↑	↑
1	1	1	1	1	1	1	0	1	1	↓	↑
1	1	1	0	1	1	0	1	1	↓	↑	↑
1	1	0	1	1	1	0	0	1	0	↓	↑
1	1	0	0	1	0	1	1	↓	↑	↑	↑
1	0	1	1	1	0	1	0	0	1	↓	↑
1	0	1	0	1	0	0	1	0	↓	↑	↑
1	0	0	1	1	0	0	0	0	0	↓	↑
1	0	0	0	0	1	1	1	↑	↑	↑	↑
0	1	1	1	0	1	1	0	1	1	↓	↑
0	1	1	0	0	1	0	1	1	↓	↑	↑
0	1	0	1	0	1	0	0	1	0	↓	↑
0	1	0	0	0	0	1	1	↓	↑	↑	↑
0	0	1	1	0	0	1	0	0	1	↓	↑
0	0	1	0	0	0	0	1	0	↓	↑	↑
0	0	0	1	0	0	0	0	0	0	↓	↑

状态转移图如图 12.3(b)所示。波形图如图 12.3(c)所示。

由以上分析可知，图 12.3(a)所示电路为异步四位二进制减法计数器。计数范围从 1111 到 0000。

12.2　计　数　器

计数器是用来累计时钟脉冲(CP 脉冲)个数的时序逻辑部件。它是数字系统中用途最广泛的基本部件之一，几乎在各种数字系统中都有计数器。它不仅可以计数，还可以对 CP 脉冲分频，以及构成时间分配器或时序发生器，对数字系统进行定时、程序控制操作。此外，还能用它执行数字运算。

12.2.1　计数器分类

1. 按 CP 脉冲输入方式分类

按 CP 脉冲输入方式，计数器分为同步计数器和异步计数器两种。

同步计数器：计数脉冲引到所有触发器的时钟脉冲输入端，使应翻转的触发器在外接的 CP 脉冲作用下同时翻转。

异步计数器：计数脉冲并不引到所有触发器的时钟脉冲输入端，有的触发器的时钟脉冲输入端是其他触发器的输出，因此，触发器不是同时动作。

2. 按计数增减趋势分类

按计数增减趋势，计数器分为加法计数器、减法计数器和可逆计数器三种。

加法计数器：计数器在 CP 脉冲作用下进行累加计数(每来一个 CP 脉冲，计数器加 1)。

减法计数器：计数器在 CP 脉冲作用下进行累减计数(每来一个 CP 脉冲，计数器减 1)。

可逆计数器：计数规律可按加法计数规律计数，也可按减法计数规律计数，由控制端决定。

3. 按数制分类

按数制分为二进制计数器、二-十进制计数器和任意进制计数器。

二进制计数器：按二进制规律计数，最常用的有四位二进制计数器，计数范围从 0000 到 1111。如例 12.1 中所示的电路就是同步四位二进制加法计数器。

二-十进制计数器(BCD 码计数器)：按二进制规律计数，但计数范围从 0000 到 1001。如例 12.2 中所示电路的同步十进制加法计数器，即为二-十进制计数器，其输出状态符合 BCD 码的计数规则。

任意进制计数器(N 进制计数器)：计数规律符合其他进制计数规则。

12.2.2　计数器分析

1. 二进制计数器

在例 12.1 和例 12.3 中，我们已经重点分析了同步四位二进制加法计数器和异步四位二进制减法计数器，现分析如图 12.4 所示计数器电路，加强对时序逻辑电路分析方法的掌握。

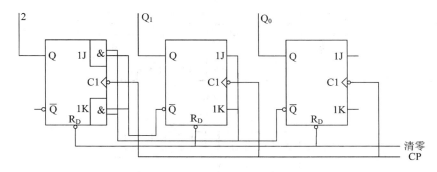

图 12.4 三位二进制减法计数器

（1）写时钟方程和激励方程。

时钟方程为

$$CP_0 = CP_1 = CP_2 = CP$$

激励方程为

$$J_0 = K_0 = 1$$

$$J_1 = K_1 = \overline{Q_0^n}$$

$$J_2 = K_2 = \overline{Q_0^n} \ \overline{Q_1^n}$$

（2）求次态方程。

将激励方程代入 JK 触发器特征方程，可得到次态方程

$$Q_0^{n+1} = \overline{Q_0^n}$$

$$Q_1^{n+1} = \overline{Q_0^n} \ \overline{Q_1^n} + Q_0^n Q_1^n$$

$$Q_2^{n+1} = \overline{Q_0^n} \ \overline{Q_1^n} \ \overline{Q_2^n} + \overline{\overline{Q_0^n} \ \overline{Q_1^n}} Q_2^n$$

（3）列出状态真值表。

设初始状态，代入次态方程依次推导出状态真值，如表 12.4 所示。

表 12.4 三位二进制减法计数器状态真值表

CP 序号	Q_2^n	Q_1^n	Q_0^n	Q_2^{n+1}	Q_1^{n+1}	Q_0^{n+1}
0	0	0	0	0	0	0
1	0	0	0	1	1	1
2	1	1	1	1	1	0
3	1	1	0	1	0	1
4	1	0	1	1	0	0
5	1	0	0	0	1	1
6	0	1	1	0	1	0
7	0	1	0	0	0	1
8	0	0	1	0	0	0

（4）画出状态转移图和波形图

根据状态真值表可画出状态转移图和波形图，如图 12.5(a)和图 12.5(b)所示。

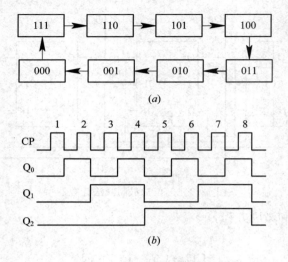

(a)

(b)

图 12.5　三位二进制减法计数器

（*a*）状态转移图；（*b*）波形图

2. 二–十进制减法计数器

例 12.2 中我们已经分析了同步十进制加法计数器，现分析如图 12.6(*a*)所示的十进制减法计数器电路。它由 T 触发器组成，负跳变触发。为了实现从 $Q_3Q_2Q_1Q_0 = 0000$ 状态减 1 后跳变为 1001 状态，在电路处于全 0 状态时与非门 G_2 输出的低电平将与门 G_1 和 G_3 封锁，使 $T_1 = T_2 = 0$。于是当计数脉冲到达后 FF0 和 FF3 翻转为 1，而 FF1 和 FF2 维持 0 不变，以后继续输入减法计数脉冲时，电路工作情况就与同步二进制计数器一样了。

各触发器的激励方程为

$$T_0 = 1$$
$$T_1 = \overline{Q_0^n} \cdot \overline{\overline{Q_1^n} \overline{Q_2^n} \overline{Q_3^n}}$$
$$T_2 = \overline{Q_0^n} \overline{Q_1^n} \cdot \overline{\overline{Q_1^n} \overline{Q_2^n} \overline{Q_3^n}}$$
$$T_3 = \overline{Q_0^n} \overline{Q_1^n} \overline{Q_2^n}$$

输出方程为

$$B = \overline{Q_0^n} \overline{Q_1^n} \overline{Q_2^n} \overline{Q_3^n}$$

各触发器的次态方程为

$$Q_0^{n+1} = \overline{Q_0^n}$$
$$Q_1^{n+1} = \overline{Q_0^n} (Q_2^n + Q_3^n) \overline{Q_1^n} + Q_0^n Q_1^n$$
$$Q_2^{n+1} = \overline{Q_0^n} \overline{Q_1^n} \overline{Q_2^n} Q_3^n + (Q_0^n + Q_1^n) Q_2^n$$
$$Q_3^{n+1} = \overline{Q_0^n} \overline{Q_1^n} \overline{Q_2^n} \overline{Q_3^n} + (Q_0^n + Q_1^n + Q_2^n) Q_3^n$$

根据次态方程可列出转换真值表如表 12.5 所示。

由状态真值表可得相应的状态转移图如图 12.6(*b*)所示。

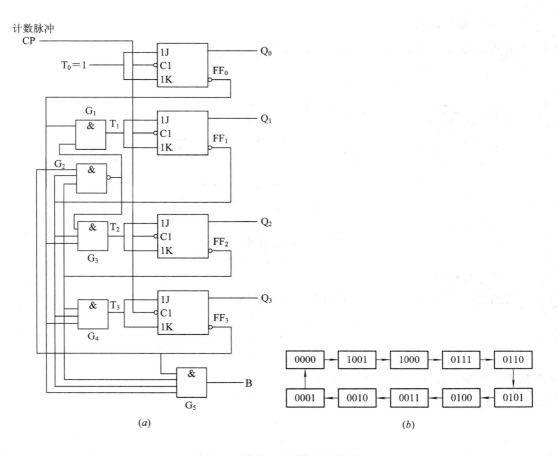

图 12.6 同步十进制减法计数器

(a) 逻辑图;(b) 状态转移图

表 12.5 十进制减法计数器状态真值表

输入脉冲	现态				次态				借位
	Q_3^n	Q_2^n	Q_1^n	Q_0^n	Q_3^{n+1}	Q_2^{n+1}	Q_1^{n+1}	Q_0^{n+1}	B
0	0	0	0	0	1	0	0	1	1
1	1	0	0	1	1	0	0	0	0
2	1	0	0	0	0	1	1	1	0
3	0	1	1	1	0	1	1	0	0
4	0	1	1	0	0	1	0	1	0
5	0	1	0	1	0	1	0	0	0
6	0	1	0	0	0	0	1	1	0
7	0	0	1	1	0	0	1	0	0
8	0	0	1	0	0	0	0	1	0
9	0	0	0	1	0	0	0	0	0

3．N进制计数器

五进制加法计数器的逻辑电路如图 12.7(a)所示。

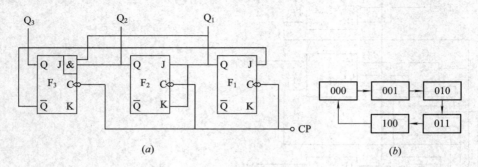

图 12.7　五进制加法计数器

(a) 逻辑图；(b) 状态转移图

其功能分析如下：

写出各触发器信号输入端的逻辑表达式即激励方程。

$$J_0 = \overline{Q}_2, \quad K_0 = 1$$
$$J_1 = K_1 = Q_0$$
$$J_2 = Q_1 Q_0, \quad K_2 = 1$$

将初始状态 000 代入激励方程，可得

$$J_0 = K_0 = 1$$
$$J_1 = K_1 = 0$$
$$J_2 = 0, \quad K_2 = 1$$

当在 C 端输入第 1 个时钟脉冲后，根据各触发器信号输入端的逻辑状态即可确定各触发器的输出状态；F_1 翻转为 1 态。F_2、F_3 维持 0 态，计数器状态变为 001，将这个状态代入激励方程，便得到第 1 个时钟脉冲作用结束后各触发器的输入状态；根据这些状态，确定在 C 端输入第 2 个时钟脉冲后，计数器状态变为 010；依此类推，即可得到相应的逻辑状态真值表，如表 12.6 所示。

表 12.6　五进制加法计数器状态真值表

时钟脉冲数	触发器信号输入端逻辑状态					计数器状态		
	$J_3 = Q_1 Q_2$	$K_3 = 1$	$J_2 = K_2 = Q_1$	$J_1 = \overline{Q}_3$	$K_1 = 1$	Q_3	Q_2	Q_1
0	0	1	0	1	1	0	0	0
1	0	1	1	1	1	0	0	1
2	0	1	0	1	1	0	1	0
3	1	1	1	1	1	0	1	1
4	0	1	0	0	1	1	0	0
5	0	1	0	1	1	0	0	0

第 5 个时钟脉冲输入后，计数器状态由 100 恢复为 000，可见，经过 5 个脉冲循环一次，开始另一个计数周期。同步五进制加法计数器的状态转移图如图 12.7(b)所示。

4. 集成计数器及应用

TTL 和 COMS 电路构成的中规模计数器品种很多，应用广泛。通常集成计数器为 BCD 码十进制计数器、四位二进制加法计数器和可逆计数器。按预置功能和清零功能还可分为同步预置、异步预置清零。这些计数器功能比较完善，可以自扩展，通用性强。

下面介绍具有代表性的集成计数器 74LS290 和 74LS161 的逻辑功能及其应用。

1）集成计数器 74LS290

74LS290 为异步二–五–十进制加法计数器，其内部由 4 个下降沿 JK 触发器和两个与非门组成。74LS290 组成的十进制计数器如图 12.8 所示，其中图 12.8(a)是 8421BCD 码计数方式的连接电路，图 12.8(b)是 5421BCD 码计数方式的连接电路。74LS290 的状态转移如表 12.7 所示。

表 12.7 状 态 转 移 表

\multicolumn{5}{c} 8421BCD 码十进制计数					5421BCD 码十进制计数				
CP_0	Q_3	Q_2	Q_1	Q_0	CP_1	Q_3	Q_2	Q_1	Q_0
0	0	0	0	0	0	0	0	0	0
1	0	0	0	1	1	0	0	0	1
2	0	0	1	0	2	0	0	1	0
3	0	0	1	1	3	0	0	1	1
4	0	1	0	0	4	0	1	0	0
5	0	1	0	1	5	1	0	0	0
6	0	1	1	0	6	1	0	0	1
7	0	1	1	1	7	1	0	1	0
8	1	0	0	0	8	1	0	1	1
9	1	0	0	1	9	1	1	0	0

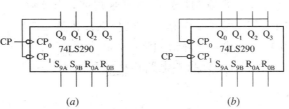

(a) (b)

图 12.8 74LS290 组成的十进制计数器

(a) 8421BCD 码十进制计数；(b) 5421BCD 码十进制计数

74LS290 的功能表见表 12.8，它具有如下功能：

（1）直接清零。当 R_{0A} 和 R_{0B} 为高电平、S_{9A} 和 S_{9B} 至少有一个为低电平时，各触发器 R_d 端均为低电平，触发器输出均为零，实现清零功能。由于清零功能与时钟无关，故这种清零称为异步清零。

(2) 直接置 9(输出为 1001)。当 S_{9A} 和 S_{9B} 为高电平，R_{0A} 和 R_{0B} 至少有一个为低电平时，触发器 F_0 和 F_3 的 S_d 端及触发器 F_1 和 F_2 的 R_d 端为低电平，触发器输出为 1001，实现直接置 9 功能。

表 12.8 功 能 表

输		入				输		出	
R_{0A}	R_{0B}	S_{9A}	S_{9B}	CP_0	CP_1	Q_3	Q_2	Q_1	Q_0
1	1	0	φ	$\times$	$\times$	0	0	0	0
1	1	φ	0	$\times$	$\times$	0	0	0	0
0	φ	1	1	$\times$	$\times$	1	0	0	1
φ	0	1	1	$\times$	$\times$	1	0	0	1
$\overline{R_{0A}R_{0B}}=1$		$\overline{S_{9A}S_{9B}}=1$		CP	0	二进制计数			
				0	CP	五进制计数			
				CP	Q_0	8421BCD 码十进制计数			
				Q_3	CP	5421BCD 码十进制计数			

(3) 计数。当 R_{0A}、R_{0B} 及 S_{9A}、S_{9B} 输入均为低电平时，门 R 和门 S 输出均为高电平，各 JK 触发器恢复正常功能(实现计数功能)。使用时，务必按功能表的要求，使 R_0 和 S_9 各输入端满足给定的条件，在输入时钟脉冲的下降沿计数。

(4) 功能扩展。用少量逻辑门，通过对 74LS290 外部不同方式的连接，可以组成任意进制计数器。

① 用 74LS290 组成七进制计数器。

首先，将 74LS290 的 CP_1 端与 Q_0 端相接，使它组成 8421BCD 码十进制计数器。其次，七进制计数器有 7 个有效状态 0000～0110，可由十进制计数器采用一定的方法使它跳越 3 个无效状态 0111～1001 而实现七进制计数。

当计数器从 0000 开始计数到 0110，第 7 个脉冲的下降沿到来时，强迫计数器返回到 0000 状态，向高位产生进位。但按 74LS290 的计数规律，当计数到 0110 时，下一个计数状态为 0111，不可能返回至零。因此在电路上采用反馈归零法，将反馈归零信号由 0111 引回 (即 $R_0=Q_2Q_1Q_0$)。当第 7 个脉冲下降沿到来时，状态由 0110→(0111)→0000，显然 0111 仅是由 0110→0000 的过渡状态。计数器电路连接图和波形图如图 12.9 所示。

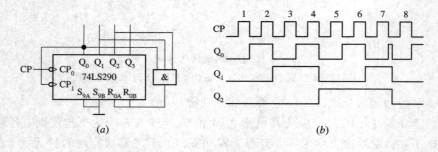

(a) (b)

图 12.9 七进制计数器电路图及波形图

② 用两块 74LS290 组成的百进制计数器。

将两块 74LS290 进行级联，组成的百进制计数器如图 12.10 所示。其中，$Q_{30}Q_{20}Q_{10}Q_{00}$ 为个位输出，$Q_{31}Q_{21}Q_{11}Q_{01}$ 为十位输出。

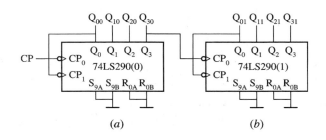

图 12.10　74LS290 扩展为百进制计数器

2）集成同步计数器 74LS161

图 12.11 为中规模集成四位同步二进制计数器 74LS161 引脚排列图。

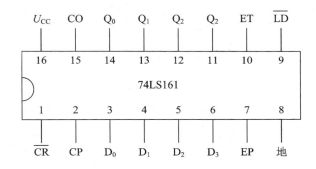

图 12.11　74LS161 引脚排列图

该电路除了具有二进制加法计数功能外，还具有预置数、保持和异步置零功能。其中 $\overline{LD}$ 为置数控制端，$\overline{CR}$ 为清零控制端，EP 和 ET 为工作状态控制端，$D_0 \sim D_3$ 为数据输入端，CO 为进位输出端。

异步清零：当 $\overline{CR}=0$ 时，使所有触发器进行强制置零，而且置零操作不受 CP 和其他输入端状态的影响。

同步预置：当 $\overline{LD}=0$，$\overline{CR}=1$ 时，电路处于预置状态，若 $D_0 \sim D_3$ 全为 1，在 CP 上升沿到来时，$Q_0 \sim Q_3$ 都被置 1。

保持：当 $\overline{LD}=\overline{CR}=1$ 时，若 EP＝0，ET＝1，当 CP 到达时它们保持原来的状态，但进位输出 CO 也处于保持状态。ET＝0，EP 为任意值时，计数器仍保持原有状态，但进位输出 CO 等于 0。

计数：当 $\overline{LD}=\overline{CR}=EP=ET=1$ 时，电路工作在计数状态。CP 端送入计数脉冲时，电路为同步二进制加法计数器。当计到 $Q_3Q_2Q_1Q_0=1111$ 时，电路将从 1111 状态返回 0000 状态，输出端 C 送出高电平进位信号。

表 12.9 是 74LS161 的功能表，它给出了当 EP 和 ET 为不同取值时电路的工作状态。

表 12.9　74LS161 的功能

输　　入									输　　出
CP	$\overline{CR}$	$\overline{LD}$	EP	ET	D_0	D_1	D_2	D_3	
×	0	×	×	×	×	×	×	×	置数
↑	1	0	×	×	D_0	D_1	D_2	D_3	预置数
×	1	1	0	1	×	×	×	×	保持
×	1	1	×	0	×	×	×	×	保持(C=0)
↑	1	1	1	1	×	×	×	×	计数

用 74LS161 的同步预置端构成的六十进制计数器如图 12.12 所示。

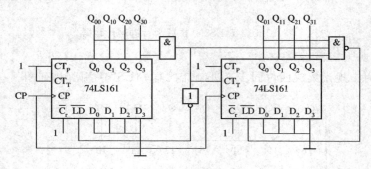

图 12.12　六十进制计数器

在图 12.12 中，左边为个位十进制计数器，右边为十位六进制计数器。两片计数器的 CP 脉冲相接，组成同步计数器，计数范围为 0~59。当个位计数器计数到 1001 时，与门输出为 1，十位计数器的 CT_T 端变为 1，再来一个 CP 脉冲，高位计数器加 1，否则只能为保持状态，当十位计数器计到 5、个位计数器计到 9 时，与非门输出为 1，在 $CT_T = 1$ 和下一个 CP 脉冲的配合下，强制十位计数器装入 0000。

采用不同的控制方案可以实现相同的功能。例如，对上述六十进制计数器，可以用第一级 74LS161 组成十二进制计数器，用第二级 74LS161 组成五进制计数器，然后级联即可，读者可以自行完成电路。

3）二进制可逆集成计数器 74LS169

74LS169 是同步可逆集成计数器。同步加/减计数器实际上是将同步加法计数器和减法计数器合并在一起，通过一根加/减控制线选择加法计数或减法计数。74LS169 引脚排列如图 12.13 所示。

74LS169 的引脚功能如下：

$U/\overline{D} = 1$ 时，进行加法计数，$U/\overline{D} = 0$ 时，进行减法计算。模为 16，时钟上升沿触发。

LD 为同步预置控制端，低电平有效。

没有清零端，通过预置数据 0 来清零。

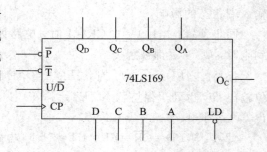

图 12.13　74LS169 逻辑功能图

进位和借位输出都从同一输出端 O_C 输出，加法计数到 1111 后，O_C 端有负脉冲输出；当减法计数到 0000 后，O_C 端有负脉冲输出，输出的负脉冲与时钟脉冲上升沿同步，宽度为一个时钟脉冲。

$\overline{P}$、$\overline{T}$ 为计数允许端，低电平有效，只有当 LD＝1，$\overline{P}＝\overline{T}＝0$ 时，在 CP 作用下计数器才能正常工作，否则保持原状态不变。

74LS169 的功能表如表 12.10 所示。

表 12.10　74LS169 功能表

CP	$\overline{P}+\overline{T}$	U/$\overline{D}$	LD	Q_D　Q_C　Q_B　Q_A
×	1	×	1	保持
↑	0	×	0	D　C　B　A
↑	0	1	1	二进制加法计数
↑	0	0	1	二进制减法计数

图 12.14(a) 是利用 74LS169 实现的六进制减法计数器电路。减计数时预置数为 0101。状态转移图如图 12.14(b) 所示。

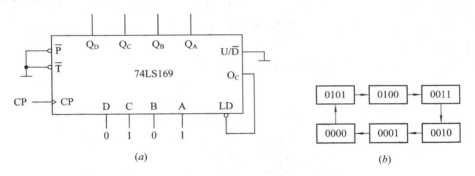

(a) 　　　　　　　　　　　　　　　　　　　　　　(b)

图 12.14　六进制减法计数器

（a）逻辑电路；（b）状态转移图

12.3　寄　存　器

寄存器是数字电路的一个常用功能，具有接收、存放和传递二进制数据的作用，常见类型是数码寄存器和移位寄存器。

12.3.1　数码寄存器

数码寄存器是存放二进制数码的电路。由于触发器具有记忆功能，因而它是数码寄存器的基本单元电路。

D 触发器是最简单的数码寄存器。在 CP 脉冲作用下，它能够寄存一位二进制代码。当 D＝0 时，在 CP 脉冲作用下，将 0 寄存到 D 触发器中；当 D＝1 时，在 CP 脉冲作用下，将 1 寄存到 D 触发器中。图 12.15 为由 D 触发器组成的四位数码寄存器，在存数指令脉冲 CP

作用下，输入端的并行四位数码将同时存到 4 个 D 触发器中，并由各触发器的 Q 端输出。

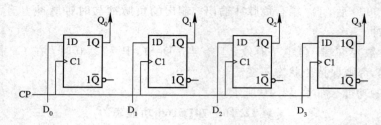

图 12.15　四位数码寄存器

当用触发器寄存数据时，除使用上述方法外，还可以使用触发器的异步置 0 端和异步置 1 端。例如，对低电平置 0、置 1 的触发器，可在 $\overline{R}_d$ 端和 $\overline{S}_d$ 端之间接一反相器，反相器输出端接触发器的 $\overline{S}_d$ 端，将触发器的 $\overline{R}_d$ 端与反相器输入端接在一起。这样，将需要寄存的数据从反相器输入端输入时，触发器就可立即寄存该数据。

12.3.2　移位寄存器

移位寄存器具有数码寄存和移位两个功能。若在移位脉冲（一般就是时钟脉冲）的作用下，寄存器中的数码依次向右移动，则称右移；如依次向左移动，称为左移。具有单向移位功能的称为单向移位寄存器；既可右移又可左移的称为双向移位寄存器。图 12.16 所示电路就是一个四位左移位寄存器。图 12.16 所示电路为下降沿触发的 JK 触发器组成的四位左移移位寄存器。

图 12.16 中，S_L 为左移串行输入端，$Q_3 Q_2 Q_1 Q_0$ 为并行输出端。

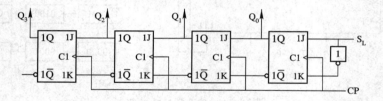

图 12.16　四位左移移位寄存器

表 12.11 列出了当 $S_L = 1011$ 时四位左移寄存器的移位情况，图 12.17 为四位左移寄存器的波形图。

表 12.11　$S_L = 1011$ 时四位左移寄存器的移位情况

输入脉冲	S_L	Q_3	Q_2	Q_1	Q_0
0		0	0	0	0
1	1	0	0	0	1
2	0	0	0	1	0
3	1	0	1	0	1
4	1	1	0	1	1

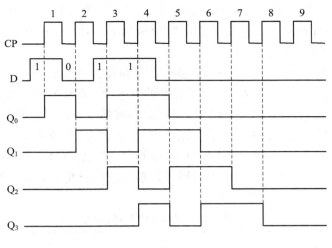

图 12.17　波形图

12.3.3　集成移位寄存器

1．典型移位寄存器介绍

74LS194 是一种典型的中规模集成移位寄存器。它是由四个 RS 触发器和一些门电路构成的四位双向移位寄存器。其电路图如图 12.18 所示，功能表如表12.12 所示。

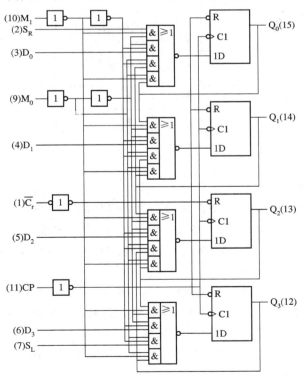

图 12.18　74LS194 四位双向移位寄存器逻辑电路图

图 12.18 中，$D_0 D_1 D_2 D_3$ 为并行输入端，$Q_0 Q_1 Q_2 Q_3$ 为并行输出端，S_L 为左移串行输入端，S_R 为右移串行输入端，$\overline{C_r}$ 为直接清零端(低电平有效)，CP 为同步时钟脉冲输入端，M_0、M_1 为工作方式选择端。

由表 12.12 可知，当 $M_0 M_1 = 00$ 时，移位寄存器保持原来状态；当 $M_0 M_1 = 01$ 时，在 CP 脉冲配合下进行右移位，每来一个 CP 脉冲的上升沿，寄存器中的数据右移一位，并且由 S_R 端输入一位数据；当 $M_0 M_1 = 10$ 时，在 CP 脉冲配合下进行左移位，每来一个 CP 脉冲的上升沿，寄存器中的数据左移一位，并且由 S_L 端输入一位数据；当 $M_0 M_1 = 11$ 时，在 CP 脉冲的配合下，并行输入端的数据存入寄存器中，总之，74LS194 除具有清零、保持、实现数据左移、右移功能外，还可实现数码并行输入或串行输入、并行输出或串行输出的功能。

表 12.12　74LS194 功能表

功能	输入										输出			
	$\overline{C_r}$	M_0	M_1	CP	S_L	S_R	D_0	D_1	D_2	D_3	Q_0	Q_1	Q_2	Q_3
清除	0	×	×	×	×	×	×	×	×	×	0	0	0	0
保持	1	×	×	0	×	×	×	×	×	×	保持			
送数	1	1	1	↑	×	×	d_0	d_1	d_2	d_3	d_0	d_1	d_2	d_3
右移	1	0	1	↑	×	1	×	×	×	×	1	Q_0^n	Q_1^n	Q_2^n
	1	0	1	↑	×	0	×	×	×	×	0	Q_0^n	Q_1^n	Q_2^n
左移	1	1	0	↑	1	×	×	×	×	×	Q_1^n	Q_2^n	Q_3^n	1
	1	1	0	↑	0	×	×	×	×	×	Q_1^n	Q_2^n	Q_3^n	0
保持	1	0	0	×	×	×	×	×	×	×	保持			

2. 移位寄存器的应用

1) 移位寄存器的扩展

将两片 74LS194 进行级联，则扩展为八位双向移位寄存器，如图 12.19 所示。其中，第 I 片的 S_R 端是八位双向移位寄存器的右移串行输入端，第 II 片的 S_L 端是八位双向移位寄存器的左移串行输入端，$D_0 \sim D_7$ 为并行输入端，$Q_0 \sim Q_7$ 为并行输出端。

2) 在数据传送系统中的应用

数据传送系统分为串行数据传送和并行数据传送两种。串行传送数据是每一时间节拍(一般是每个 CP 脉冲)只传送一位数据，n 位数据需要 n 个时间节拍才能完成传送任务；并行传送数据一个时间节拍同时传送 n 位数据。

在数字系统中，有时需要对两种传送方式进行相互转换。下面以四位数据用 74LS194 转换为例作一简单介绍。

(1) 并行数据输入转换为串行数据输出：将四位数据送到 74LS194 的并行输入端，工作方式选择端置为 $M_0 M_1 = 11$，这时，在第一个 CP 脉冲作用下，将并行输入端的数据同时

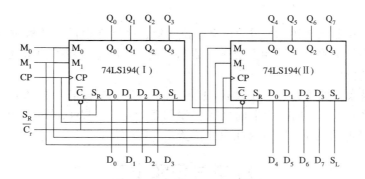

图 12.19　八位双向移位寄存器

存入 74LS194 中，同时，Q_3 端输出最高位数据；然后将工作方式选择端置为 $M_0 M_1 = 01$（右移），在第二个 CP 脉冲作用下，数据右移一位，Q_3 端输出次高位数据；在第三个 CP 脉冲作用下，数据又右移一位，Q_3 端输出次低位数据；在第四个 CP 脉冲作用下，数据再右移一位，Q_3 端输出最低位数据。经过四个 CP 脉冲，完成了四位数据由并入到串出的转换。

（2）串行输入数据转换为并行输出数据：转换电路如图 12.20 所示。将工作方式选择端置为 $M_0 M_1 = 10$，串行数据加到 S_R 端，在四个 CP 脉冲配合下，依次将四位串行数据存入 74LS194 中；然后，将并行输出允许控制端置为 $E = 1$，四位数据由 $Y_3 \sim Y_0$ 端并行输出。

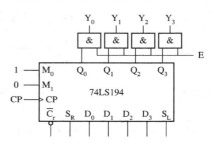

图 12.20　串行至并行转换电路

本 章 小 结

（1）时序逻辑电路的输出不仅取决于当时的输入信号，而且还与电路原来的状态有关。从电路的组成上来看，时序逻辑电路一定含有存储电路（触发器）。

（2）时序逻辑电路可以用次态方程、状态真值表、状态转移图或时序图来描述。分析时序逻辑电路的方法是：

① 写出各触发器的激励方程、次态方程及输出方程；

② 列状态真值表；

③ 画状态转移图，必要时还可以画出时序图，并绘出电路的逻辑图。

（3）计数器的种类很多，按计数脉冲的引入方式分为同步计数器和异步计数器；按计数制的不同分为二进制计数器、十进制计数器（BCD 码）及 N 进制计数器；按数的增减规律可分为加法、减法及可逆计数器。计数器可用作计数、分频、脉冲分配等。要求能正确分析计数器的逻辑功能，根据需要选用合适的集成计数器，能用置 0（复位）或置数法构成某一进制的计数器。

（4）数码锁存器是用触发器的两个稳定状态锁存 0、1 数据，一般具有清 0、存数、输出等功能。可以用基本 RS 触发器配合一些控制电路，或用 D 锁存器或 D 触发器来组成数码寄存器。

（5）移位寄存器除上述功能外，还有移位功能。移位寄存器中的触发器不许存在空翻现象，只能用主从结构或边沿触发的触发器来实现。移位寄存器可用来进行数据的串—并转换，也可作其他应用。

（6）对各种集成的寄存器、计数器，应重点掌握它们的逻辑功能表，了解各控制端的作用，什么电平有效，使用时能正确处置各端的逻辑电平，以得到给定的逻辑功能，对于它们内部的逻辑电路分析，则可放在次要位置。

思考与习题十二

12.1 计数器的输出波形如题 12.1 图所示，试确定该计数器是几进制计数器，并画出状态转移图。

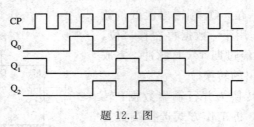

题 12.1 图

12.2 分析题 12.2 图所示电路。

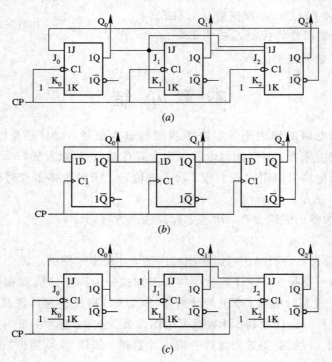

题 12.2 图

12.3 题 12.3 图所示电路为由 COMS D 触发器构成的三分之二分频电路（即在 A 端

每输入 3 个脉冲，在 Z 端就输出 2 个脉冲），试画出电路在 CP 作用下 Q_1、Q_2、Z 各点波形。设初态 $Q_1 = Q_2 = 0$。

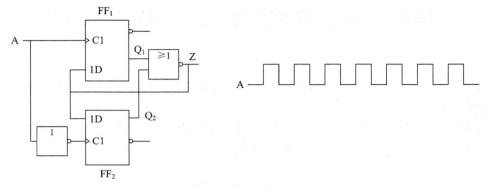

题 12.3 图

12.4 分析题 12.4 图所示时序逻辑电路。写出电路的输出方程、激励方程和次态方程，列出逻辑状态表，画出波形图。设各触发器初始状态为 0。

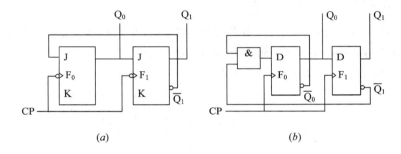

题 12.4 图

12.5 用 74LS290 组成 8421BCD 码七进制计数器。

12.6 用 74LS290 组成 8421BCD 码七十三进制计数器。

12.7 用 74LS161 组成十一进制计数器。

12.8 用 74LS161 组成五十八进制计数器。

12.9 74LS194 电路如题 12.9 图所示，试分析各电路功能。

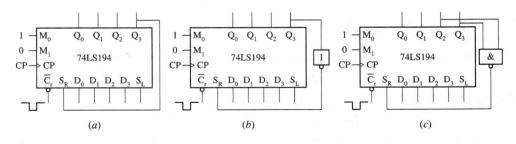

题 12.9 图

课题十三　脉冲产生电路和定时电路

　　在数字系统中,常常需要获得各种各样的脉冲信号,因此需要获得脉冲信号的产生方法及相应电路。

　　本章主要介绍集成定时器的工作原理及其主要应用,包括脉冲波形产生和变换电路、单稳态触发器、多谐振荡器和施密特触发器等。

13.1　基 本 概 念

13.1.1　常见的几种脉冲信号波形

　　"脉冲"是指脉动和短促的意思。我们所讨论的脉冲信号是指在短暂时间间隔内作用于电路的电压或电流。从广义来说,各种非正弦信号统称为脉冲信号。脉冲信号的波形多种多样,图 13.1 给出了几种常见的脉冲信号波形。

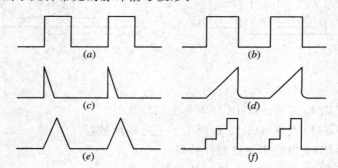

图 13.1　几种常见的脉冲信号波形
(*a*) 矩形波;(*b*) 方波;(*c*) 尖脉冲;(*d*) 锯齿波;(*e*) 三角波;(*f*) 阶梯波

13.1.2　脉冲信号波形参数

　　为了表征脉冲波形的特性,以便对它进行分析,我们仅以矩形脉冲波形为例,介绍脉冲波形的参数。如图 13.2 所示的矩形脉冲波形,可用以下几个主要参数表示:

　　(1)脉冲幅度 U_m——脉冲电压的最大变化幅度;

　　(2)脉冲宽度 t_w——从脉冲前沿 $0.5U_m$ 至脉冲后沿 $0.5U_m$ 的时间间隔;

　　(3)上升时间 t_r——脉冲前沿从 $0.1U_m$

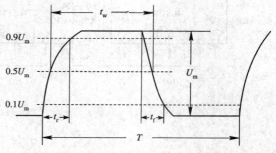

图 13.2　矩形脉冲波形的参数

上升到 $0.9U_m$ 所需要的时间；

（4）下降时间 t_f——脉冲后沿从 $0.9U_m$ 下降到 $0.1U_m$ 所需要的时间；

（5）脉冲周期 T——周期性重复的脉冲中，两个相邻脉冲上相对应点之间的时间间隔。有时也用脉冲重复频率 $f=1/T$ 表示，f 表示单位时间内脉冲重复变化的次数。

13.2　555 集成定时器电路

555 定时器电路是一种中规模集成定时器，目前应用十分广泛。通常只需外接几个阻容元件，就可以构成各种不同用途的脉冲电路，如多谐振荡器、单稳态触发器以及施密特触发器等。

555 定时电路有 TTL 集成定时电路和 CMOS 集成定时电路，它们的逻辑功能与外引线排列都完全相同。我们以 CMOS 集成定时器 CC7555 为例进行介绍。

13.2.1　电路组成

图 13.3 所示为 CC7555 的电路和外引线排列图。由图 13.3(a)可以看出，电路由电阻分压器、电压比较器、基本触发器、MOS 管构成的放电开关和输出驱动电路等几部分组成。

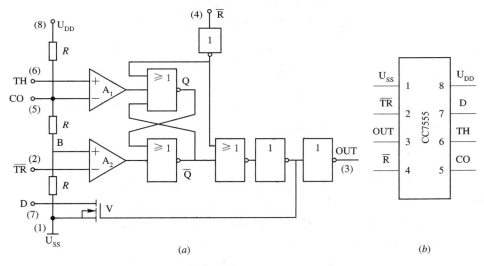

图 13.3　CC7555 集成定时电路

(a) 电路；(b) 外引线排列图

1. 电阻分压器

电阻分压器由 3 个阻值相同的电阻串联构成。它为两个比较器 A_1 和 A_2 提供基准电平。如引脚 5 悬空，则比较器 A_1 的基准电平为 $\frac{2}{3}U_{DD}$，比较器 A_2 的基准电平为 $\frac{1}{3}U_{DD}$。如果在引脚 5 外接电压，则可改变两个比较器 A_1 和 A_2 的基准电平。当引脚 5 不外接电压时，通常接 $0.01\ \mu F$ 的电容，再接地，以抑制干扰，起稳定电阻上的分压比的作用。

2. 比较器

比较器 A_1 和 A_2 是两个结构完全相同的高精度电压比较器。A_1 的引脚 6 称为高触发输入端(也称阈值输入端)TH，A_2 的引脚 2 称为低触发输入端 TR。当 $U_6 > \frac{2}{3}U_{DD}$ 时，A_1 输出高电平，否则，A_1 输出低电平；当 $U_2 > \frac{1}{3}U_{DD}$ 时，A_2 输出低电平，否则输出高电平。比较器 A_1 和 A_2 的输出直接控制基本 RS 触发器的状态。

3. 基本 RS 触发器

基本 RS 触发器由两个或非门组成，它的状态由两个比较的输出控制。根据基本 RS 触发器的工作原理，就可以决定触发器输出端的状态。

$\overline{R}$ 端(引脚 4)是专门设置的可由外电路置"0"的复位端。当 $\overline{R} = 0$ 时，$Q = 0$。平时 $\overline{R} = 1$，即 $\overline{R}$ 端可接 $+U_{DD}$。

4. 放电开关管和输出缓冲级

放电开关管是 N 沟道增强型 MOS 管，其栅极受基本 RS 触发器 $\overline{Q}$ 端状态的控制。若 $Q = 0$，$\overline{Q} = 1$，放电管 V 导通；若 $Q = 1$，$\overline{Q} = 0$，放电管 V 截止。

两级反相器构成输出缓冲级。采用反相器是为了提高电流驱动能力，同时隔离负载对定时器的影响。

根据上面介绍，现将 555 定时器引出端的功能列于表 13.1。

表 13.1　555 定时器引出端功能说明

符　　号	功　　能	符　　号	功　　能
TH	高触发端	OUT	输出
$\overline{TR}$	低触发端	$\overline{R}$	复位
D	放电端	CO	控制电压

13.2.2　工作原理及特点

综上所述，可以列出 CC7555 集成定时器的功能表，如表 13.2 所示。CC7555 定时器是一种功能强、电路简单、使用十分灵活、便于调节的电路，具有功耗低、电源电压范围宽(3~18 V)、输入阻抗极高、定时元件的选择范围大等特点，但输出电流(在 4 mA 以下)比双极型定时器(如 5G555)小(最大负载电流 200 mA)。

表 13.2　CC7555 定时器功能表

高触发输入端 TH	低触发输入端 $\overline{TR}$	复位端 $\overline{R}$	输出 OUT	放电管 V
$\times$	$\times$	0	0	导通
$> \frac{2}{3}U_{DD}$	$> \frac{1}{3}U_{DD}$	1	0	导通
$< \frac{2}{3}U_{DD}$	$> \frac{1}{3}U_{DD}$	1	原状态	原状态
$\times$	$< \frac{1}{3}U_{DD}$	1	1	关断

13.3　定时器的应用

13.3.1　单稳态触发器

单稳态触发器是一种只有一个稳定状态的电路，它的另一个状态是暂稳态。在外加触发脉冲作用下，电路能够从稳定状态翻转到暂稳状态，经过一段时间后，靠电路自身的作用，将自动返回到稳定状态，并在输出端获得一个脉冲宽度为 t_w 的矩形波。在单稳态触发器中，输出的脉冲宽度 t_w 就是暂稳态的维持时间，其长短取决于电路自身的参数，而与触发脉冲无关。

1. 电路组成

图 13.4(a)是用 CC7555 构成的单稳态触发器。图中，R、C 为外接定时元件，输入触发信号 u_i 接在低触发 $\overline{\text{TR}}$ 端。

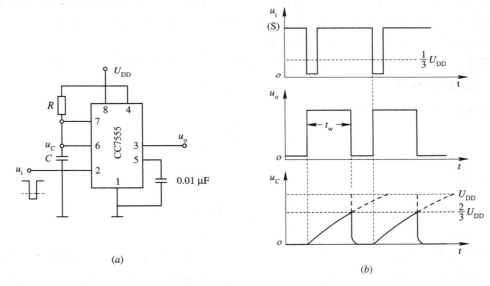

图 13.4　CC7555 构成的单稳态触发器

(a) 电路；(b) 工作波形图

2. 工作原理

1）电路的稳态

静态时，触发器信号 u_i 为高电平，因电容未充电，故 TH 端为低电平。根据 555 定时电路工作原理可知，基本 RS 触发器处于保持状态。接通电源时，可能 $Q=0$，也可能 $Q=1$。如果 $Q=0$，$\overline{Q}=1$，放电管 V 导通，电容 C 被旁路而无法充电。因此电路就稳定在 $Q=0$，$\overline{Q}=1$ 的状态，输出 u_o 为低电平；如果 $Q=1$，$\overline{Q}=0$，那么放电管 V 截止，因此接通电源后，电路有一个逐渐稳定的过程：即电源 U_{DD} 经电阻 R 对电容 C 充电，电容两端电压 u_C 上升。当 u_C 上升到 $\frac{2}{3}U_{DD}$ 后，TH 端为高电平，触发器置 0，即 $Q=0$，$\overline{Q}=1$，从而使放电管 V 导通，随即电容 C 通过放电管放电，u_C 迅速下降到 0。当放电管 V 导通，电容 C 被旁路，无法再充电，电路处于稳定状态。此时，$u_C = 0$，u_o为低电平。

2）在外加触发信号作用下，电路从稳态翻转到暂稳态

在触发脉冲 $u_i < \frac{1}{3}U_{DD}$ 作用下，由于电容未被充电，$u_C = 0$，故基本 RS 触发器翻转为 1 态，即 Q=1，$\overline{Q}$=0，输出 u_o 为高电平，放电管 V 截止，电路进入暂稳态，定时开始。

在暂稳态期间，电源 U_{DD} 对电容充电，充电时间常数 $\tau = RC$，u_C 按指数规律上升，趋向 U_{DD} 值。

3）自动返回过程

当电容两端电压 u_C 上升到 $\frac{2}{3}U_{DD}$ 后，TH 端为高电平，（此时触发脉冲已消失，$\overline{TR}$端为高电平），则基本 RS 触发器又被置 0（Q=0、$\overline{Q}$=1），输出 u_o 变为低电平，放电管 V 导通，定时电容 C 充电结束，即暂稳态结束。

4）恢复过程

由于放电管 V 导通，电容 C 经放电管放电，u_C 迅速下降到 0。这时，TH 端为低电平，$\overline{TR}$ 端为高电平，基本 RS 触发器状态不变，保持 Q=0，$\overline{Q}$=1，输出 u_o 为低电平。电路恢复到稳态时的 $u_C = 0$，u_o 为低电平的状态。

当第二个触发脉冲到来时，又重复上述过程。工作波形图如图 13.4(b) 所示。

3. 输出脉冲宽度 t_w

输出脉冲宽度按下式计算：

$$t_w = \tau \ln \frac{u_C(\infty) - u_C(0^+)}{u_C(\infty) - u_C(t_w)}$$

式中，$\tau = RC$。$u_C(\infty) = +U_{DD}$，$u_C(0^+) = 0$，$u_C(t_w) = \frac{2}{3}U_{DD}$，代入上式求得

$$t_w = RC \ln \frac{U_{DD} - 0}{U_{DD} - \frac{2}{3}U_{DD}} = RC \ln 3 \approx 1.1RC$$

输出脉冲宽度 t_w 与定时元件 R、C 大小有关，而与电源电压、输入脉冲宽度无关，改变定时元件 R 和 C 可改变输出脉宽 t_w。如果利用外接电路改变 CO 端（引脚 5）的电位，则可以改变单稳态电路的翻转电平，使暂稳态持续时间 t_w 改变。

注意，为了使电路正常工作，要求外加触发脉冲 u_i 的宽度应小于输出脉宽 t_w，且负脉冲 u_i 的数值一定要低于 $\frac{1}{3}U_{DD}$。

4. 单稳态触发器的应用

单稳态触发器是常见的脉冲基本单元电路之一，它被广泛地用作脉冲的定时和延时。

1）脉冲的定时

由于单稳态触发器能产生一定宽度（t_w）的矩形输出脉冲，利用这个矩形脉冲去控制某电路，使它在 t_w 时间内动作（或不动作），这就是脉冲的定时。如图 13.5(a) 所示是利用输出宽度为 t_w 的矩形脉冲作为与门输入信号之一，只有在 t_w 时间内，与门才开门，信号 A 才能通过与门，如图 13.5(b) 所示。

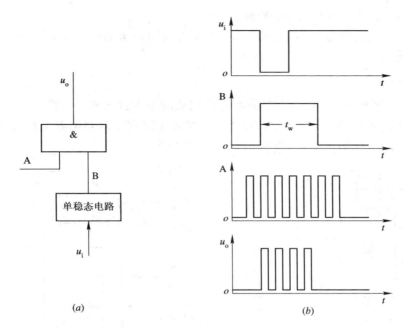

(a)

图 13.5　单稳态电路的定时作用

（a）逻辑图；（b）波形图

2）脉冲的延时

图 13.6(a)所示电路利用单稳态电路的输出 u_o 作为其他电路的触发信号。由图 13.6(b) 可见，u_o 的下降沿比输入触发信号 u_i 的下降沿延迟了 t_w。因此，利用 u_o 下降沿去触发其他电路（例如 JK 触发器），比用 u_i 下降沿触发时延迟了 t_w，这就是单稳态电路的延时作用。

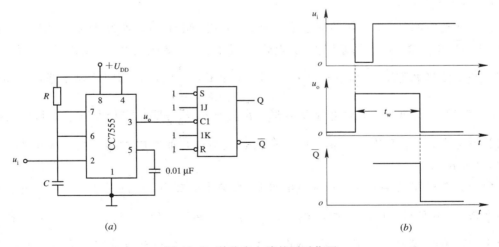

(a)

图 13.6　单稳态电路的延时作用

（a）逻辑图；（b）波形图

13.3.2　多谐振荡器

在数字电路中，常常需要一种不需外加触发脉冲就能够产生具有一定频率和幅度的矩形波的电路。由于矩形波中除基波外，还含有丰富的高次谐波成分，因此我们称这种电路为多谐振荡器。它常常用作脉冲信号源。

多谐振荡器没有稳态，只具有两个暂稳态，在自身因素的作用下，电路就在两个暂稳态之间来回转换。

1. 电路组成

图 13.7(a)所示为由 CC7555 集成定时器构成的多谐振荡器。电路中将高电平触发端 TH 和低电平触发端 $\overline{\text{TR}}$ 短接，并在放电回路中串入电阻 R_2。这里的 R_1、R_2 和 C 为外接电阻和电容，它们均为定时元件。图 13.7(b)为工作波形。

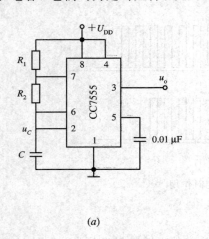

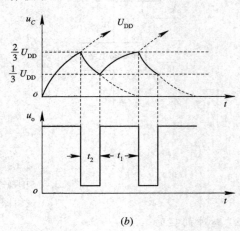

(a) 　　　　　　　　　　　　　(b)

图 13.7　CC7555 构成的多谐振荡器
(a) 电路；(b) 工作波形图

2. 工作原理

由于接通电源后，电容器两端电压 $u_C=0$，故 TH 端与 $\overline{\text{TR}}$ 端均为低电平，RS 触发器置 1($Q=1$，$\overline{Q}=0$)，输出 u_o 为高电平，放电管 V 截止。当电源刚接通时，电源经 R_1、R_2 对电容 C 充电，使其电压 u_C 按指数规律上升，当 u_C 上升到 $\frac{2}{3}U_{DD}$ 时，则 RS 触发器置 0($Q=0$，$\overline{Q}=1$)，输出 u_o 为低电平，放电管 V 导通，我们把 u_C 从 $\frac{1}{3}U_{DD}$ 上升到 $\frac{2}{3}U_{DD}$ 这段时间内电路的状态称为第一暂稳态，其维持时间 t_1 的长短与电容的充电时间有关。充电时间常数 $\tau_充=(R_1+R_2)C$。

由于放电管 V 导通，电容 C 通过电阻 R_2 和放电管放电，电路进入第二暂稳态。放电时间常数 $\tau_放=R_2C$。随着 C 的放电，u_C 下降，当 u_C 下降到 $\frac{1}{3}U_{DD}$ 时，RS 触发器置 1($Q=1$，$\overline{Q}=0$)，输出 u_o 为高电平，放电管 V 截止，电容 C 放电结束，U_{DD} 再次对电容 C 充电，电路又翻转到第一暂稳态。如此反复，则输出可得矩形波形。

由以上分析可知：电路靠电容 C 充电来维持第一暂稳态，其持续时间即为 t_1。电路靠电容 C 放电来维持第二暂稳态，其持续时间为 t_2。电路一旦起振后，u_C 电压总是在 $\left(\frac{1}{3}\sim\frac{2}{3}\right)U_{DD}$ 之间变化。

3. 电路振荡周期 T

电路振荡周期 T 按下式计算：

$$T = t_1 + t_2$$

t_1 由电容 C 充电过程来决定。其中：

$$u_C(0^+) = \frac{1}{3}U_{DD}$$

$$u_C(\infty) = +U_{DD}$$

$$\tau_{充} = (R_1 + R_2)C$$

则

$$t_1 = (R_1 + R_2)C \ln \frac{U_{DD} - \frac{1}{3}U_{DD}}{U_{DD} - \frac{2}{3}U_{DD}} = (R_1 + R_2)C \ln 2 \approx 0.7(R_1 + R_2)C$$

t_2 由电容 C 放电过程来决定。其中：

$$u_C(0^+) = \frac{2}{3}U_{DD}$$

$$u_C(\infty) = 0$$

$$\tau_{放} = R_2 C$$

则

$$t_2 = R_2 C \ln \frac{0 - \frac{2}{3}U_{DD}}{0 - \frac{1}{3}U_{DD}} = R_2 C \ln 2 \approx 0.7 R_2 C$$

$$T = t_1 + t_2 = 0.7(R_1 + R_2)C + 0.7R_2 C = 0.7(R_1 + 2R_2)C$$

电路振荡频率

$$f = \frac{1}{T} = \frac{1}{0.7(R_1 + 2R_2)C} = \frac{1.43}{(R_1 + 2R_2)C}$$

显然，改变 R_1、R_2 和 C 的值，就可以改变振荡器的频率。如果利用外接电路改变 CO 端的电位，则可以改变多谐振荡器高触发端的电平，从而改变振荡周期 T。

对于图 13.7 所示的多谐振荡器电路，由于电容充、放电途径不同，因而 C 的充电和放电时间常数不同，使输出脉冲的宽度 t_1 和 t_2 也不同。在实际应用中，常常需要调节 t_1 和 t_2。在此，引进占空比的概念。输出脉冲的占空比为

$$D = \frac{t_1}{t_1 + t_2} = \frac{R_1 + R_2}{R_1 + 2R_2}$$

将图 13.7 所示电路稍加改动，就可以得到占空比可调的多谐振荡器，如图 13.8 所示。在图 13.8 中加了电位器 R_P，并利用二极管

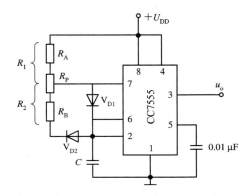

图 13.8　占空比可调的振荡器

V_{D1} 和 V_{D2} 将电容 C 的充电回路分开,充电回路为 R_1、V_{D1} 和 C,放电回路为 C、V_{D2} 和 R_2。该电路的振荡周期为

$$T = t_1 + t_2 = 0.7\tau_{充} + 0.7\tau_{放} = 0.7(R_1 + R_2)C$$

$$D = \frac{t_1}{t_1 + t_2} = \frac{R_1}{R_1 + R_2}$$

调节电位器 R_P,即可改变 R_1 和 R_2 的值,并使占空比 D 得到调节,当 $R_1 = R_2$ 时,$D = 1/2$(此时,$t_1 = t_2$),电路输出方波。

13.3.3 施密特触发器

施密特触发器是数字系统中常用的电路之一,它可以把变化缓慢的脉冲波形变换成为数字电路所需的矩形脉冲。

施密特电路的特点在于它也有两个稳定状态,但与一般触发器的区别在于这两个稳定状态的转换需要外加触发信号,而且稳定状态的维持也要依赖于外加触发信号,因此它的触发方式是电平触发。

1. 电路组成

图 13.9(a)是用 CC7555 构成的施密特触发器。它将高触发端 TH 和低触发端 $\overline{TR}$ 连接在一起作为电路输入端。

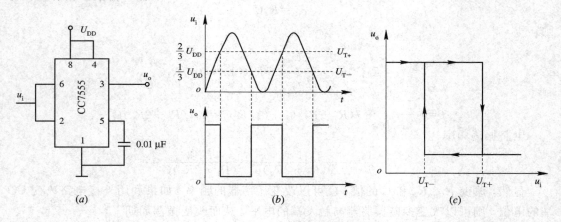

图 13.9　CC7555 构成的施密特触发器

(a) 电路;(b) 工作波形;(c) 电压传输特性曲线

2. 工作原理

当输入信号 $u_i < \frac{1}{3}U_{DD}$ 时,基本 RS 触发器置 1,即 $\overline{Q} = 0$,$Q = 1$,输出 u_o 为高电平;若 u_i 增加,使得 $\frac{1}{3}U_{DD} < u_i < \frac{2}{3}U_{DD}$,电路维持原态不变,输出 u_o 仍为高电平;如果输入信号增加到 $u_i \geqslant \frac{2}{3}U_{DD}$,RS 触发器置 0,即 $Q = 0$,$\overline{Q} = 1$,输出 u_o 为低电平;u_i 再增加,只要满足 $u_i \geqslant \frac{2}{3}U_{DD}$,电路维持该状态不变。若 u_i 下降,只要满足 $\frac{1}{3}U_{DD} < u_i < \frac{2}{3}U_{DD}$,电路状态仍

然维持不变;只有当 $u_i = \frac{1}{3}U_{DD}$ 时,触发器再次置1,电路又翻转回输出为高电平的状态,工作波形如图 13.9(b)所示。

显然,对于555定时器构成的施密特触发器,u_i 上升时引起电路状态改变,由输出高电平翻转为输出低电平的输入电压称为阈值电压 $U_{T+} = \frac{2}{3}U_{DD}$;$u_i$ 下降时引起电路由输出低电平翻转为输出高电平的输入电压称为触发电压 $U_{T-} = \frac{1}{3}U_{DD}$。两者之差称为回差电压,即

$$\Delta U_T = U_{T+} - U_{T-}$$

施密特触发器的电压传输特性称为回差特性,如图 13.9(c)所示。回差特性是施密特触发器的固有特性。在实际应用中,可根据实际需要增大或减小回差电压 ΔU_T。在图 13.9 所示电路中,如在控制电压端(引脚5)外加一电压,则可达到改变回差电压的目的。

3. 施密特触发器的应用

施密特触发器的用途十分广泛,它主要用于波形变化、脉冲波形的整形及脉冲幅度鉴别等。

1)波形变换

将变化缓慢的非矩形波变换为矩形波,如图 13.10 所示。

2)脉冲整形

将一个不规则的或者在信号传送过程中受到干扰而变坏的波形经过施密特电路,可以得到良好的波形,这就是施密特电路的整形功能,如图 13.11 所示。

3)脉冲幅度鉴别

利用施密特电路,可以从输入幅度不等的一串脉冲中,去掉幅度较小的脉冲,保留幅度超过 U_{T+} 的脉冲,这就是幅度鉴别,如图 13.12 所示。

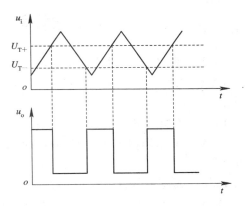

图 13.10 波形变换

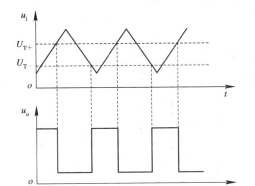

图 13.11 波形的整形

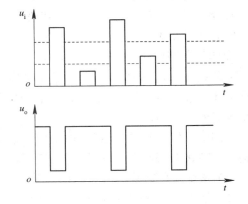

图 13.12 脉冲幅度鉴别

本 章 小 结

本章首先介绍了常见的脉冲波形和主要参数，然后介绍了中规模集成电路 CC7555 定时器的电路组成、功能和应用。555 定时器是一种使用方便、功能灵活多样的集成器件，它的应用十分广泛，只需外接几个阻容元件就可以构成各种不同用途的脉冲电路。

多谐振荡器没有稳态，只有两个暂稳态，属于自激的脉冲振荡电路，它不需要外界的触发信号就可以自动产生具有一定频率和幅度的矩形脉冲。多谐振荡器主要用作脉冲信号源等。

单稳态触发器只有一个稳态，在外加触发信号的作用下，可以从稳态翻转为暂稳态。依靠电路自身定时元件的充、放电作用，经过一段时间，自动返回稳态。暂稳态持续时间的长短取决于定时元件 R、C 的数值。它可用于定时、延时和整形等。

施密特触发器的特点是具有两个稳态，状态的翻转与维持受输入信号的电位控制，所以它的输出脉宽是由输入信号电位决定的，同时还具有滞后特性。由于施密特触发器可将变化缓慢的脉冲波形转变成矩形脉冲，故常利用它进行脉冲波形变换、整形和幅度鉴别等。

思考与习题十三

13.1　555 集成定时器的特点是什么？它主要由几部分组成？

13.2　在图 13.3 所示的 CC7555 集成定时器电路中引脚 5 的名称、符号和作用是什么？

13.3　单稳态触发器的特点是什么？有何用途？

13.4　单稳态触发器的输出脉冲宽度与输入脉冲宽度是否有关？如何估算出它的数值？

13.5　试述多谐振荡器的特点。

13.6　占空比的定义是什么？如何计算振荡电路的占空比？试用 555 定时器构成方波发生器。

13.7　施密特触发器的特点是什么？试说出此电路与一般双稳态触发器的异同。

13.8　施密特触发器的回差特性是指什么？它是否为电路的缺点？

13.9　电路如题 13.9 图所示，已知 $U_{DD}=10\ V$，$R=11\ k\Omega$，要求单稳态触发器输出脉冲宽度为 1 s。试计算定时电容 C 的数值，并对应画出 u_i、u_C、u_o 的波形。

13.10　由 555 定时器构成的单稳态电路如题 13.10 图(a)所示，试回答下列问题：

(1) 该电路的暂稳态维持时间 $t_w=$ ？

(2) 根据 t_w 的值，确定题图 13.10(b)中哪

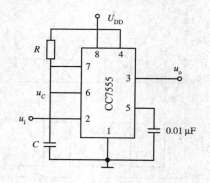

题 13.9 图

个波形适合作为电路的输入触发信号，并画出与其相应的 u_C 和 u_o 波形。

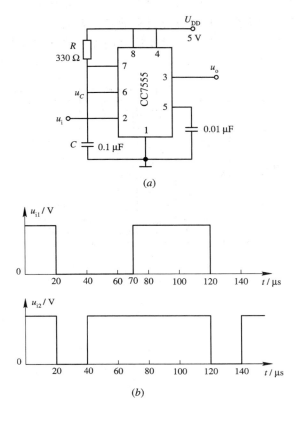

(a)

(b)

题 13.10 图

(a) 电路；(b) 波形图

13.11　题 13.11 图为 555 定时器构成的多谐振荡器，已知 $U_{DD} = 10$ V，$R_1 = 20$ kΩ，$R_2 = 80$ kΩ，$C = 0.1$ μF。求振荡周期，并画出 u_C 和 u_o 的电压波形。

13.12　用 555 定时器构成的多谐振荡器如题 13.12 图所示。当电位器 R_P 滑动臂移至上、下两端时，分别计算振荡频率和相应的占空比 D。

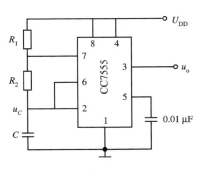

题 13.11 图

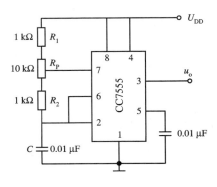

题 13.12 图

13.13 试用一个开关控制由 CC7555 定时器组成的多谐振荡器。当开关处于不同位置时，要求电路能实现：① 无脉冲输出；② 输出脉冲周期为 T；③ 输出脉冲周期为 $2T$。开关结构、位置可任意，试提出实现这三点要求的具体方案。

13.14 题 13.14 图为由两个 555 定时器构成的模拟声响发生器。试分析电路的工作原理，定性画出 u_{o1} 和 u_{o2} 的波形。

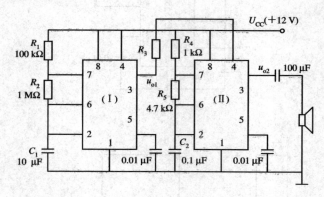

题 13.14 图

课题十四　模/数和数/模转换

数字信号由于具有抗干扰性强、易于传输和处理等突出优点，已得到愈来愈广泛的应用。但在自然界存在的信号一般是模拟信号，只有把模拟信号转换成数字信号，才能在数字设备上运行。将模拟信号转变成数字信号的过程叫模/数(A/D)转换。数字设备处理后的数字信号又要转换成人们熟悉的模拟信号，这一转换过程叫数/模(D/A)转换。

14.1　D/A　转　换

D/A 转换电路一般包括基准电压源/电流源、模拟开关、电阻网络和运算放大器等部分。下面举出几种 D/A 转换电路。

14.1.1　转换电路

1. 权电阻 D/A 转换电路

权电阻 D/A 转换网络的原理电路如图 14.1 所示。集成运放反相输入端为"虚地"，每个开关可以切换到两个不同的位置，切换到哪个位置由相应位数字量控制。当数字量为"1"时，开关接 E_R；当数字量为"0"时，开关接地。

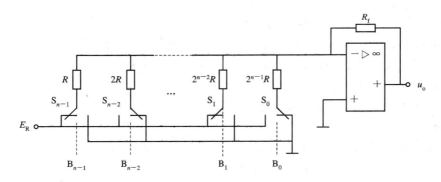

图 14.1　权电阻 D/A 转换网络

选择权电阻网络中电阻的阻值时，应该使流过该电阻的电流与该电阻所在位的权值成正比。这样，从最高位到最低位，每一位对应的电阻值应是相邻高位的 2 倍，使各支路电流从高位到低位逐位递减 1/2。

当输入二进制数码中某一位 $B_i = 1$ 时，开关 S_i 接至基准电压 E_R，这时在相应的电阻 R_i 支路上产生电流为

$$I_i = \frac{E_R}{R_i} = \frac{E_R}{2^{n-1-i}R} = \frac{E_R}{2^{n-1}R}2^i$$

当 $B_i = 0$ 时，开关 S_i 接地，电流 $I_i = 0$。

因此，第 i 路的电流为

$$I_i = \frac{E_R}{2^{n-1}R} B_i 2^i$$

总的输出电流

$$I = \sum_{i=0}^{n-1} I_i = \sum_{i=0}^{n-1} \frac{E_R}{2^{n-1}R} B_i 2^i = \frac{E_R}{2^{n-1}R} \sum_{i=0}^{n-1} B_i 2^i$$

输出电压

$$U_o = -R_f I = -\frac{R_f E_R}{2^{n-1}R} \sum_{i=0}^{n-1} B_i 2^i$$

2. R-2R T 型 D/A 转换电路

图 14.2 是 R-2R T 型 D/A 转换电路的原理电路。与权电阻 D/A 转换电路一样，二进制码 B_i 控制着开关 S_i 的位置。B_i 为 1，S_i 接 E_R；B_i 为 0，S_i 接地。

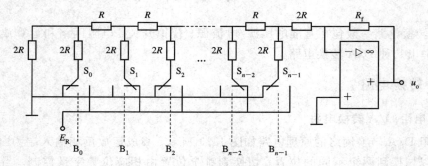

图 14.2   R-2R T 型 D/A 转换电路

集成运放反相输入端为"虚地"。因此，从两端的 T 型节点开始，向中间逐节点推算，很容易得到：当 $B_i=1$，其余位均为 0 时，从节点 i 向左向右看的电阻都是 $2R$，这样，从开关 S_i 经 $2R$ 支路流进节点的电流等分后分别向左向右流出，其等效电路如图 14.3 所示。

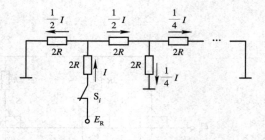

图 14.3   某模拟开关接 E_R，其他开关接地时的等效电路

由等效电路可求出，接电源支路所提供的电流均为 $I_i = E_R/3R$。而且这个电流在流向集成运放反相输入端的途中，每经过一个节点，电流要减小一半，这可以用叠加定理说明。假定其他各开关都接 0，那么 $\frac{I_i}{2}$ 向右流过横着的电阻后，向右向下看的等效电阻都是 $2R$，它们将电流等分。

二进制码最高位对集成运放输入端方向的电流为

$$I_0 = \frac{1}{2} \cdot \frac{E_R}{3R} = \frac{E_R}{6R}$$

其他各位产生的电流逐位减小一半，依次为

$$\frac{1}{2} I_0, \quad \frac{1}{2^2} I_0, \quad \cdots, \quad \frac{1}{2^{(n-1)-i}} I_0, \cdots, \quad \frac{1}{2^{n-1}} I_0$$

二进制码控制的各开关对集成运放输入端产生的总电流为

$$I = \sum_{i=0}^{n-1} \frac{1}{2^{(n-1)-i}} I_0 = \frac{1}{3 \times 2^n} \cdot \frac{E_R}{R} \sum_{i=0}^{n-1} B_i 2^i$$

输出电压为

$$U_o = \frac{R_f E_R}{3 \times 2^n R} \sum_{i=0}^{n-1} B_i 2^i$$

这种电路中电阻阻值只有 R 和 $2R$ 两种，精度易于保证，且流过各模拟开关的电流均相同，所以给设计和制作带来方便，故集成 D/A 电路中多采用这种电路形式。

3. 倒置 T 型 D/A 转换电路

R－2R T 型 D/A 转换电路中，数字信号各位的传输时间不同，因而输出端会产生尖峰效应。倒置 T 型 D/A 转换电路可以克服这种缺点，其原理图如图 14.4 所示。

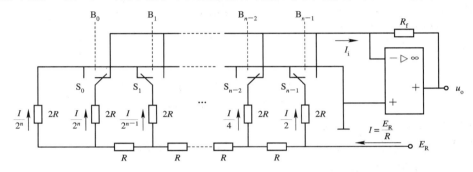

图 14.4　倒置 T 型 D/A 转换电路

集成运放反相输入端为"虚地"，所以，不论开关切换到哪个位置，$2R$ 上端都接了 0 电位。这样，从电阻网络左端开始，用串并联方法可以得到从 E_R 看进去的对地的等效电阻为 R。这样，从参考电源 E_R 流进电阻网络的电流为 $I = E_R / R$。

用与分析 R－2R T 型 D/A 转换电路类似的方法可知，每经过一个节点，经过电阻向上流的电流减小一半，正好反映了二进制各位码应满足的位权关系。因此，可直接写出

$$U_o = -I_i R_f = \frac{E_R R_f}{R} \frac{1}{2} \left(\frac{B_{n-1}}{2^0} + \frac{B_{n-2}}{2^1} + \cdots + \frac{B_i}{2^{(n-1)-i}} + \cdots + \frac{B_0}{2^{n-1}} \right)$$

$$= -\frac{E_R R_f}{R} \frac{1}{2^n} (B_{n-1} 2^{n-1} + B_{n-2} 2^{n-2} + \cdots + B_i 2^i + \cdots + B_0 2^0)$$

该电路工作时，在前一组二进制码切换到后一组二进制码时，各位码对应的电流同时到达集成运放输入端，因而不会产生尖峰效应。

14.1.2　集成 D/A 转换器

DAC0830 系列包括 DAC0830、DAC0831、DAC0832。下面以 DAC0832 为例说明其基本工作过程。

DAC0832 方框图及引脚排列图如图 14.5 所示。芯片内含有一个八位 D/A 转换电路，由倒 T 型电阻网络和电子开关组成。还包括一个八位的输入寄存器和一个八位的 DAC 寄存器。当 DAC 寄存器中的数字信号在进行 D/A 转换时，下一组数字信号可存入输入寄存器，这样可提高转换速度。芯片外接集成运放，将转换成的模拟电流信号放大后转变成电

压信号输出。

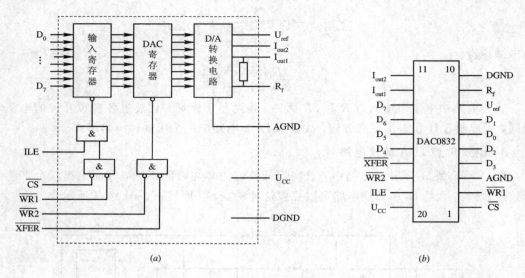

图 14.5　DAC0832 原理框图和引脚排列图

(a) 原理框图；(b) 引脚排列图

各引脚功能简要说明如下：

（1）$D_0 \sim D_7$：八位数字数据输入，D_7 为最高位，D_0 为最低位。

（2）I_{out1}：模拟电流输出端。

（3）I_{out2}：模拟电流输出端，接地。

（4）R_f：若外接的集成运放电路增益小，则在该引出端与集成运放输出端之间加接电阻；若外接的集成运放电路增益足够大，则不必外接电阻，直接将该引出端与运放输出端相连。

（5）U_{ref}：基准参考电压端，在 $+10 \text{ V} \sim -10 \text{ V}$ 之间选择。

（6）U_{cc}：电源电压端，在 $+5 \text{ V} \sim +15 \text{ V}$ 之间选择，$+15 \text{ V}$ 最佳。

（7）DGND：数字电路接地端。

（8）AGND：模拟电路接地端，通常与 DGND 相接。

（9）$\overline{CS}$：片选信号，低电平有效。只有当 $\overline{CS} = 0$，ILE $= 1$，$\overline{WR1} = 0$ 时，输入寄存器被打开，输入寄存器的输出随输入数据的变化而变化；然后在 $\overline{CS}$ 维持 0 的情况下，$\overline{WR1}$ 由 0 变为 1 后锁存输入的数字信号，这时，即使外面输入的数字数据发生变化，输入寄存器的输出也不变化。

（10）$\overline{XFER}$：DAC 寄存器的传送控制信号，低电平有效。

（11）$\overline{WR2}$：DAC 寄存器的写入控制信号。当 $\overline{XFER} = 0$，$\overline{WR2} = 0$ 时，DAC 寄存器处于开放状态，输出随输入的变化而变化；然后，在 $\overline{XFER}$ 维持 0 的情况下，$\overline{WR2}$ 由 0 变 1，DAC 寄存器就锁存数据，其输出不随输入变化。

14.1.3　D/A 转换电路的主要技术指标

（1）分辨率：指模拟输出所能产生的最小电压变化量与满刻度输出电压之比。

（2）转换精度：是指实际输出模拟电压与理论输出模拟电压的最大误差。

（3）转换时间：指从输入数字信号开始转换到输出的模拟电压达到稳定值时所需要的时间。

如上所述，在一个系统中两次锁存数据的工作方式叫双缓冲方式，它可以使系统同时保留两组数据。有时，为了提高数据传输速度，可以采用单缓冲或直通工作方式。当 $\overline{XFER}=\overline{WR2}=0$ 时，DAC 寄存器处于直通状态。此时，若输入寄存器仍用 $\overline{WR1}$ 高低电平的变化来控制数据的直通和锁存，系统处于单缓冲工作状态；若 $\overline{CS}=\overline{WR1}=0$，ILE $=1$，输入寄存器也处于直通状态，整个系统就处于直通工作状态了。

例 14.1 在图 14.1 所示权电阻网络 D/A 转换中，$E_R=-8\,V$，$R_f=R/2$ 试计算输入量 $D_3 D_2 D_1 D_0$ 分别为 0010、0110、1011 时，对应输出的模拟电压值。

解 当 $D_3 D_2 D_1 D_0=0010$ 时，有

$$u_0=-\frac{(-8)\times\dfrac{R}{2}}{2^{4-1}\times R}\times(0\times 2^3+0\times 2^2+1\times 2^1+0\times 2^0)=1\,(V)$$

当 $D_3 D_2 D_1 D_0=0110$ 时，有

$$u_0=-\frac{(-8)\times\dfrac{R}{2}}{2^{4-1}\times R}\times(0\times 2^3+1\times 2^2+1\times 2^1+0\times 2^0)=3\,(V)$$

当 $D_3 D_2 D_1 D_0=1011$ 时，有

$$u_0=-\frac{(-8)\times\dfrac{R}{2}}{2^{4-1}\times R}\times(1\times 2^3+0\times 2^2+1\times 2^1+1\times 2^0)=5.5\,(V)$$

14.2 A/D 转 换

A/D 转换总体上可以分为抽样保持和量化编码两个步骤。

14.2.1 转换步骤

1. 抽样保持

抽样就是对模拟信号在有限个时间点上抽取样值。图 14.6 示出了 A/D 转换电路框图。

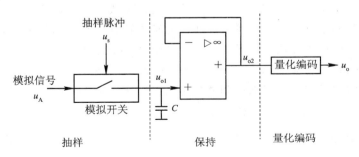

图 14.6 A/D 转换电路框图

抽样电路是一个模拟开关，u_A 是模拟信号，模拟开关在抽样脉冲 u_s 作用下不断地闭

合和断开。开关闭合时，$u_{o1}=u_A$；开关断开时，$u_{o1}=0$。这样，在抽样电路输出端得到一系列在时间上不连续的脉冲。

抽样值要经过编码形成数字信号，这需要一段时间，因为数字信号的各位码是逐次逐位编出的。在编码的这段时间里，抽样值作为编码的依据，必须恒定。保持电路的作用就是使抽样值在编码期间保持恒定。

对图 14.6 所示的这种保持电路来说，模拟信号源内阻及模拟开关的接通电阻应很小，它们与电容 C 组成的电路的时间常数应非常小，以保证在模拟开关闭合期间，电容 C 上的电压能跟踪抽样值变化。

保持电容后面接着由集成运放组成的跟随器。这种跟随器的输入阻抗极大，电容上保持的电压经该阻抗的放电极少，不会造成影响。

图 14.7 示出了从抽样到保持的信号波形。t_0、t_1…时间点上的竖直线表示在该时刻的抽样值，而阶梯波表示抽样值经保持电路展宽以后的波形。

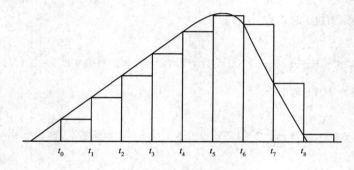

图 14.7 保持电路输出波形

可以看出，当抽样频率足够高的时候，保持电路输出的阶梯波就逼近原模拟信号。事实上，由数字信号恢复成模拟信号的时候，就是根据数字信号还原出这种形状逼近原模拟信号的阶梯波的。

为了使还原出来的模拟信号不失真，对抽样频率 f_s 的要求为

$$f_s \geqslant 2f_{max}$$

式中，f_{max} 是被抽样的模拟信号所包含的信号中频率最高的信号的频率。

2. 量化编码

抽样保持电路得到的阶梯波的幅值有无限多个值，无法用位数有限的数字信号完全表达。我们可以选定一个基本单元电平，将其称为基本量化单位。用基本量化单位对抽样值进行度量，如果在度量了 n 次后，还剩下不足一个基本量化单位的部分，就根据一定的规则，把剩余部分归并到第 n 或第 $n+1$ 个量化电平上去。这样，所有的抽样值都是有限个离散值集合之一。像这样将抽样值取整归并的方式及过程就叫"量化"。将量化后的有限个整值编成对应的数字信号的过程叫"编码"。

14.2.2 A/D 转换电路

1. 逐次逼近式 A/D 转换电路

图 14.8 是三位逐次逼近型 A/D 转换电路。图中，$F_1 \sim F_5$ 这 5 个 D 触发器构成环形计

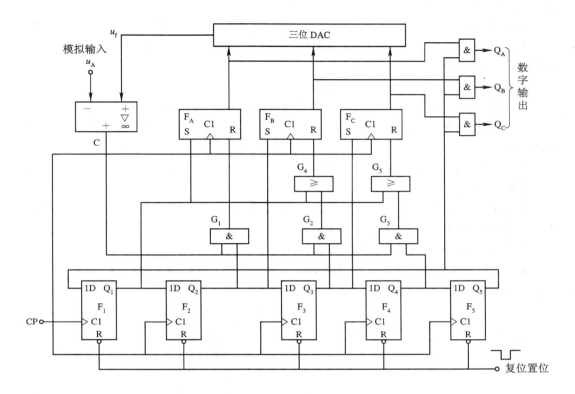

图 14.8　三位逐次逼近型 A/D 转换电路

数器，$F_A \sim F_C$ 是逐次逼近寄存器，1～5 号门组成控制逻辑电路，三位 DAC 电路是把三位二进制数字码转换成对应模拟信号的 D/A 转换电路，u_A 是保持电路送来的样值电压。其工作过程如下：

初始状态，环形计数器被复位脉冲置成 $Q_1 \sim Q_5 = 10000$。此时，F_A 的 S＝1，R＝0，F_B、F_C 触发器的 S＝0，R＝1。这里，之所以讨论 F_A、F_B、F_C 的 R 和 S，是因为下一个 CP 脉冲触发沿到来时，将根据这三个触发器的 R 和 S 来决定三个触发器的新状态。

第一个 CP 脉冲输入：$Q_1 \sim Q_5 = 01000$，$Q_A Q_B Q_C = 100$。三位 DAC 电路又把 100 转换成对应的模拟电压 u_f，送入比较器与实际的模拟信号 u_A 进行比较，若 $u_A \geqslant u_f$，C＝0；否则，C＝1。

F_A 的 S＝0，R＝$Q_2 \cdot$ C＝C，F_B 的 S＝1，R＝0，F_C 的 S＝R＝0。

第二个 CP 脉冲输入：若上次比较器输出为 0，则这次的 $Q_A Q_B Q_C = 110$；若上次比较器输出为 1，则这次的 $Q_A Q_B Q_C = 010$。

DAC 电路再将 110 或 010 转换成的新模拟信号 u_f 送入比较器与实际的模拟信号 u_A 进行比较。同样，比较器的输出 C 可能为 0，也可能为 1。

环形计数器的状态 $Q_1 \sim Q_5 = 00100$，这使 F_A 的 S＝0，R＝0，F_B 的 S＝0，R＝$CQ_3 + Q_1 = CQ_3 = C$；F_C 的 S＝1，R＝0。

第三个 CP 脉冲输入：F_A 的状态不变，F_C 的状态变为 1。

若上次比较器输出为 0，这次 F_B 维持 1 状态不变，$Q_A Q_B Q_C = 111/011$；若上次比较器输出为 1，这次 F_B 的状态就为 0，$Q_A Q_B Q_C = 101/001$。

DAC 电路再进行转换，比较器再进行比较，比较器又输出 0 或 1。

环形计数器的状态 $Q_1 \sim Q_5 = 00010$，这使 F_A、F_B 的 S=0，R=0；F_C 的 S=0，$R = CQ_4 + Q_1 = C$。

第四个 CP 脉冲输入：F_A 和 F_B 状态不变。

若上次比较器输出为 0，这次 F_C 维持 1 状态不变，$Q_A Q_B Q_C$ 的状态为 111/011 或 101/001，保持不变；若上次比较器输出为 1，这次 F_C 的状态就由 1 变 0，$Q_A Q_B Q_C$ 的状态就为 100/000。

环形计数器的状态 $Q_1 \sim Q_5 = 00001$，打开了输出端的三个与门，将最后转换成的三位二进制码 ABC 输出。

第五个 CP 脉冲输入：环形计数器的状态回复到 $Q_1 \sim Q_5 = 10000$ 的初始状态，准备对下一次模拟信号抽样值进行转换。

下面举例说明这种编码过程。

例 14.2 设输入模拟信号 u_A 的满量程值为 12 V，用三位二进制编码，码值 $Q_A Q_B Q_C$ 与 u_A 之间的对应关系如表 14.1 所示。

表 14.1

码值			模拟信号
Q_A	Q_B	Q_C	样值/V
0	0	0	0~1.5
0	0	1	1.5~3.0
0	1	0	3.0~4.5
0	1	1	4.5~6.0
1	0	0	6.0~7.5
1	0	1	7.5~9.0
1	1	1	9.0~10.5
1	0	0	10.5~12.0

解 设抽样保持值为 6.8 V。编码过程如下：

起始复位：$Q_1 \sim Q_5 = 10000$，F_A 的 S=1，R=0；F_B、F_C 的 S=R=0。

第一个 CP 脉冲输入：$Q_A Q_B Q_C = 100$，$Q_1 \sim Q_5 = 01000$。

经 DAC 变换后，对应于码值 100 的模拟信号 u_f 为 7.5 V，$u_A < u_f$，比较器输出 1。这样，F_A 的 S=0，$R = Q_2$，C=1，F_B 的 S=1，R=0，F_C 的 S=R=0。

第二个 CP 脉冲输入：$Q_A Q_B Q_C = 010$，$Q_1 \sim Q_5 = 00100$。码值 010 经 DAC 变换后，$u_f = 4.5$ V，$u_A > u_f$，比较器输出 0。此时，F_A、F_B 的 R 和 S 都为 0，F_C 的 S=1，R=0。

第三个 CP 脉冲输入：$Q_A Q_B Q_C = 011$，$Q_1 \sim Q_5 = 00010$。码值 011 经 DAC 变换后，$u_f = 6.8$ V，$u_A > u_f$，比较器输出 0。此时，F_A、F_B、F_C 的 R 和 S 都为 0。下一个 CP 脉冲到达时，它们的状态全不变。

第四个 CP 脉冲输入：$Q_A Q_B Q_C = 011$，$Q_1 \sim Q_5 = 00001$。$Q_A Q_B Q_C$ 是最后编成的码。

第五个 CP 脉冲输入：恢复初态。

2. 双积分型 A/D 电路

双积分型 A/D 转换器原理电路如图14.9所示，由积分器、比较器、计数器及控制电路组成。所谓双积分，是指积分器要用两个极性不同的电源进行两个不同方向的积分。波形图如图 14.10 所示。

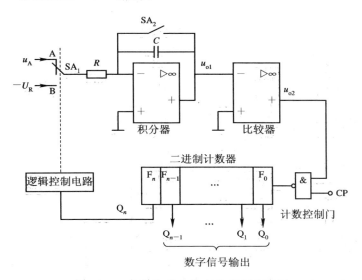

图 14.9 双积分型 A/D 转换器原理框图

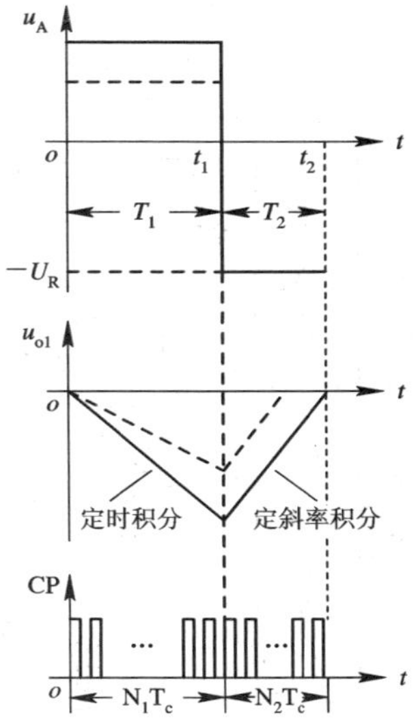

图 14.10 双积分 A/D 转换电路的
工作波形

转换之前，将计数器清零，开关 SA_2 闭合，电容放电到零，积分器反相输入端是"虚地"，积分器输出 $u_{o1}=0$。

转换开始，逻辑控制电路使开关 SA_2 断开，开关 SA_1 接通抽样保持电路，输入样值 u_A。

积分电流为 u_A/R，方向从左向右，由于恒流充电，电容 C 上电压线性变化，u_{o1} 线性下降，如图14.10 中从 $t=0$ 到 $t=t_1$ 间波形所示。

由于 u_{o1} 是负值，比较器输出高电平，开放计数控制门，计数器由零开始计数。当计数器计到 $Q_n Q_{n-1} \cdots Q_0 = 10 \cdots 0$ 时，Q_n 由低变高，触发开关 SA_1 切换到接通基准电压 $-U_R$ 的位置。

可见，电容是定时充电，充电时间为 2^n 个计数脉冲周期。

显然，样值 u_A 越大，积分电流就越大，u_{o1} 的绝对值就越大。图 14.10 中，实线示出的为 u_A 较大时 u_{o1} 的波形。

在开关 SA_1 接通 $-U_R$ 的同时，计数器又从零开始计数。电容放电，放电电流 U_R/R 是恒流，方向从右向左，u_{o1} 线性上升。不论放电开始时 u_{o1} 的绝对值是大是小，u_{o1} 绝对值下降的速度都一样，即放电曲线斜率不变，如图 14.10 中从 $t=t_1$ 到 $t=t_2$ 之间的波形所示。

由于实际电路中必须保证 $|U_R|>u_A$，故电容的放电电流比充电电流大，放电比充电快。计数器尚未计到 $Q_n=1$ 时，电容就放电完毕，并反向充上少量电荷，使 u_{o1} 变为正值。当 u_{o1} 稍大于 0 时，u_{o2} 就变为低电平，封锁了计数控制门，计数器停止计数。此时，计数器的即时计数值 $Q_{n-1} \cdots Q_0$ 就是抽样值 u_A 对应的二进制数字编码。

当取样值是负值时，基准电压应为正值。工作原理与上述分析过程相同，只是所有相关电流方向和电压极性与上述样值是正值时相反。

3. 集成 A/D 转换电路

集成 A/D 转换电路很多，下面以 ADC0809 为例进行介绍。

ADC0809 内部基本电路是逐次逼近型 A/D 转换电路，其原理框图及芯片引脚排列图如图 14.11(a)、(b)所示。

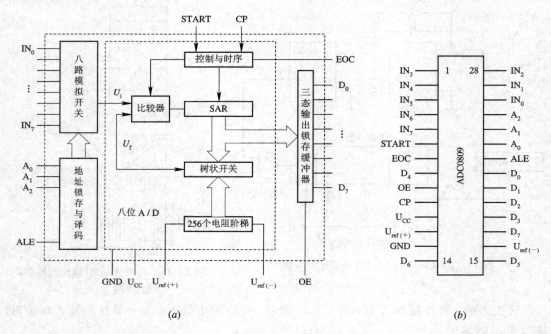

图 14.11　ADC0809 原理框图和引脚图

(a) 原理框图；(b) 引脚图

原理框图中，SAR 是逐次逼近式寄存器。该电路有 8 路模拟输入信号，由地址译码器选择 8 路中的一路进行转换。转换成的数字信号有 8 位。

各主要引脚功能简述如下：

(1) $IN_0 \sim IN_7$：8 路模拟信号输入端。

(2) A_2、A_1、A_0：8 路模拟信号的地址码输入端。

(3) $D_0 \sim D_7$：转换后输出的数字信号。

(4) START：启动端。START 下降沿时，A/D 转换开始进行。其负脉冲宽度应不小于 100 ns，以保证逐位编码的八位码有足够时间彻底编好。

(5) ALE：通道地址锁存信号输入端。在 ALE 的上升沿锁存地址输入 $A_2 A_1 A_0$，正脉冲宽度持续时间应不小于 100 ns，以确保编码期间一直是对确定的某一路模拟信号进行转换。

(6) OE：输出允许端。OE＝1，触发输出端锁存缓冲器开放，输出编成的码；OE＝0，输出端锁存缓冲器处于高阻状态。

(7) EOC：转换结束信号，由 ADC8089 内部控制逻辑电路产生。EOC＝0，表示转换正在进行；EOC＝1，表示转换已经结束。因而，EOC 信号可作为转换电路向微机提出的要求输送数据的中断申请信号；或作为微机用查询方式读取数据时供微机查询数据是否准备好的状态信号。只有 EOC＝1 以后，才可以使 OE 为高电平，此时读出的数据才是正确的转换结果。

(8) U_{ref}：基准电压。

14.2.3 A/D 转换电路的主要技术指标

(1) 分辨率：指输出数字量变化一个最小单位(最低位的变化)，对应输入模拟量需要变化的量。输出位数越多，分辨率越高。通常以输出二进制码的位数表示分辨率。

(2) 精度：指实际输出的数字量与理论输出数字量之间的最大差值。

(3) 转换时间：指电路完成一次转换所需要的时间，即从开始转换到输出端出现稳定的数字信号所需要的时间。

本 章 小 结

A/D 转换电路和 D/A 转换电路是数字系统中的重要部件。

本章主要讨论了逐位逼近式 A/D 转换器和双积分 A/D 转换器。前者适用于高速、中分辨率的场合，后者适用于低速、高分辨率的场合。

在 D/A 转换器中，我们所讨论的权电阻 D/A 转换器由于电阻数量多，阻值范围大，保证精度有困难，很少使用，但了解它对于理解 D/A 转换器的工作原理很有帮助。其他两种电路使用广泛。倒置 T 型 D/A 转换电路只有两种阻值的电阻，因此在集成 D/A 转换器中得到广泛应用。

本章以 ADC0809 为例介绍了常用集成转换电路。限于篇幅，只介绍了其外部功能。

思考与习题十四

14.1 叙述倒置 T 型 D/A 转换器的工作原理，该电路的突出特点是什么？

14.2 DAC0832 是如何实现双缓冲、单缓冲和直通工作状态的？

14.3 DAC0832 的 R_f 端子的作用是什么？

14.4 为什么 A/D 转换需要采样、保持电路？

14.5 要将语音信号转换成数字信号，抽样脉冲的频率至少应选多大(语音信号频率范围为 300～3400 Hz)？

14.6 逐次逼近型 A/D 转换器有几个组成部分？

14.7 简述双积分型 A/D 转换器工作原理。为什么双积分型 A/D 转换器中的电容放电曲线的斜率是固定的？

14.8 简述 ADC0809 中 8 路模拟开关地址锁存与译码的作用。

14.9 一个六位的 D/A 转换电路，输出的最大模拟电压为 10 V，当输入的二进制码是 100100 时，输出的模拟电压是多少？

14.10 若一理想的四位 A/D 转换电路的最大输入模拟电压值为 12 V，当取样值是

8.5 V 时，编出的二进制码是多少？

14.11 若权电阻 D/A 转换电路有 5 位二进制数字输入，其值为 10110，$E_R = 12$ V，R_f 的值是 R 的一半，各模拟开关应在什么位置上？输出模拟电压是多少？

14.12 在八位倒置 T 型 D/A 转换电路中，$R = R_f$，输入二进制码是 10110010，输出模拟电压是多少？

14.13 画出八位二进制权电阻 D/A 转换电路，若 $R_6 = 20$ kΩ，其他各电阻阻值是多少？

14.14 画出 DAC0832 工作于单缓冲工作方式时的引脚接线图。

第三篇　电子技术基础实验

模拟电子技术实验

实验 1　常用电子仪器的使用

S1.1　实验目的

（1）了解常用电子仪器的性能特点及使用方法。
（2）学会正确使用双踪示波器观察、测量波形的幅值、频率及相位等。
（3）掌握函数信号发生器、直流稳压电源、电压表及万用表等仪器的配合使用。

S1.2　实验要求

（1）阅读常用仪器的使用说明。
（2）熟悉常用仪器、仪表面板和各控制按钮的名称及功能。

S1.3　实验设备及器材

（1）直流稳压电源 1 台；
（2）电子毫伏表（电压表）1 台；
（3）函数信号发生器 1 台；
（4）万用表 1 块；
（5）双踪示波器 1 台。

S1.4　实验内容及步骤

在电子电路测试和实验中，常用的电子仪器有交流毫伏表、低频信号发生器、双踪示波器、直流稳压电源等，它们与被测（实验）电路的关系如图 S1.1 所示。

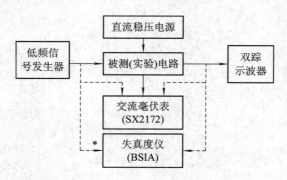

图 S1.1　常用电子仪器接线框图

直流稳压电源：为电路提供直流工作电源。

低频信号发生器：为电路提供输入信号。它可以产生特定频率和特定大小的正弦波、方波和三角波电压信号，作为放大电路的输入信号。通过输出衰减开关和幅度旋钮，可使输出电压在毫伏级到伏级范围内连续调节。输出电压的频率可以通过波段开关和频率旋钮进行调节。直流稳压电源和信号发生器在使用过程中，要注意输出端不能短路。

交流毫伏表：用于测量正弦信号的有效值。由于交流毫伏表的灵敏度较高，为避免损坏，应在使用前将量程开关打到最大，然后在测量中逐挡减小量程，直到指针指在 1/3 量程到满量程之间。

双踪示波器：用于观测被测信号的电压波形。它不仅能观测电路的动态过程，还可以测量电压信号的幅度、频率、周期、相位、脉冲宽度、上升和下降时间等参数。它的 X 轴为时间轴，Y 轴为电压轴。

1. 示波器使用方法简介

（1）调节基准扫描线。打开电源开关，将示波器 Y 轴方式置于"CH1"或"CH2"，输入耦合方式置于"GND"，开机预热 30 秒钟，若荧光屏上不出现光点或水平扫描基线，可进行如下操作：① 调节亮度旋钮到中间位置；② 触发方式开关置于"自动"；③ 调节垂直位移"↑↓"和水平位移"→←"旋钮到中间位置。

（2）测量信号波形。将被测信号输入 Y 轴方式所选择的通道，输入耦合方式开关置于"AC"或"DC"。适当调节 X 轴和 Y 轴灵敏度旋钮，使得波形高度尽量高，但不超出屏幕；波形的长度为 1～3 个周期。对波形进行读数，可测量出波形的峰值和周期。

$$峰值 U_{\text{P-P}} = \frac{波形高度（格）\times Y 轴灵敏度旋钮刻度（V/div）}{2}$$

$$周期 T = 波形长度 \times X 轴灵敏度旋钮刻度（Time/div）$$

在对波形进行读数时，要注意必须将 X 轴和 Y 轴的灵敏度微调旋钮置于"校准"位置，否则测量出来的峰值和周期数值是不准确的。

若波形不稳定，可进行如下调节：① 将垂直通道工作方式开关（MODE）置于与 Y 轴方式一致的位置，即若被测信号从 CH1 输入，则垂直方式置 CH1；② 调节触发电平（LEVEL）旋钮。

（3）双踪示波器的电压测量有"CH1"、"CH2"、"CH1＋CH2"、"断续"和"交替"五种方式。其中"断续"和"交替"是双踪信号测量方式。"断续"适用于频率较高的信号测量，"交替"用于频率较低的信号的测量。

当被测信号频率较低时，波形会有些闪烁，但被测信号波形只要不左右移动，仍属于稳定显示。

在电子测量中，应特别注意各仪器的"共地"问题，即各台仪器与被测电路的"地"应可靠地连接在一起。合理的接地是抑制干扰的重要措施之一，否则，可能引入外来干扰，导致参数不稳定，测量误差增大。

2. 实验内容

（1）用交流毫伏表测量信号发生器的输出（衰减）电压。将信号发生器频率调节到 1 kHz，电压"输出衰减"开关分别置于不同的衰减位置上，调节信号发生器的"幅度"旋钮使电压表指示在 4 V，用交流毫伏表测量其输出电压值。测量结果填入表 S1.1。

表 S1.1

$f = 1$ kHz	电压表指示 4 V			
信号发生器电压输出衰减(dB)	0	20	40	60
信号发生器输出值(mV)				
交流毫伏表读数值(mV)				
电压衰减倍数				

(2) 用双踪示波器 Y 轴任一输入通道探头测量示波器"校正电压",读出荧屏显示波形的 U_{P-P} 值和频率 f。

(3) 用交流毫伏表及双踪示波器测量信号发生器的输出电压及周期的数值,记入表S1.2。

表 S1.2

测量数据　　输入信号 测　量　项　目	$U_1 = 0.15$ V $f_1 = 500$ Hz	$U_2 = 50$ mV $f_2 = 1$ kHz	$U_3 = 10$ mV $f_3 = 2.5$ kHz	$U_4 = 1$ V $f_4 = 7$ kHz
低频信号发生器电压衰减(dB)				
示波器 Y 轴灵敏度选择开关位置(V/div)				
示波器荧光屏显示波形高度(div)				
示波器荧光屏上显示电压峰值(V)				
毫伏表测量指示值(V)				
示波器 X 轴扫描时间位置(ms/div)				
示波器荧光屏显示一个完整波形的长度(div)				
示波器荧光屏显示波形的周期(ms)				

S1.5　实验报告

(1) 整理各项实验记录。

(2) 写出各仪器使用时应注意的事项。

实验 2　单管放大电路分析

S2.1　实验目的

(1) 学习电子电路的连接。

(2) 测量静态工作点并验证静态工作点参数对放大器工作的影响。

(3) 学会用示波器观测波形并测量放大倍数。

(4) 了解失真情况。

S2.2　实验要求

(1) 练习示波器、万用表、毫伏表的使用。

（2）熟悉单级共射放大电路静态工作点的设置方法。

（3）熟悉静态工作点对放大器性能的影响。

S2.3　实验设备及器材

（1）低频信号发生器 1 台；

（2）示波器 1 台；

（3）毫伏表 1 台；

（4）稳压电源 1 台。

S2.4　实验内容及步骤

（1）按图 S2.1 所示的共射极单管放大电路连接好电路。

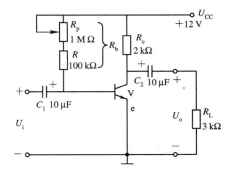

图 S2.1　共射极单管放大电路

（2）将直流电源 U_{CC} 调至 12 V，并接入线路中；调节 R_p，使 $U_C(U_{CEQ}) = 5 \sim 7$ V，测量 I_{CQ}，U_{BEQ}，填入表 S2.1 中。

表　S2.1

U_{CC}	$U_C(U_{CEQ})$	I_{CQ}	U_{BEQ}

（3）调节信号发生器使其输出 1 kHz，5 mV 的正弦波，并接入放大器输入端，用示波器观察放大器电路 U_o 波形。

（4）空载情况下，逐步调节信号发生器 U_i 的大小，使 U_o 为最大不失真波形，用毫伏表测出（或用示波器换算）U_i 和 U_o 的值，计算 A_u，并填入表 S2.2 上格中。

（5）接入负载 R_L。重复（3）操作，填入表 S2.2 下格中。

表　S2.2

输入信号频率	是否加负载 R_L	U_i/mV	U_o/mV	A_u
1 kHz	否			
	是			

（6）调节 R_p 的大小，用示波器观察输出波形的失真情况。将 u_{CE}、i_c 的失真波形画在表 S2.3 中并加以分析。

表　S2.3

R_p	u_{CE} 波形	i_c 波形
R_p 调大		
R_p 调小		

S2.5　实验报告

（1）整理实验测量数据。

（2）分析静态工作点对放大器性能的影响。

（3）分析空载和带载情况下，放大倍数的改变原因。

（4）初步确定输出电压达到饱和失真（或截止失真）时，静态工作点的大致范围。

实验 3　多级放大器

S3.1　实验目的

（1）练习电子电路的连接。

（2）验证多级放大器电压放大倍数的关系 $A_u = A_{u1} \cdot A_{u2} \cdot \cdots \cdot A_{un}$。

（3）学习分析、排除电子线路故障的方法。

S3.2　实验要求

（1）熟悉多级放大器的工作原理。

（2）熟悉掌握信号发生器、示波器、万用表的正确使用方法。

S3.3　实验设备及器材

（1）直流稳压电源 1 台；

（2）信号发生器 1 台；

（3）电子电压表 1 块；

（4）示波器 1 台；

（5）万用表一块。

S3.4　实验内容及步骤

（1）按图 S3.1 连接好电路，检查无误。

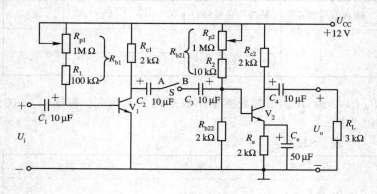

图 S3.1　多级放大器

（2）闭合开关 S，将直流电源 U_{CC} 调到 12 V，接入电路输入端，分别调节 R_{p1} 和 R_{p2}，将 U_{C1}、U_{C2} 调至 8～10 V（建立各级合适的静态工作点），测量 U_{C1Q}、U_{C2Q}，填入表 S3.1 中。

表 S3.1

U_{C1}	U_{C1Q}	U_{C2}	U_{C2Q}

（3）将信号发生器输出调为 1 kHz 的正弦波，接入多级放大器输入端，反复调节 R_{p1} 和 R_{p2} 及 U_i，使 U_o 不失真波形幅度最大，用毫伏表测出 U_i 和 U_o，计算 A_u，填入表S3.2中。

表 S3.2

信号源频率	U_i	U_o	A_u
1 kHz			

（4）接上负载，按上述方法，分别测出多级放大器的 U_{i1}、U_{o1}、U_{i2}、U_{o2}，测出 A_u，验证 $A_u = A_{u1} \cdot A_{u2}$ 的多级放大关系。填入表 S3.3 中。

表 S3.3

放大器级数	U_i	U_o	$A_u = U_o/U_i$
第一级			
第二级			
两级放大			

（5）故障的分析与排除。放大器在正常工作情况下，能对信号进行不失真地放大。当放大器有故障后（若无故障，可由指导教师人为设置故障），其输出端波形会失真或无输出，此时应进行故障检查。对初学者来说，采用逐步逼近法较易掌握。其具体方法是：

① 首先观察元件表面是否有异变，然后测试电源电压值是否符合要求。

② 在上述检查未发现问题的基础上，再在放大器的输入端加一微小信号（约小于 10 mV），用示波器检查各级输入波形。检查方法可由前向后逐级检查。

③ 当测试某级无信号或信号不正常时，应将该级与后级耦合脱开，再检查该级有无波形。若此时信号正常，说明故障在后级；若信号波形仍不正常，则故障在该级上。

④ 另外也可由后向前逐级检查。即先将级间耦合脱开，信号由后级基极输入，观察输出端波形。再逐级推前依次检查。

⑤ 在检查到故障后，还需确定故障部位。可将信号在耦合电容前输入，再测试该电容后的基极电位，与给定值比较是否大致符合。对图示电路也可调节偏置电路电位器，观察其静态工作点是否跟随变化。若基极电位偏高，应测试耦合电容是否漏电。若各点电位不跟随调节电位器变化，进而应怀疑焊接点或元器件。故障排除后，再加信号检验之。

S3.5 实验报告

（1）整理实验数据，验证多级放大关系。

（2）谈谈在排除故障中的收获及体会。

实验 4 功率放大器

S4.1 实验目的

(1) 认识集成器件，初步接触集成器件，了解多引脚器件的作用及使用方法。
(2) 学习组成集成功率放大器典型应用电路。
(3) 学会观察输出波形及关键元件对输出的影响。
(4) 深入理解功率放大器的功能。

S4.2 实验要求

(1) 熟悉功率放大器的基本知识。
(2) 熟悉 LA4102 的主要技术指标(如表 S4.1)及典型应用电路。

表 S4.1 LA4102 主要技术参数

名 称	符号及单位	参数值	测试条件
电源电压			
静态电压			
输出功率			
输入阻抗			

S4.3 实验设备及器材

(1) 示波器 1 台；
(2) 晶体管毫伏表 1 块；
(3) 万用表 1 块；
(4) 低频信号发生器 1 台；
(5) 直流稳压电源 1 台；
(6) 扬声器 1 只。

S4.4 实验内容及步骤

(1) 用万用表检测全部元器件，并按图 S4.1 连接好电路，检查无误。

(2) 将直流电源调至 6 V，接入电路相应端，在无输出情况下，用示波器观察输出端，看有无自激现象，若有可改变 C_7 以清除自激。

(3) 将信号发生器输出调至 1 kHz 正弦波，接入功放输入端，逐步调大输入信号幅度，使输出波形失真在允许范

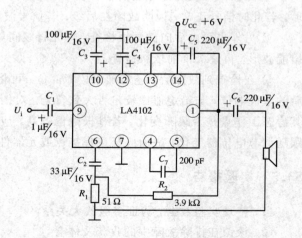

图 S4.1 功率放大器

围内，用毫伏表测出 U_i、U_o，计算 $A_u = U_o/U_i$。

（4）分别断开 C_3、C_4、C_5 和 R_2，观察输出波形变化。

（5）用一只扬声器代替话筒接入输入端，对着扬声器讲话，试听该功率放大器的效率。

S4.5 实验报告

（1）整理实验测量数据，用 $P_U = U_{CC} I_C$，$P_{om} = U_o^2/R_L$，$\eta = P_o/P_U$ 计算放大器的最大输出功率 P_{om}、P_U、η。

（2）绘制所观察的波形，并分析 C_3、C_4、C_5 及 R_2 断开时输出波形的变化原因。

（3）实验中遇到了什么问题，如何解决？

（4）功率放大器与电压放大电路比较有何异同点？

（5）查阅其他集成功率放大器的相关资料手册。

实验 5 集成运算放大器的应用

S5.1 实验目的

（1）认识集成运算放大器的外形及引脚设置。

（2）掌握集成运算放大器的使用方法。

（3）理解集成运算放大器的线性应用。

S5.2 实验要求

（1）预习集成运算放大器线性应用的基本知识。

（2）查阅 LM741 有关资料，注意集成运算放大器的使用事项。

S5.3 实验设备及器材

（1）低频信号发生器 1 台；

（2）示波器 1 台；

（3）晶体管电压表 1 台；

（4）直流稳压电源 1 台；

（5）万用表 1 块；

（6）直流信号源 1 台。

S5.4 实验内容及步骤

根据外接元件连接不同，集成运算放大器可构成比例、加减、微分、积分等多种运算电路，本实验进行几种常用运算关系的验证和练习。由于集成运放一般都存在失调电压和失调电流。当输入电压为零时输出电压不为零，影响运算精度，此时应调整 1 脚、5 脚连接的调零电位器 R_p 使输出电压为零。

1）反相比例运算

按实验图 S5.1 接好电路，检查无误，接入 ±15 V 直流稳压电源，先调零，即令 $U_i =$

0，调整调零电位器 R_p，使输出电压 $U_o=0$。

（1）按表 S5.1 指定的电压值输入不同的直流信号 U_i，分别测量对应的输出电压 U_o，并计算电压放大倍数。

（2）将输入信号改为 $f=1\ \text{kHz}$，幅值为 200 mV 的正弦波，用示波器观察输入、输出信号的波形。分析其是否满足 $A_{uf}=\dfrac{U_o}{U_i}=-\dfrac{R_f}{R_1}$ 的关系。

（3）将 R_1、R_2 换成 51 kΩ，其他条件不变，重复上述（1）和（2）的内容。

（4）将 R_1、R_2、R_3、R_f 均接成 100 kΩ，其他条件不变，重复上述（1）和（2）的内容。

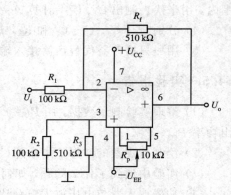

图 S5.1　反相比例运算电路

表　S5.1

U_i/mV	$R_1=100\ \text{k}\Omega$			$R_1=51\ \text{k}\Omega$			$R_1=R_f=100\ \text{k}\Omega$		
	U_o 计算值	U_o 实测值	A_u 实测值	U_o 计算值	U_o 实测值	A_u 实测值	U_o 计算值	U_o 实测值	A_u 实测值
100									
200									
300									
−100									

2）加法运算

（1）按图 S5.2 接好电路，检查无误，调零方法同上。

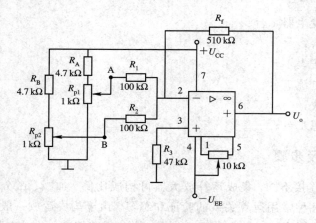

图 S5.2　加法运算电路

（2）调节 R_{p1}、R_{p2}，使得 A、B 两点电位 U_A、U_B 为表 S5.2 中数值。分别测量对应的输出电压 U_o。

（3）验证 $U_o = -\left(\dfrac{R_f}{R_1}U_{i1} + \dfrac{R_f}{R_2}U_{i2}\right)$ 的运算关系。若取 $R_1 = R_2 = R$，则

$$U_o = -\frac{R_f}{R}(U_{i1} + U_{i2})$$

表　**S5.2**

U_A/mV	50	100	200	300
U_B/mV	80	200	400	500
U_o 计算值				
U_o 实测值				

3）同相比例运算

（1）按图 S5.3 连接电路，检查无误，调零方法同上。

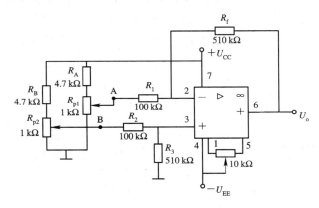

图 S5.3　同相比例运算电路

（2）调节 R_{p1}、R_{p2}，使得 A、B 两点电位 U_A、U_B 为表 S5.3 中数值，分别测量对应的输出电压 U_o。

（3）验证 $U_o = \dfrac{R_f}{R_1}(U_{i1} - U_{i2})$ 的运算关系。

表　**S5.3**

U_A/mV	50	100	200	800
U_B/mV	80	180	300	1200
U_o 计算值				
U_o 实测值				

S5.5　实验报告

（1）整理数据，完成表格。

（2）比较实测值与计算值，分析各个基本运算电路是否符合相应的运算关系。总结集成运放的调零过程。

实验 6　负反馈放大器

S6.1　实验目的

(1) 理解负反馈对放大器放大倍数的影响。

(2) 掌握负反馈放大器输入电阻和输出电阻的测量方法。

(3) 了解负反馈对放大器通频带和非线性失真的改善。

S6.2　实验要求

(1) 理解负反馈对放大器性能改善的原理。

(2) 估算实验线路有反馈和无反馈时电压放大倍数、通频带的变化情况。

(3) 估算实验线路中有、无反馈时输入、输出电阻的变化情况。

(4) 准备实验线路板，按图连接电路，实验电路如图 S6.1 所示。

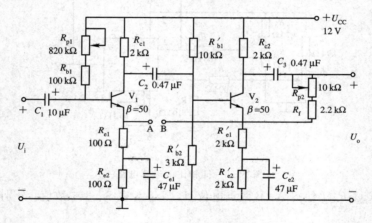

图 S6.1　负反馈放大电路

S6.3　实验设备及器材

(1) 示波器 1 台；

(2) 晶体管毫伏表 1 块；

(3) 万用表 1 块；

(4) 低频信号发生器 1 台；

(5) 直流稳压电源 1 台。

S6.4　实验内容及步骤

负反馈放大器实验电路如图 S6.1 所示，按图连接好电路。

(1) 在实验电路板上分析 A、B 连接及断开两种情况，将输入端对地交流短路，接通电源，将各级静态工作点调好并将其数据记入表 S6.1 中。

表 S6.1

第一级		第二级	
U_{BE1}	U_{CE1}	U_{BE2}	U_{CE2}

（2）拆去输入端对地短路线，用低频信号发生器向放大电路注入 $f=1\ \mathrm{kHz}$，$U_i=5\ \mathrm{mV}$ 的正弦交流信号，在输出端用毫伏表测出输出电压 U_o，算出开环电压放大倍数 A_u，将它们记入表 S6.2 中。

表 S6.2

输出电压 U_o	输入电压 U_i	电压放大倍数 A_u

（3）使低频信号发生器输出信号仍保持为 5 mV，改变其信号频率，频率上升到使 $U_{oH}=0.707U_o$ 时，记下 f_H 的值；频率下降到使 $U_{oL}=0.707U_o$ 时，记下 f_L 的值。算出通频带 $f_{BW}=f_H-f_L$，将它们记入表 S6.3 前两格中。

表 S6.3

输出电压 U_o	电压放大倍数 A_u	信号频率 f	通频带
$U_{oH}=$	$A_{uH}=$	$f_H=$	$f_{BW}=$
$U_{oL}=$	$A_{uO}=$	$f_L=$	$f_{BW}=$
$U_{oHf}=$	$A_{uHf}=$	$f_{Hf}=$	$f_{BWf}=$
$U_{oLf}=$	$A_{uOf}=$	$f_{Lf}=$	$f_{BWf}=$

（4）连接 A、B，重复（3）操作，再填入表 S6.3 后两格中，比较表 S6.3 所列数据，得出结论：引入负反馈后，放大器电压倍数 A_u 下降了，但通频带 f_{BW} 展宽了。

S6.5 实验报告

（1）整理实验数据，总结负反馈对 A_u 及通频带 f_{BW} 的影响。

（2）进一步了解负反馈对放大器其他性能的影响情况。

实验 7 集成直流稳压电源

S7.1 实验目的

（1）熟悉串联稳压电源的工作原理，了解集成稳压电源的特点和使用方法。

（2）学习整流、滤波、稳压的性能指标及波形的测试方法。

S7.2 实验要求

（1）画出桥式整流、双向滤波、直流正负稳压电源的实验接线图。

（2）了解集成三端稳压电源的性能参数，学习使用集成三端稳压电源的方法。

S7.3 实验设备及器材

(1) 调压变压器 1 只；

(2) 万用表 1 只；

(3) 交流毫伏表 1 只；

(4) 双踪示波器 1 台。

S7.4 实验内容和步骤

(1) 按图 S7.1 接好实验电路。接通电源前应对电路和器件认真检查，特别注意电源变压器的原、副边，集成三端稳压电源的引脚和滤波电容器的极性。

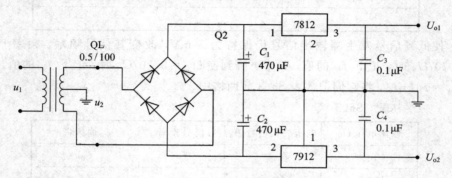

图 S7.1 集成直流稳压电源实验电路

(2) 先将变压器的副边与整流桥 QL0.5/100 接通，测量 u_1、u_2，整流电压 $U_整$ 及其波形，记入表 S7.1。

表 S7.1

u_1(V)	u_2(V)	$U_整$(V)	整流电压幅值及波形

(3) 连接好滤波电路及负载，测量滤波电压及其波形，记入表 S7.2。

表 S7.2

U_{C1}(V)	C_1滤波电压幅值及波形	U_{C2}(V)	C_2滤波电压幅值及波形

(4) 连接三端稳压器，在输出端分别接负载电阻 $R_L = \infty$、3.6 kΩ、1.2 kΩ 时观察输出电压的变化及其波形，记入表 S7.3。

表 S7.3

极性 \ R_L参数	∞	3.6 kΩ	1.2 kΩ	输出波形
正输出(U_{o1})(V)				
负输出(U_{o2})(V)				

（5）测量直流稳压电源的性能参数。

① 稳压系数 S：稳压系数 S 表示输入电压 U_i 变化时，输出电压 U_o 维持稳定不变的能力，其定义为：输出电压的相对变化量 $\Delta U_o/U_o$ 和输入电压的相对变化量 $\Delta U_i/U_i$ 的比值。

集成稳压电源电压输出端接负载时，使输入（电源）电压变化 $\pm10\%$，即由 220 V 变化到 198 V 或 242 V 时测量相对应的输出电压 U_o，并按下式计算稳压系数：

$$S = \frac{\Delta U_o/U_o}{\Delta U_i/U_i}$$

② 输出电阻 r_o：直流稳压电源的输出电阻 r_o 表示稳压电源输出负载变化时，维持输出电压不变的能力。定义为输入电压不变时，输出电压的变化量 ΔU_o 与负载电流的变化量 ΔI_o 之比。

输出端接负载，电源电压为 220 V，$U_o=9$ V 时，在负载电流为 150 mA 和 30 mA 两种情况下测量 U_o 的变化量，并按下式计算输出电阻 r_o：

$$r_o = \frac{\Delta U_o}{\Delta I_o}$$

③ 输出纹波电压：当负载电流 $I_o=250$ mA 时，在稳压电源输出端测出的交流成份即输出纹波电压。

S7.5 实验报告

（1）整理数据，完成表格。
（2）比较实测值和计算值，分析直流稳压电源的性能参数。
（3）画出桥式整流、双向滤波、直流正负稳压电源的接线图及各点波形。

实验 8 波形发生电路

S8.1 实验目的

（1）熟悉波形发生器的设计方法。
（2）掌握波形发生电路的特点和分析方法。

S8.2 实验要求

（1）熟悉波形发生电路的基本知识。
（2）熟悉 LM741 的主要技术指标（如表 S8.1）及典型应用电路。

表 S8.1 L741 主要技术指标

名称	符号及单位	参数值	测试条件
电源电压			
静态电压			
输出功率			
输入阻抗			

S8.3 实验设备及器材

（1）数字万用表 1 块；

（2）双踪示波器 1 台；

（3）低频信号发生器 1 台；

（4）直流稳压电源 1 台 。

S8.4 实验内容及步骤

（1）用万用表检测全部元器件，并按图 S8.1 连接好电路，检查并确认无误。

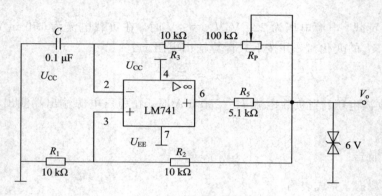

图 S8.1 方波波形发生器

（2）将直流电源调至 12 V，用示波器观察输出。

（3）调节 R_P 的大小，分别测量 0、10 K、100 K 时的频率及输出值。

（4）画出输出波形图，并将输出值填写在方波测试表 S8.1 中。

表 S8.1 方波测试值

测试项目　　　　次数	1	2	3
频 率			
输出电压			

（5）再按照图 S8.2 连接好电路，检查并确认无误。

（6）调节 R_P 的大小，分别测量 0、10 K、100 K 时的频率及输出值。

（3）画出输出波形图，并将输出值填写在可调方波测试表 S8.2 中。

表 S8.2 方波测试值

测试项目　　　　次数	1	2	3
频 率			
输出电压			

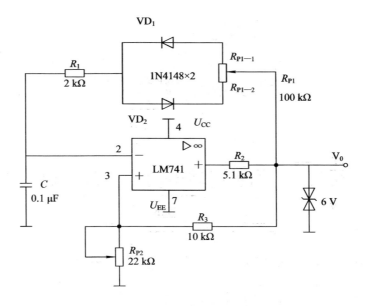

图 S8.1　可调方波波形发生器

S8.5　实验报告

（1）整理数据，完成表格。

（2）总结出 R_P 的大小对输出脉冲频率的影响。

数字电子技术实验

实验 9　组合逻辑电路的测试与设计

S9.1　实验目的

（1）掌握集成门电路逻辑功能的测试方法。

（2）熟悉集成门电路的应用。

（3）掌握组合逻辑电路的设计和测试方法。

S9.2　实验要求

（1）熟悉 74LS00、74LS10、74LS86（或 CC4000、CD4000 系列）的引脚排列及逻辑功能，写出各集成电路理论真值表。

（2）熟悉组合逻辑电路设计的内容，完成选定题目的设计任务，根据设计要求列出真值表，得出逻辑表达式，画出逻辑电路和实际接线图。

（3）阅读有关 CMOS 集成电路的使用规则。

S9.3　实验设备及器材

（1）数字逻辑实验装置 1 台；

（2）数字万用表 1 块；

（3）TTL 集成电路或 CMOS 集成电路；

（4）二输入四与非门 74LS00（或 CC4011、CD4011）1 片；

（5）三输入三与非门 74LS10（或 CC4023、CD4023）1 片；

（6）二输入四异或门 74LS86（或 CC4070、CD4070B）1 片。

S9.4　实验内容及步骤

1. 集成电路逻辑功能测试

1）74LS00（或 CC4011、CD4011）逻辑功能测试

74LS00（或 CC4011、CD4011）为二输入四与非门，其引脚排列及内部接线如图 S9.1 和图 S9.2 所示。

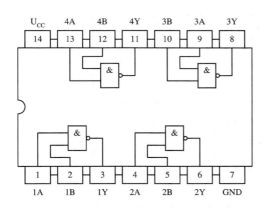

图 S9.1　74LS00 引脚排列图

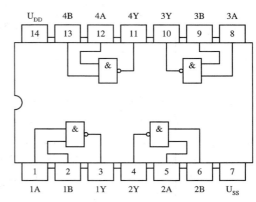

图 S9.2　CD4011 引脚排列图

按引线图接线，U_{CC}（U_{DD}）端接＋5 V 电源，GND（U_{SS}）接地，对其中一只与非门进行测试，验证与非关系 $Y=\overline{A \cdot B}$。将测试结果填入表 S9.1 中。

表　S9.1

A	B	Y（理论值）	Y（实测值）
0	0		
0	1		
1	0		
1	1		

2）74LS10（或 CC4023、CD4023）逻辑功能测试

74LS10（或 CC4023、CD4023）为三输入三与非门，其引脚排列及内部接线如图 S9.3 和图 S9.4 所示。

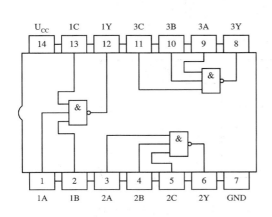

图 S9.3　74LS10 引脚排列图

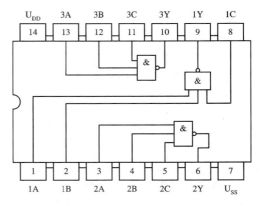

图 S9.4　CD4023 引脚排列图

按引线图接线，对其中一只与非门进行测试，验证与非逻辑关系 $Y=\overline{A \cdot B \cdot C}$，并将测试结果填入表 S9.2 中。

表 S9.2

A	B	C	Y(理论值)	Y(实测值)
0	0	0		
0	0	1		
0	1	0		
0	1	1		
1	0	0		
1	0	1		
1	1	0		
1	1	1		

3) 74LS86(或 CC4070、CD4070B)逻辑功能测试

74LS86(或 CC4070、CD4070B)为二输入四异或门,其引脚排列及内部接线如图 S9.5 和图 S9.6 所示。

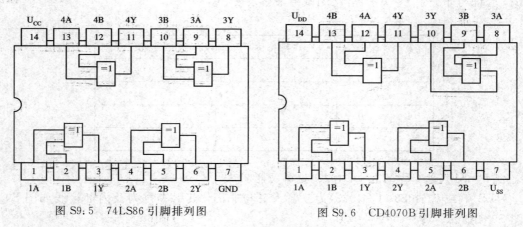

图 S9.5 74LS86 引脚排列图   图 S9.6 CD4070B 引脚排列图

按引线图进行接线,对其中一只异或门进行测试,验证异或逻辑关系 Y＝A⊕B＝$\overline{A}B+A\overline{B}$,并将测试结果填入表 S9.3 中。

表 S9.3

A	B	Y(理论值)	Y(实测值)
0	0		
0	1		
1	0		
1	1		

2. 组合逻辑电路设计与测试

(1) 在只有原变量输入的条件下,用 2 片 74LS10 和 2 片 74LS00 实现函数

$$F=\overline{A}\,\overline{B}C+\overline{A}\,B\,\overline{C}+A\,\overline{B}\,\overline{C}+ABC$$

(2) 用异或门设计一个三位数码的奇数校验电路,要求三位数码中有奇数个 1 时,输出为 0。

（3）在只有原变量输入的条件下，用与非门设计一个三变量不一致电路。

（4）现有红、黄、绿三只指示灯，用来指示三台设备的工作情况，当三台设备都正常工作时，绿灯亮；当有一台设备有故障时，黄灯亮；当有两台设备同时发生故障时，红灯亮；当三台设备同时发生故障时，红灯和黄灯全亮。在只有原变量输入的条件下，试用与非门和异或门设计控制灯亮的逻辑电路。

上面所给题目中，（1）与（2）、（2）与（3）、（2）与（4）各为一组，实验者可在其中任选一组进行设计测试。

S9.5 实验报告

（1）整理实验测试结果。

（2）总结组合逻辑电路设计的步骤及测试方法。

（3）列出真值表。

（4）写出逻辑表达式。

（5）画出逻辑电路图。

（6）画出实验接线图。

（7）写出实验测试结果的分析结论。

实验 10   3 − 8 译码器及其应用

S10.1 实验目的

（1）熟悉中规模集成译码器的逻辑功能及使用方法。

（2）了解译码器的应用。

S10.2 实验要求

（1）熟悉译码器的工作原理及全加器的有关内容。

（2）熟悉 74LS138 的引脚排列及功能表。

（3）画出实验电路连线图。

S10.3 实验设备及器材

（1）数字逻辑实验装置 1 台；

（2）数字万用表 1 块；

（3）74LS138 3 − 8 译码器 1 片；

（4）74LS20 双四输入与非门 1 片。

S10.4 实验内容及步骤

1. 集成电路功能测试

1）74LS20 逻辑功能测试

74LS20 为双四输入与非门，其引脚排列及内部接线如图 S10.1 所示。

按引线图进行接线，分别对上下两个与非门进行测试，当输入全为高电平（或全悬空）时，输出为高电平。如果符合以上情况，则逻辑功能正常。

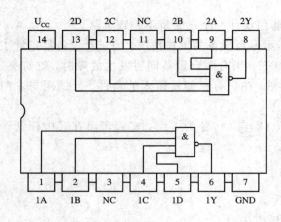

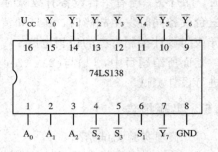

图 S10.1　74LS20 引脚排列图　　　　图 S10.2　74LS138 引脚排列图

2）74LS138 逻辑功能测试

74LS138 是一种 3 个输入、8 个输出的二进制译码器。它的 8 个输出端分别代表由 3 个输入组合的 8 种状态，其译码输出为低电平有效。74LS138 的引脚排列如图 S9.2 所示。功能表见表 S10.1。

表 S10.1　74LS138 功能表

序号	输入					输出							
	S_1	$\overline{S_2}+\overline{S_3}$	A_2	A_1	A_0	$\overline{Y_0}$	$\overline{Y_1}$	$\overline{Y_2}$	$\overline{Y_3}$	$\overline{Y_4}$	$\overline{Y_5}$	$\overline{Y_6}$	$\overline{Y_7}$
0	1	0	0	0	0	0	1	1	1	1	1	1	1
1	1	0	0	0	1	1	0	1	1	1	1	1	1
2	1	0	0	1	0	1	1	0	1	1	1	1	1
3	1	0	0	1	1	1	1	1	0	1	1	1	1
4	1	0	1	0	0	1	1	1	1	0	1	1	1
5	1	0	1	0	1	1	1	1	1	1	0	1	1
6	1	0	1	1	0	1	1	1	1	1	1	0	1
7	1	0	1	1	1	1	1	1	1	1	1	1	0
禁	0	ϕ	ϕ	ϕ	ϕ	1	1	1	1	1	1	1	1
止	ϕ	1	ϕ	ϕ	ϕ	1	1	1	1	1	1	1	1

74LS138 引脚说明：

$A_0 \sim A_2$：二进制输入端，A_2 为高位端。

$\overline{Y_0} \sim \overline{Y_7}$：译码输出端。

$\overline{S_1}$、$\overline{S_2}$、$\overline{S_3}$：使能端，其功能见表 S10.1。

（1）译码功能测试：按引线图进行接线。将输出端 $\overline{Y_0} \sim \overline{Y_7}$ 接指示灯，$\overline{S_3}$、$\overline{S_2}$、$\overline{S_1}$ 接固定的电平 001，使译码器选通。A_0、A_1、A_2 接数据开关，改变 A_0、A_1、A_2 的开关状态，使之输入 000～111 共 8 种情况，观察指示灯的变化，并记录结果。

（2）使能端功能测试：接线同上，观察当 $\overline{S_3}$、$\overline{S_2}$、$\overline{S_1}$ 为其他输入时，译码器被禁止的情况，并记录结果。

2. 74LS138 的应用

（1）74LS138 用作函数发生器：用 74LS138 和与非门 74LS20 按图 S10.3 所示电路接

线，可实现函数 $F = \overline{ABC} + A\overline{BC} + AB$。连接电路，并将结果填入表 S10.2。

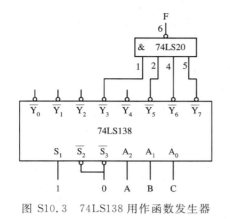

图 S10.3　74LS138 用作函数发生器

表　S10.2

输入			输出(理论值)	输出(实测值)
A	B	C	F	F
0	0	0		
0	0	1		
0	1	0		
0	1	1		
1	0	0		
1	0	1		
1	1	0		
1	1	1		

（2）用 74LS138 实现一位全加器：① 设计出实现全加器的电路，画出接线图；② 连接电路并测试其结果，列出真值表。

S10.5　实验报告

（1）整理实验数据表格。

（2）根据全加器的真值表，写出全加器的函数表达式。

（3）画出用 74LS138 实现全加器的电路图，列出真值表。

实验 11　集成触发器逻辑功能测试

S11.1　实验目的

（1）熟悉集成触发器逻辑功能的测试方法。

（2）熟悉各种触发器之间的相互转换方法。

（3）了解触发器的应用。

S11.2　实验要求

（1）熟悉有关触发器的内容。

（2）熟悉实验用触发器的引脚排列及真值表。

（3）根据实验内容，画出实验电路接线图及有关数据记录表格。

S11.3　实验设备仪器及器材

（1）数字逻辑电路实验装置 1 台；

（2）双 D 触发器 CD4013B（或 74LS74）1 片；

（3）双 JK 触发器 CD4027B（或 74LS112）1 片；

（4）双四输入与非门 CD4011B（或 74LS20）1 片。

S11.4　实验内容及步骤

1. D 触发器 CD4013B（或 74LS74）功能测试

CD4013B、74LS74 的引脚排列如图 S11.1 和图 S11.2 所示；真值表见表 S11.1 和表 S11.2。

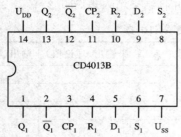

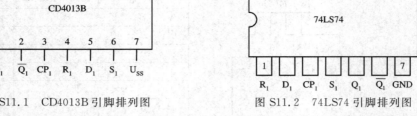

图 S11.1　CD4013B 引脚排列图　　　　图 S11.2　74LS74 引脚排列图

表 S11.1　CD4013B 真值表

输　　入				输　　出		说　　明
R	S	CP	D_n	Q^{n+1}	$\overline{Q}^{n+1}$	
0	0	↑	0	0	1	$Q^{n+1}=D_n$
0	0	↑	1	1	0	
0	0	↓	×	不　变		
1	0	×	×	0	1	复　　位
0	1	×	×	1	0	置　　位
1	1	×	×	1	1	不　允　许

表 S11.2　74LS74 真值表

$\overline{S}$	$\overline{R}$	CP	D_n	Q^{n+1}
0	1	×	×	1
1	0	×	×	0
1	1	↑	1	1
1	1	↑	0	0

1) 置位、复位功能测试

U_{DD}(U_{CC})接+5 V 电源，U_{SS}(GND)接地，在 CP 及 D 端为任意电平的情况下，观察 R、S 端的复位、置位功能，并将测试结果填入表 S10.3 中。

表 S11.3　CD4013B 置位、复位功能测试表

R	S	CP	D	Q	$\overline{Q}$
1	0	×	×		
0	1	×	×		

2) 逻辑功能测试

R、S 端接低电平，D_1 接数据开关，Q_1 接指示灯，当数据开关改变时，测试触发器的输出状态，将测试结果填入表 S11.4 中。

表 S11.4　CD4013B 逻辑功能测试表

R	S	CP	D_n	Q^{n+1}
0	0	↑	0	
		↑	1	
		↓	0	
		↓	1	

重复以上步骤，对 CD4013B(或 74LS74)中另一触发器进行测试。

2. JK 触发器 CD4027B(或 74LS112)功能测试

CD4027B、74LS112 引脚排列如图 S11.3 和图 S11.4 所示；真值表见表 S11.5。

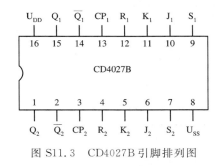

图 S11.3　CD4027B 引脚排列图

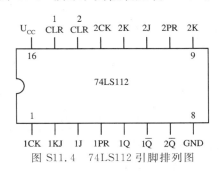

图 S11.4　74LS112 引脚排列图

表 S11.5　CD4027B 真值表

R	S	J	K	CP	Q^n	Q^{n+1}	说　　明
1	0	×	×	×	0	0	直接复位
					1	0	
0	1	×	×	×	0	1	直接置位
					1	1	
0	0	0	0	↑	0	0	$Q^{n+1}=Q^n$
					1	1	
0	0	0	1	↑	0	0	复位
					1	0	
0	0	1	0	↑	0	1	置位
					1	1	
0	0	1	1	↑	0	1	$Q^{n+1}=\overline{Q^n}$
					1	0	

1）逻辑功能测试

R_1、S_1 端接低电平，J_1、K_1 端接数据开关，CP_1 端接单次脉冲开关，Q_1 端接指示灯。观测数据开关未改变时，在 CP 脉冲控制下，触发器的状态改变情况，并将观测结果填入表S11.6 中。

表 S11.6　CD4027B 逻辑功能测试表

R_1	S_1	J_1	K_1	CP	Q^n	Q^{n+1}
0	0				0	
		0	0		1	
		0	1	↑	0	
					1	
		1	0	↑	0	
					1	
		1	1	↑	0	
					1	

2）置位、复位功能测试

J_1、K_1、CP 端接任意电平，观测 R_1、S_1 端的置位功能，并将测试结果填入表S11.7 中。

表 S11.7   CD4027B 置位、复位功能测试表

R_1	S_1	J_1	K_1	CP	Q^n	Q^{n+1}
1	0	×	×	×	0	
					1	
0	1	×	×	×	0	
					1	

3．触发器功能转换

（1）将 D 触发器 CD4013B(或 74LS74)转换成 JK 触发器，并测试其功能。

（2）将 JK 触发器 CD4027(或 74LS112)转换成 D、T、T'触发器，并测试其功能。

4．用双 D 触发器构成两位异步二进制计数器

（1）画接线图。

（2）连接两位异步二进制计数电路，将两个触发器输出接指示灯，由按钮开关提供时钟输入，观察并记录其状态变换。

S11.5   实验报告

（1）整理实验表格。

（2）简要总结触发器功能及测试方法。

（3）简要总结各种触发器之间的转换方法，画出实验中触发器转换原理图、实验接线图。

（4）简要总结用触发器组成计数器的体会，画出实验电路图。

实验 12   计数译码显示电路

S12.1   实验目的

（1）熟悉计数器的计数原理及功能测试。

（2）进一步熟悉译码器的工作原理及使用方法。

（3）熟悉显示译码器的使用。

（4）了解计数器与译码器的应用。

S12.2   实验要求

（1）熟悉计数器、数码显示译码器的工作原理。

（2）熟悉 CD4158、CD4511(或 74LS160)的引脚排列及功能表。

（3）根据实验内容画出各实验步骤的实验接线图。

S12.3   实验设备及器材

（1）数字逻辑电路实验装置 1 台；

(2) CD4518 双 BCD 加法计数器(或 74LS160)1 片；

(3) CD4511B 七段锁存/译码驱动器 1 片；

(4) 数码管(LED)显示器 1 块。

S12.4　实验内容及步骤

1. 测试 CD4518(或 74LS160)计数器的功能

CD4518、74LS160 的引脚排列如图 S12.1 和图 S12.2 所示，功能表如表 S12.1 所示。

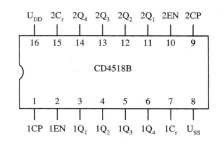

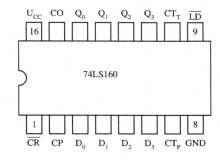

图 S12.1　CD4518B 引脚排列图　　　　图 S12.2　74LS160 引脚排列图

表 S12.1　CD4518 功能表

CP	EN	C_r	功　能
↑	1	0	加计数
0	↓	0	加计数
↓	×	0	不变
×	↑	0	不变
↑	0	0	不变
1	↓	0	不变
×	×	1	$Q_1 \sim Q_4 = 0$

(1) $U_{DD}(U_{CC})$ 接 +5 V 电源，U_{SS}(GND)接地，$1C_r$ 接低电平，1CP 接按钮开关，1EN 接高电平，$1Q_1 \sim 1Q_4$ 接指示灯，连续按动按钮开关，每次发出一个单脉冲；观察输出状态的变化，记录结果，并画状态转换图。

(2) 检验 $1C_r$ 端的功能：当 $1C_r = 1$ 时，不受时钟控制，异步置 0；当 $1C_r = 0$ 时，可正常计数。

(3) 1CP 与 1EN 配合：当 1EN=1，1CP 端输入触发器脉冲时，上升沿触发器有效；当 1EN 接触发脉冲，1CP=0 时，触发器脉冲下降沿触发有效。

(4) 按以上方法测试由引脚 9～15 组成的计数器 2。

2. 测试 CD4511B 译码器的功能

CD4511B 译码器的引脚排列如图 S12.3 所示，功能表见表 S12.2。

表 S12.2　CD4511B 功能表

输入							输出							显示
LE	$\overline{BI}$	$\overline{LT}$	D	C	B	A	a	b	c	d	e	f	g	
×	×	0	×	×	×	×	1	1	1	1	1	1	1	8
×	0	1	×	×	×	×	0	0	0	0	0	0	0	消隐
0	1	1	0	0	0	0	1	1	1	1	1	1	0	0
0	1	1	0	0	0	1	0	1	1	0	0	0	0	1
0	1	1	0	0	1	0	1	1	0	1	1	0	1	2
0	1	1	0	0	1	1	1	1	1	1	0	0	1	3
0	1	1	0	1	0	0	0	1	1	0	0	1	1	4
0	1	1	0	1	0	1	1	0	1	1	0	1	1	5
0	1	1	0	1	1	0	0	0	1	1	1	1	1	6
0	1	1	0	1	1	1	1	1	1	0	0	0	0	7
0	1	1	1	0	0	0	1	1	1	1	1	1	1	8
0	1	1	1	0	0	1	1	1	1	0	0	1	1	9
0	1	1	1	0	1	0	0	0	0	0	0	0	0	消隐
0	1	1	1	0	1	1	0	0	0	0	0	0	0	消隐
0	1	1	1	1	0	0	0	0	0	0	0	0	0	消隐
0	1	1	1	1	0	1	0	0	0	0	0	0	0	消隐
0	1	1	1	1	1	0	0	0	0	0	0	0	0	消隐
0	1	1	1	1	1	1	0	0	0	0	0	0	0	消隐
1	1	1	×	×	×	×	锁存							锁存

（1）D、C、B、A 接数据开关（D 为最高位），a～g 接数码管对应端。$\overline{LT}=\overline{BI}=1$，LE=0。观察输入不同数码时显示的字形。

（2）试灯：$\overline{LT}=0$，各段全亮，显示字形 8，与 D、C、B、A 输入无关。

（3）灭灯：$\overline{BI}=0$，$\overline{LT}=1$，各段全灭，与 B、C、D、A 输入无关。

（4）锁存：$\overline{LT}=\overline{BI}=1$，可将 LE 从 0 到 1 输入的数据锁存下来，在数码管上显示。当 LE=1 时，显示结果不再变化。

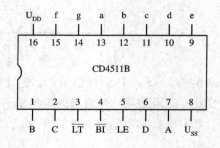

图 S12.3　CD4511B 引脚排列图

3. 计数译码显示电路

（1）使 CD4518 工作于计数状态，由按钮开关作为输入时钟，并把计数器 $1Q_4 \sim 1Q_1$ 对应端接到译码器的 D、C、B、A，使译码器工作于译码工作状态，由数码管观察加法计数的结果。

（2）每按动按钮一次，计数加 1，通过译码器可观察到输出数码按 0，1，2，3，4，5，6，7，8，9 重复变化。

S12.5　实验报告

（1）整理实验数据表格。

（2）简述计数器、译码器功能测试的依据及测试结果。

（3）画出计数译码显示电路实验接线图，总结电路工作原理。

实验 13　555 时基电路的应用

S13.1　实验目的

（1）熟悉 555 时基电路的功能。

（2）熟悉 555 时基电路的典型应用。

（3）会用 555 时基电路设计简单的应用电路。

S13.2　实验要求

（1）理解 555 时基电路的工作原理及功能表。

（2）理解有关脉冲产生与整形电路的内容。

（3）阅读有关双踪示波器的使用知识。

S13.3　实验设备及器材

（1）双踪示波器 1 台；

（2）万用表 1 块；

（3）数字电子实验装置 1 台；

（4）CC7555 时基电路 1 片，NE555 集成电路 1 片；

（5）0.01 μF、3300 pF、0.1 μF 电容各 1 只；

（6）5.1 kΩ、10 kΩ 电阻各 1 只，15 kΩ 电位器 2 只，470 Ω 电阻 2 只，6.8 kΩ 热敏电阻 2 只；

（7）LED 发光二极管绿、红各 1 个；

（8）6 V、10 A 电磁继电器一个；

（9）220 V、5 A 电热丝一根。

S13.4　实验内容及步骤

1．测试 CC7555 时基电路功能

CC7555 引脚排列如图 S13.1 所示。

（1）按图 S13.2 接线，U_{DD} 范围为 3～15 V。

（2）按表 S13.1 要求测试，阈值电压和触发电压用万用表测出。将测试结果填入表中。

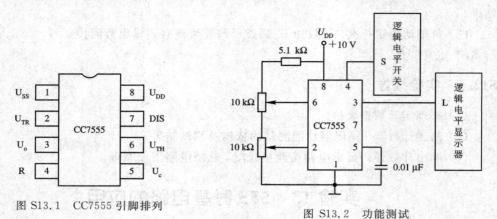

图 S13.1　CC7555 引脚排列　　　　　　　　图 S13.2　功能测试

表 S13.1　功能测试记录

序号	复位端($\overline{R}$)	阈值电压 U_{TH}	触发电压 U_{TR}	输出 U_o	放电开关 DIS
1	0	任意	任意		
2	1	$>\frac{2}{3}U_{DD}$	$>\frac{1}{3}U_{DD}$		
3	1	$<\frac{2}{3}U_{DD}$	$>\frac{1}{3}U_{DD}$		
4	1	任意	$<\frac{1}{3}U_{DD}$		

2．时基电路构成多谐振荡器

（1）按图 S13.3 接好电路，检查连线是否正确。

（2）加电（$U_{DD}=10$ V），用示波器观察 U_o 波形，并记录其波形、周期、占空比，填入表 S13.2（自制表格）。

（3）电容 C 改为 3300 pF，观察并记录波形及参数，填入表 S13.2 中。

3．用时基电路构成单稳态触发器

（1）按图 S13.4 接线并检查。

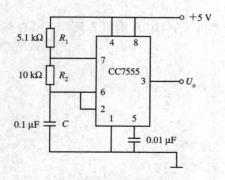

图 S13.3　多谐振荡器

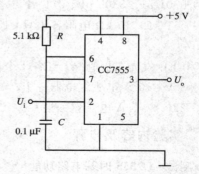

图 S13.4　单稳态触发器

（2）输入信号 U_i 由逻辑试验机上 1 kΩ 的时钟信号提供，用双踪示波器同时观察输入和输出波形，并计算 U_o 的脉冲宽度 t_w，将结果填入表 S12.3（自制表格）。

4. 利用 555 制作恒温控制器

本恒温控制器以 CC7555（或 NE555）为核心元件，具有用途广泛、精度较高、造价低廉、装调容易等特点。其电路图如图 S13.5 所示。

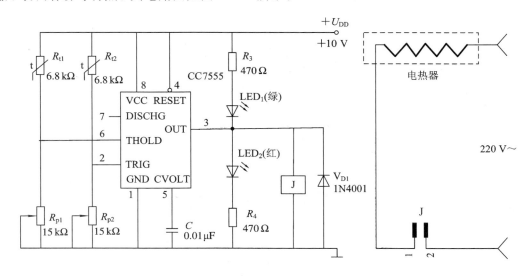

图 S13.5 恒温控制器电路图

恒温控制器由热敏电阻 R_{t1}、R_{t2}、CC7555 时基电路、温度范围调整电阻 R_{p1}、R_{p2} 及控制执行机构组成。R_{t1}、R_{p1} 为上限温度检测电阻，R_{t2}、R_{p2} 为下限温度检测电阻。当温度下降，2 脚电位低于 $\frac{1}{3}U_{DD}$ 时，3 脚输出高电平，J 吸合，LED_2 点亮，开始加热。当温度升高而使 CC7555 的 6 脚电位高于 $\frac{2}{3}U_{DD}$ 时，3 脚输出低电平，J 释放，断开受控"电热器"的电源，停止加热。

调整时，首先应调整上限温度，把 R_{t1} 置于所要求的上限温度环境中（用温度计监测），过 1 分钟后（R_{t1} 与环境达到热平衡），调整 R_{p1} 使 LED_1 刚好发光为止，反复多调几次，可先将 555 电路的 2 脚与地短接一下，使 3 脚输出高电平（LED_1 亮），这样便于观察翻转状态。然后调整下限温度，过程同上，调整 R_{p2} 使 LED_2 亮，也要反复调整几次，可先将 6 脚与电源 U_{DD} 短接一下，以使 3 脚输出低电平，观察电路翻转状态。

S13.5 实验报告

（1）整理各项实验记录。
（2）总结用时基电路构成多谐、单稳电路的方法。
（3）分析实验结果与理论计算之间产生误差的原因。

思考与习题参考答案

思考与习题一

1.1 略

1.2 (1) $U_F = 0$ V；(2) $U_F = 3$ V；(3) $U_F = 0$ V。

1.3 u_o 的波形图如题解 1.3 图所示。

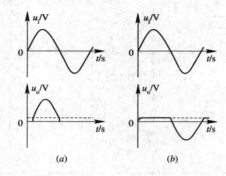

题解 1.3 图

1.4 u_o 的波形图如题解 1.4 图所示。

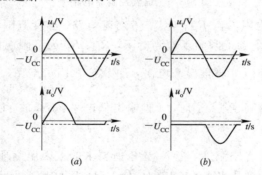

题解 1.4 图

1.5 输出电压 u_o 的波形和 $u_o = f(u_i)$ 曲线分别如题解 1.5 图(a)、(b)所示。

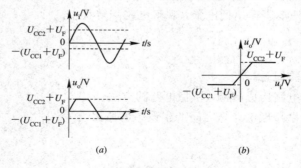

题解 1.5 图

1.6 U_o 的波形图如题解 1.6 图所示。

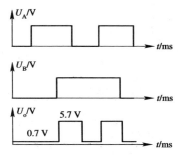

题解 1.6 图

1.7 (1) $U_o = 2.7$ V；　　　(2) $U_o = -1.3$ V；

　　(3) $U_o = 5.7$ V；　　　(4) $U_o = 6.28$ V。

1.8 $I_Z = 80$ mA $> I_{ZM}$。

1.9 略

1.10 PNP，锗三极管，c、e、b。

1.11 (1) c、b、e；硅管，NPN 型；

　　(2) e、b、c；锗管，PNP 型；

　　(3) e、b、c；硅管，PNP 型；

　　(4) c、b、e；锗管，PNP 型。

1.12 三极管处于放大状态的有：(1)、(3)、(4)、(5)。

1.13 略

1.14 (1) $(a) \sim (d)$ 依次为 N 沟道增强型、P 沟道增强型、P 沟道耗尽型和 N 沟道耗尽型。

　　(2) 图 (a) $U_{GS(th)} = 3$ V；图 (b) $U_{GS(th)} = -2$ V；图 (c) $U_{GS(off)} = 2$ V；$I_{DSS} = -2$ mA；图 (d) $U_{GS(off)} = -3$ V，$I_{DSS} = 3$ mA。

1.15 (1) N 沟道耗尽型；(2) $U_{GS(off)} = -3$ V；(3) $I_{DSS} = 6$ mA。

思考与习题二

2.1 略

2.2 (a) 无电压放大作用；(b) 无电压放大作用；

　　(c) 有电压放大作用；(d) 无电压放大作用。

2.3 $I_{BQ} = 30$ μA；$I_{CQ} = 1.5$ mA；$U_{CE} = 15$ V。

2.4 略

2.5 $I_{BQ} = 41.4$ μA；$I_{CQ} = 2.07$ mA；$U_{CEQ} = 5.67$ V。

2.6 $\dot{A}_u \approx -80.6$。

2.7 (1) $\dot{A}_u \approx -107$；　　　(2) $\dot{A}_u \approx -129$。

2.8 (1) $I_{CQ} \approx 3.8$ mA；(2) 略；

　　(3) $\dot{A}_u \approx -9$，$r_i \approx 2.8$ kΩ，$r_o \approx 1$ kΩ。

2.9 $r_o = 2$ kΩ，$U_o = 4$ V。

2.10 略

2.11 (1) $I_{CQ}\approx 3$ mA；

　　(2) $r_i\approx 67$ kΩ，$r_o\approx 22$ Ω。

2.12 截止失真。

2.13 略

2.14 (1) $I_{BQ}=13.7$ μA，$I_{CQ}=0.69$ mA，$U_{CEQ}=7.86$ V；

　　(2) 略；

　　(3) $r_i=1.7$ kΩ，$r_o=3$ kΩ；

　　(4) $\dot{A}_u=-34.1$，$\dot{A}_{us}=-12.3$。

2.15 (1) $I_{DQ}=0.6$ mA，$U_{DSQ}=12$ V；

　　(2) $\dot{A}_u=-12.5$，$r_i=1.04$ MΩ，$r_o=5$ kΩ。

思考与习题三

3.1 略

3.2 (1) 微变等效电路如题解 3.2 图所示。

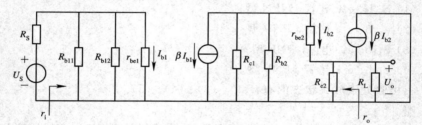

题解 3.2 图

　　(2) $r_i=R_{b11}\,/\!/\,R_{b12}\,/\!/\,r_{be1}$，$r_o=R_{e2}\,/\!/\,\dfrac{r_{be2}+R_{b2}\,/\!/\,R_{c1}}{1+\beta_2}$；

$$A_{u1}=\frac{\beta R_{L1}^{'}}{r_{be1}}；\quad A_{u2}=\frac{\beta R_{L}^{'}}{r_{be2}}；\quad A_u=A_{u1}A_{u2}。$$

3.3 (1) $I_{CQ1}=2.34$ mA，$I_{CQ2}=1$ mA，$U_{CEQ1}\approx 1.32$ V，$U_{CEQ2}=2.38$ V；

　　(2) $A_{u1}\approx -12.7$，$A_{u2}\approx -4.3$，$A_u\approx 54$；

　　(3) $R_{b1}\approx 130$ kΩ。

3.4 (1) 微变等效电路如题解 3.4 图所示。

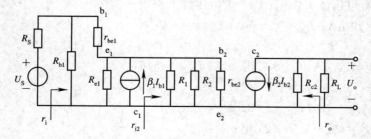

题解 3.4 图

(2) $r_i = R_{b1} // [r_{be1} + (1 + \beta_1) R_{e1} // r_{i2}] = 29.6 \text{ k}\Omega$,

$r_o = R_{c2} = 2 \text{ k}\Omega$, $A_{u1} = 0.97$, $A_{u2} = -100$, $A_u = -97$。

3.5 略

3.6 $r_i = 90.7 \text{ k}\Omega$, $r_o = 17.7 \text{ k}\Omega$。

3.7 (1) 微变等效电路如题解 3.7 图所示；

  (2) $r_i = R_G + R_{G1} // R_{G2} = 140 \text{ k}\Omega$, $r_o = R_c = 3 \text{ k}\Omega$。

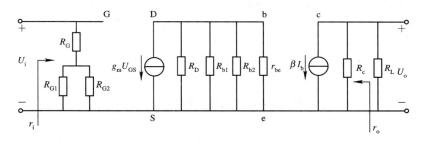

题解 3.7 图

3.8~3.12 略

3.13 (1) V_1、V_3、V_4 为 NPN 管，V_2 为 PNP 管，V_1、V_3 管复合为 NPN 型管，V_2、V_4 管复合为 PNP 型管；

  (2) $P_{o(max)} = 16 \text{ W}$，

  (3) $P_o = 12.5 \text{ W}$。

3.14、3.15 略

思考与习题四

4.1 略

4.2 (a) R_f，电压并联负反馈；

  (b) R_{e1}，电流串联负反馈；

  (c) R_f，级间电压并联负反馈；R_e，后级电压串联负反馈；

  (d) R_e，本级和级间电流串联负反馈；

  (e) R，级间电流串联负反馈；

  (f) R_e，末级电流串联负反馈；R_f，级间电流并联负反馈；

  (g) 电压串联负反馈。

4.3 电压串联负反馈。

4.4 (a) 交直流负反馈；(b) 直流负反馈；(c) 交直流负反馈；(d) 交流负反馈。

4.5 (a) 电流并联负反馈；(b) 电流串联负反馈；

  (c) 电流并联负反馈；(d) 电压并联正反馈。

4.6 (e) $A_{uf} = \dfrac{R_L}{R}$；(f) $A_{uf} = \dfrac{R_c}{R_i}\left(1 + \dfrac{R_f}{R_i}\right)$；(g) $A_{uf} = 1$。

4.7 $A_{uf} = \dfrac{R_1 + R_f + R_2}{R_1 R_2} R_L$。

4.8   (a) R 支路、负反馈、电流并联负反馈。

       (b) $R_1 R_2$ 支路、负反馈、电压串联负反馈。

思考与习题五

5.1、5.2   略

5.3   (1) 图(a)为电压并联负反馈，图(b)为电压串联负反馈；

      (2) 图(a) $U_o = -\dfrac{R_f}{R_1} U_i$，图($b$) $U_o = \left(1 + \dfrac{R_f}{R_1}\right) U_i$。

5.4   (1) $U_{o1} = -\dfrac{R_2}{R_1} U_i$，$U_o = U_{o1} = -\dfrac{R_2}{R_1} U_i$；

      (2) 它是一个电压跟随器，输入电阻越高，输出电阻越小，性能很稳定。

5.5   略

5.6 $U_o = 5.4$ V。

5.7 $U_{21} = 2\dfrac{R_f}{R_1} U_i$。

5.8 $U_o = -50$ mV。

5.9   (1) $U_o = -4$ V；

      (2) $U_o = -8$ V；

      (3) $U_o = -15$ V。

5.10～5.13   略。

思考与习题六

6.1、6.2   略

6.3 $A = 50$。

6.4   (a)、(b)不能满足，(c)、(d)、(e)能满足。

6.5   略

6.6   (a)、(b)、(f) 有错误，正确见题解 6.6 图(a)、(b)、(f)；

      (c)、(d)、(e)、(h)正确；(g)有错误，正确为(h)。

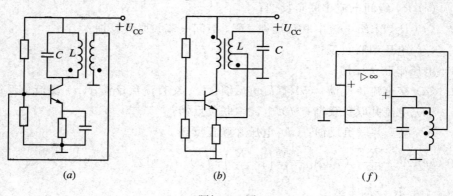

题解 6.6 图

6.7 略

6.8 见题解 6.8 图。

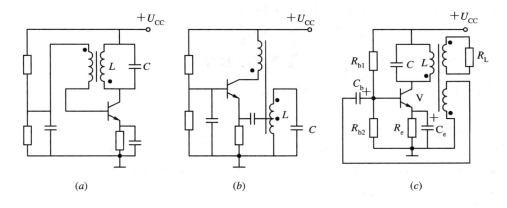

题解 6.8 图

6.9 略

思考与习题七

7.1 略

7.2 （1）变成半波整流电路；

（2）二极管 V_{D2} 和变压器副边线圈可能烧坏；

（3）变压器副边线圈和 V_{D1}、V_{D2} 过流以致被烧坏；

（4）电路无输出，$U_o = 0$；

（5）变成半波整流电路。

7.3 （1）$U_{o1} = 45$ V，$U_{o2} = 9$ V；U_{o1}、U_{o2} 极性如题解 7.3 图所示；

（2）$I_1 = 50$ mA，$I_2 = I_3 = 5$ mA，$U_{RM1} = 141.4$ V，$U_{RM2} = U_{RM3} = 28.28$ V。

7.4 （1）变成半波整流电路，整流管承受的反向电压很低；

（2）$R = 990$ Ω。

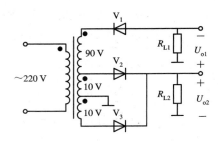

题解 7.3 图

7.5 （1）$U_o = 22.5$ V；

（2）$I_F = 0.25$ A，$U_R > 35.4$ V。

7.6 （1）R_{L1}、R_{L2} 两端均为单相全波整流电路波形；

（2）$U_{o1} = U_{o2} = 22.5$ V；

（3）U_{o1} 变成单相半波整流输出，$U_{o1} = 11.25$ V；U_{o2} 不变，仍为全波整流波形。

7.7 60 Ω < R < 300 Ω。

7.8 $U_i = 24$ V 时，$U_o = 6$ V；$U_i = 12$ V 时，$U_o = 4$ V。

7.9 （1）电容 $C_1 \sim C_4$ 极性均为上正下负；

(2) $U_{o1}=+15$ V；$U_{o2}=-15$ V；

(3) 两稳压器功耗 P_{CM} 均为 9 W。

7.10　$\alpha=0°$ 时，$U_o=198$ V，$I_o=198$ mA；

$\alpha=90°$ 时，$U_o=99$ V，$I_o=99$ mA。

思考与习题八

8.1～8.4　略

8.5　(1) $(407)_D$；

(2) $(19)_D$；

(3) $(973)_D$。

8.6　(1) $(10000000101)_B$；(2) $(100010)_B$；(3) $(1000000000100)_B$。

8.7　(1) $(55)_O=(2D)_H$；

(2) $(1100100)_B=(144)_O=(64)_H$；

(3) $(0111110011100011)_B=(76343)_O$；

(4) $(100011110)_B=(11E)_H$。

8.8　(1) $(000100100011)_{BCD}$；

(2) $(100001011001)_{BCD}$；

(3) $(1562)_D$；(4) $(9180)_D$。

8.9～8.10　略

8.11　(1) A+B；(2) 0；(3) B；(4) A+B；

(5) DE；

(6) $BC\overline{D}+BD+ABC+B\overline{C}$；

(7) $D+A\overline{B}+\overline{B}C$；

(8) $D+C+\overline{A}B$；

(9) 令 $AD+\overline{A}\,\overline{D}=Y$，则原式 $=\overline{Y}B+YC+BC$

8.12　(1) $\sum m(3, 5, 6, 7)$；

(2) $\sum m(2, 3, 7)$；

(3) $\sum m(14, 15)$；

(4) $\sum m(1, 3, 5, 7, 9, 10, 11, 13, 15)$。

8.16～8.14　略

思考与习题九

9.1～9.5　略

9.6　$F_1=\overline{\overline{A+B}}$；$F_2=\overline{\overline{AB}}$；$F_3=\overline{\overline{AB}+\overline{AB}}$；$F_4=\overline{\overline{AB}\cdot\overline{CD}}$。

9.7　$F=\overline{A\,\overline{AB}\cdot B\,\overline{AB}\cdot C\,\overline{AB}}$。

9.8　$F=\overline{A}B+\overline{A}B+A\overline{B}$ 或 $F=\overline{A}B$。

9.9　(1) $F=\overline{ABC}$；

(2) $F = \overline{\overline{A} \cdot \overline{B} \cdot \overline{C}}$；

(3) $F = \overline{\overline{ABC} \cdot \overline{DEG}}$；

(4) $F = \overline{\overline{A} \cdot \overline{B} \cdot \overline{C}}$；

(5) $F = \overline{\overline{A\overline{B}} \cdot \overline{\overline{A}B}}$；

(6) $F = \overline{A\overline{B} \cdot \overline{A}B}$；

(7) $F = \overline{\overline{AB} \cdot \overline{A\overline{C}} \cdot \overline{BC}}$；

(8) $F = \overline{A\overline{B} \cdot \overline{A}\overline{C} \cdot \overline{AB}C}$。

9.10　(a) 1、2、3、5 图能实现逻辑非；(b) 1、3、4 图能实现逻辑非。

9.11　1、3 图接法正确。

思考与习题十

10.1～10.5　略

10.6　$F = AB + CD + \overline{E} = \overline{\overline{AB} \cdot \overline{CD} \cdot E}$。

10.7　分别写出四个输出函数表达式：

$Y_4 = X_4$；

$Y_3 = X_4 \oplus X_3 = X_4\overline{X}_3 + \overline{X}_4 X_3$；

$Y_2 = X_4 \oplus X_2 = X_4\overline{X}_2 + \overline{X}_4 X_2$；

$Y_1 = X_1$。

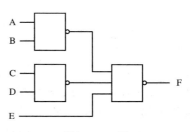

题解 10.7 图

将变量 $X_4 \sim X_1$ 作为输入变量，函数 $Y_4 \sim Y_1$ 作为输出变量，列出真值表，如题解表 10.7 所示。

题解表 10.7　真　值　表

输　　入				输　　出				输　　入				输　　出			
X_4	X_3	X_2	X_1	Y_4	Y_3	Y_2	Y_1	X_4	X_3	X_2	X_1	Y_4	Y_3	Y_2	Y_1
0	0	0	0	0	0	0	0	0	0	0	0	0	0	0	0
0	0	0	1	0	0	0	1	0	0	0	1	0	0	0	1
0	0	1	0	0	0	1	0	0	0	1	0	0	0	1	0
0	0	1	1	0	0	1	1	0	0	1	1	0	0	1	1
0	1	0	0	0	1	0	0	0	1	0	0	0	1	0	0
0	1	0	1	0	1	0	1	0	1	0	1	0	1	0	1
0	1	1	0	0	1	1	0	0	1	1	0	0	1	1	0
0	1	1	1	0	1	1	1	0	1	1	1	0	1	1	1
1	0	0	0	1	1	1	0	1	1	1	0	1	0	0	0
1	0	0	1	1	1	1	1	1	1	1	1	1	0	0	1

分析题解表 10.7 可知，当输入 $X_4 \sim X_1$ 为 8421 码时，输出为 2421 码，当输入为 2421

码时，输出为 8421 码，该电路是一个 8421 码和 2421 码的互换电路。

10.8　$F = a \oplus b = A \oplus B \oplus C \oplus D$。

该电路是一个四输入变量的奇数校验电路。真值表如题解表 10.8 所示。

题解表 10.8　真　值　表

A	B	C	D	F	A	B	C	D	F
0	0	0	0	0	1	0	0	0	1
0	0	0	1	1	1	0	0	1	0
0	0	1	0	1	1	0	1	0	0
0	0	1	1	0	1	0	1	1	1
0	1	0	0	1	1	1	0	0	0
0	1	0	1	0	1	1	0	1	1
0	1	1	0	0	1	1	1	0	1
0	1	1	1	1	1	1	1	1	0

10.9　$F = \overline{A}BC + A\overline{B}C + AB\overline{C} + ABC = AB + BC + CA$。

真值表如题解表 10.9 所示。

题解表 10.9　真　值　表

输　　入			输出函数
A	B	C	F
0	0	0	0
0	0	1	0
0	1	0	0
0	1	1	1
1	0	0	0
1	0	1	1
1	1	0	1
1	1	1	1

10.10　提示：令 A、B、C 分别代表装在一、二、三楼上的三个电灯开关，假设开关向上为 1，向下为 0；F 表示电灯的亮灭，并规定 F＝1 表示灯亮，F＝0 表示灯灭。

$$F = \overline{A}\,\overline{B}C + \overline{A}B\overline{C} + A\overline{B}\,\overline{C} + ABC = A \oplus B \cdot \overline{C} + \overline{A \oplus B} \cdot C = A \oplus B \oplus C$$

真值表如题解表 10.10 所示。

题解表 10.10　真　值　表

A	B	C	F
0	0	0	0
0	0	1	1
0	1	0	1
0	1	1	0
1	0	0	1
1	0	1	0
1	1	0	0
1	1	1	1

10.11　$f = m_0 + m_2 + m_3 + m_6 + m_7 = \overline{m}_1 \cdot \overline{m}_4 \cdot \overline{m}_5 = \overline{Y}_1 \cdot \overline{Y}_4 \cdot \overline{Y}_5$

其逻辑电路如题解 10.11 图所示。

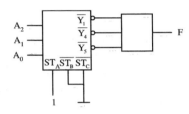

题解 10.11 图

10.12　$S = A\overline{B}\overline{C}_{i-1} + \overline{A}B\overline{C}_{i-1} + \overline{A}\overline{B}C_{i-1} + ABC_{i-1}$

$= (A \oplus B)\overline{C}_{i-1} + (A \odot B)C_{i-1} = A \oplus B \oplus C_{i-1}$

$C_i = \overline{A}B\overline{C}_{i-1} + \overline{A}BC_{i-1} + A\overline{B}C_{i-1} + ABC_{i-1} = \overline{A}B + (A \odot B)C_{i-1}$

题解表 10.12　真　值　表

A	B	C_{i-1}	S	C_i
0	0	0	0	0
1	0	0	1	1
0	1	0	1	1
1	1	0	0	0
0	0	1	1	1
1	0	1	0	0
0	1	1	0	1
1	1	1	1	1

10.13

$X_1 = \overline{A}\overline{B}CD + \overline{A}B\overline{C}D + \overline{A}BC\overline{D} + \overline{A}BCD + A\overline{B}\overline{C}D + A\overline{B}CD + AB\overline{C}D + AB\overline{C}\overline{D}$

$+ ABC\overline{D} + ABCD$

$X_2 = \overline{A}\overline{B}\overline{C}D + \overline{A}\overline{B}C\overline{D} + \overline{A}B\overline{C}\overline{D} + \overline{A}BCD + A\overline{B}\overline{C}\overline{D} + A\overline{B}CD + AB\overline{C}D + ABC\overline{D}$

化简后:

$X_1 = (A \oplus B)D + (A \oplus D)\overline{B}C + AB\overline{C} + BC\overline{D}$

$$X_2 = (A \oplus B) + (C \oplus D)$$

题解表 10.13   真   值   表

A	B	C	D	X₁	X₂	A	B	C	D	X₁	X₂
0	0	0	0	0	0	1	0	0	0	0	1
0	0	0	1	0	1	1	0	0	1	1	1
0	0	1	0	0	1	1	0	1	0	1	1
0	0	1	1	1	0	1	0	1	1	1	1
0	1	0	0	0	1	1	1	0	0	1	0
0	1	0	1	1	0	1	1	0	1	1	1
0	1	1	0	1	0	1	1	1	0	1	1
0	1	1	1	1	1	1	1	1	1	0	0

10.14 $X_3 = A\overline{B}\,\overline{C} + A\overline{B}C + AB\overline{C} + ABC + A\overline{B} + AB = A$

$X_2 = \overline{A}B$

$X_1 = \overline{A}\,\overline{B}C$

题解表 10.14   真   值   表

A	B	C	X₃	X₂	X₁
0	0	0	0	0	0
0	0	1	0	0	1
0	1	0	0	1	0
0	1	1	0	1	0
1	0	0	1	0	0
1	0	1	1	0	0
1	1	0	1	0	0
1	1	1	1	0	0

思考与习题十一

11.1～11.6   略

11.7

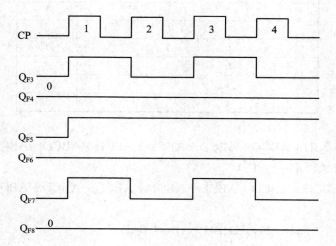

11.8

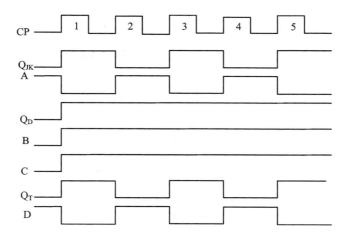

11.9

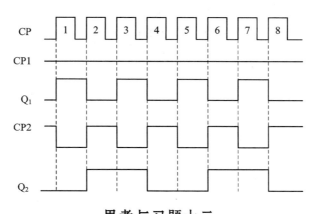

思考与习题十二

12.1 六进制计数器；状态转移图如题解 12.1 图所示。

12.2～12.4 略

12.5

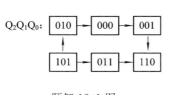

题解 12.1 图

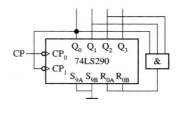

题解 12.5 图

12.6～12.9 略

思考与习题十三

13.1～13.8 略

13.9 $C = 826\ \mu\mathrm{F}$。

13.10   (1) $t_{\mathrm{w}} = 33\ \mathrm{s}$；(2) 略。

13.11 $T = 12.6\ \mathrm{ms}$。

13.12   移至上端时：$f = 6.2\ \mathrm{kHz}$，$D = 0.083$；移至下端时：$f = 11\ \mathrm{kHz}$；$D = 0.917$。

13.13   略

13.14   略

思考与习题十四

14.1～14.8   略

14.9   5.7 V。

14.10   1010。

14.11 $S_4 S_2 S_1$ 接 E_{R}，$S_3 S_0$ 接地；8.25 V。

14.12 $-2.46 E_{\mathrm{R}}$。

14.13 $r_7 = 10\ \mathrm{k\Omega}$，$r_5 = 40\ \mathrm{k\Omega}$，$r_4 = 80\ \mathrm{k\Omega}$，$r_3 = 160\ \mathrm{k\Omega}$。

$r_2 = 320\ \mathrm{k\Omega}$，$r_1 = 640\ \mathrm{k\Omega}$，$r_0 = 1280\ \mathrm{k\Omega}$。

14.14   略

附　　录

附录一　半导体器件型号组成部分的符号及其意义

半导体分立器件的型号五个组成部分的基本意义如下：

第一部分　第二部分　第三部分　第四部分　第五部分

- 用字母表示规格号
- 用数字表示序号
- 用字母表示类型
- 用字母表示材料和极性
- 用数字表示电极数目

一些半导体分立器件的型号由一～五部分组成，另一些半导体分立器件的型号仅由三～五部分组成。

第一部分		第二部分		第 三 部 分				第四部分	第五部分
用数字表示电极数目		用字母表示材料和极性		用字母表示类型				用数字表示序号	用字母表示规格号
符号	意义	符号	意　义	符号	意　义	符号	意　义		
2	二极管	A B C D	N 型、锗材料 P 型、锗材料 N 型、硅材料 P 型、硅材料	P V W C Z	普通管 微波管 稳压管 参量管 整流管	B J CS BT	雪崩管 阶跃恢复管 场效应管 半导体特殊器件		
3	三极管	A B C D E	PNP 型、锗材料 NPN 型、锗材料 PNP 型、硅材料 NPN 型、硅材料 化合物材料	L S N U K X G D A T Y	整流堆 隧道管 阻尼管 光电器件 开关管 低频小功率管 ($f_a<3\ \text{MHz}$, $P_C<1\,\text{W}$) 高频小功率管 ($f_a>3\ \text{MHz}$, $P_C<1\ \text{W}$) 低频大功率管 ($f_a<3\ \text{MHz}$, $P_C\geqslant 1\ \text{W}$) 高频大功率管 ($f_a>3\ \text{MHz}$, $P_C\geqslant 1\ \text{W}$) 可控整流器 体效应管	FH PIN JG ZL QL SX DH SY GS GF GR GD GT GH GK	复合管 PIN 型号 激光器件 整流管阵列 硅桥式整流器 双向三极管 电流调整管 瞬时抑制二极管 光电子显示器 发光二极管 红外发射二极管 光敏二极管 光敏晶体管 光耦合器 光开关管		

附录二　国产硅半导体整流二极管选录

部标型号	旧型号	额定正向整流电流 I_F/A	正向压降(平均值) U_F/V	反向电流 $I_R/\mu A$ 125 ℃	140 ℃	50 ℃	不重复正向浪涌电流 I_{SVR}/A	工作频率 f/kHz	最高结温 $T_{JM}/℃$	散热器规格或面积
2CZ50		0.03	≤1.2	80			0.6			
2CZ51		0.05					1			
2CZ52A~H	2CP10~20	0.10	≤1.0	100		5	2		150	
2CZ53C~K	2CP21~28	0.30					6			
2CZ54B~G	2CP33A~I	0.50				10	10			
2CZ55C~M	2CZ11A~J	1					20	3		60 mm×60 mm×1.5 mm 铝板
2CZ56C~K	2CZ12A~H	3			1000		65			80 mm×80 mm×1.5 mm 铝板
2CZ57C~M	2CZ13B~K	5	≤0.8			20	105			100 cm²
2CZ58	2CZ10	10			1500	30	210		140	200 cm²
2CZ59	2CZ20	20			2000	40	420			400 cm²
2CZ60	2CZ50	50			4000	50	900			600 cm²

注：部标硅半导体整流二极管最高反向工作电压 U_{RM} 规定：

分挡标志	A	B	C	D	E	F	G	H	I	J	K	M	N	P	Q	R	S	T	U	V	W	X
U_{RM}/V	25	50	100	200	300	400	500	600	700	800	900	1000	1200	1400	1600	1800	2000	2200	2400	2600	2800	3000

附录三 1N 系列、1S 系列低频整流二极管的主要参数及与国产二极管的型号代用

参 数 型 号	最高反向 工作电压 /V	额定整 流电流 /A	最大正 向压降 /V	反向 电流 /μA	代用型号
1N4001/A	50	1	≤1	≤10	2CZ11K
1N4002/A	100	1	≤1	≤10	2CZ11A
1N4003/A	200	1	≤1	≤10	2CZ11B
1N4004/A	400	1	≤1	≤10	2CZ11D
1N4005	600	1	≤1	≤10	2CZ11F
1N4006	800	1	≤1	≤10	2CZ11H
1N4007	1000	1	≤1	≤10	2CZ1H
1N5391	50	1.5	≤1	≤10	2CZ86B
1N5392	100	1.5	≤1	≤10	2CZ86C
1N5393	200	1.5	≤1	≤10	2CZ86D
1N5394	300	1.5	≤1	≤10	2CZ86E
1N5395	400	1.5	≤1	≤10	2CZ86F
1N5396	500	1.5	≤1	≤10	2CZ86G
1N5397	600	1.5	≤1	≤10	2CZ86H
1N5398	800	1.5	≤1	≤10	2CZ86J
1N5399	1000	1.5	≤1	≤10	2CZ86K
1N5400	50	3	≤1.2	≤10	2CZ12、2CZ56B
1N5401	100	3	≤1.2	≤10	2CZ12A、2CZ56C
1N5402	200	3	≤1.2	≤10	2CZ12C、2CZ56D
1N5403	300	3	≤1.2	≤10	2CZ12D、2CZ56E
1N5404	400	3	≤1.2	≤10	2CZ12E、2CZ56F
1N5405	500	3	≤1.2	≤10	2CZ12F、2CZ56G
1N5406	600	3	≤1.2	≤10	2CZ12G、2CZ56H
1N5407	800	3	≤1.2	≤10	2CZ12H、2CZ56J
1N5408	1000	3	≤1.2	≤10	2CZ12I、2CZ56K
1S1553	70	0.1	≤1.4	≤5	2CZ82C
1S555	35	0.1	≤1.4	≤5	2CZ82B
1S1886	200	1	≤1.2	≤10	1N4003～1N4007
1S1886A	200	0.2	≤1	≤10	2CZ83D
1S1887	400	1	≤1.2	≤10	1N4005～1N4007
1SR35～100A	100	1	≤1.1	≤10	1N4002～1N4007
1SR35～200A	200	1	≤1.1	≤10	1N4003～1N4007
1SR35～400A	400	1	≤1.1	≤10	1N4004～1N4007

附录四 国产某些硅稳压管的主要参数

部标型号	旧 型 号	最大耗散功率 P_{ZM}/mW	最大工作电流 I_{ZM}/mA	最高结温 T_M/°C	稳定电压 U_Z/V	电压温度系数 C_{TU}/$(10^{-4}/°C)$	动态电阻			
							r_{Z1}/Ω	I_{Z1}/mA	r_{Z2}/Ω	I_{Z2}/mA
2CW50	2CW9	250	83	150	1.0~2.8	≥-9	300	1	50	10
51	2CW7, 2CW10		71		2.5~3.5	≥-8	400		60	
52	WCW7A, 2CW11		55		3.2~4.5		550		70	
53	2CW7B, 2CW12		41		4.0~5.8	-6~4			50	
54	2CW7C, 2CW13		38		5.5~6.5	-3~5	500		30	
55	2CW7D, 2CW4		33		6.2~7.5	≤6	400		15	
56	2CW7E, 2CW15	250	27	150	7.0~8.8	≤7	400	1	15	5
57	2CW6A; 2CW6B, 2CW7F		26		8.5~9.5	≤8			20	
58	2CW16; 2CW7G, 2CW17		23		9.2~10.5				25	
59	2CW6C; 2CW6B		20		10.0~11.8	≤9			30	
60	2CW6E, 2CW19		19		11.5~12.5				40	
2CW72	2CW1	250	29	150	7.0~8.8	≤7	12	1	6	5
73	2CW2		25		8.5~9.5	≤8	18		10	
74	2CW3		23		9.2~10.5	≤9	25		12	
75	2CW4		21		10~11.8		30		15	
76	2CW5		20		11.5~12.5	≤9.5	35		18	
77	2CW5		18		12.2~14				18	
78	2CW6		14		13.5~17		45		21	

附录五　国产某些半导体三极管的主要参数

1. 低频小功率三极管选录

新型号	原型号	最大集电极电流 I_{CM}/mA	集电极最大耗散功率 P_{CM}/mW	集-射反向击穿电压 $U_{CE(BR)}$/V	电流放大系数 β	集-基反向饱和电流 I_{CBO}/μA
3AX51A	3AX17	100	100	12	40~150	≤12
3AX51B	3AX31			12	40~150	
3AX51C				18	30~100	
3AX51D				24	25~70	
3AX52A	3AX1~14	150	150	12	40~150	≤12
3AX52B	3AX18~23			12	40~150	
3AX52C	3AX34			18	30~100	
3AX52D				24	25~70	
3AX53A	3AX81	200	200	12	30~200	≤20
3AX53B	3AX45	300		18		
3AX53C		300		24		
3AX54A	3AX25	160	200	35		≤100
3AX54B				40	20~110	≤100
3AX54C				60		≤50
3AX54D				70		≤50
3AX55A	3AX61~63	500	500	20	30~150	≤80
3AX55B				30		
3AX55C				45		
3BX31A		125	125	≥10	30~200	≤20
3BX31B				≥15	50~150	≤15
3BX31C				≥20		≤10
3BX81A		200	200	10	30~250	≤30
3BX81B				20	30~200	≤15
3BX81C				10	30~250	≤30

2. 低频大功率三极管选录

新型号	原型号	最大集电极电流 I_{CM}/A	集电极最大耗散功率 P_{CM}/W	集-射反向击穿电压 $U_{CE(BR)}$/V	电流放大系数 β	集-基反向饱和电流 I_{CBO}/mA
3AD50A	3AD6A	3	10	≥18	20~140	≤0.3
3AD50B	3AD6B			≥24		
3AD50C	3AD6C			≥30		
3AD53A	3AD30A	6	20	≥12	20~140	≤0.5
3AD53B	3AD30B			≥18		
3AD53C	3AD30C			≥24		
3AD57A	3AD725	20	100	≥20	20~140	≤1.2
3AD57B	3AD725					
3AD57C	3AD725					
	3BD6A	2	10	12	12~150	≤0.4
3BD6B	3BD6B			24		≤0.3
	3BD6C			30		≤0.3
3DD64A	3DD6A	5	50	≥30	≥10	≤0.5
3DD64B	3DD6B			≥50		
3DD64C	3DD6C			≥80		
3DD64D	3DD6D			≥100		
3DD64E	3DD6E			≥150		

注: 大功率管需加相应的散热器。

附录六　90XX 系列高频小功率管的主要参数

型号	极限参数			直流参数			交流参数		类型
	P_{CM} /mW	I_{CM} /mA	$U_{(BR)CEO}$ /V	I_{CEO} /μA	$U_{CE(sat)}$ /V	β	f_T /MHz	C_{ob} /pF	
CS9011 E F G H I	300	100	18	0.05	0.3	28 / 39 / 54 / 72 / 97 / 132	150	3.5	NPN
CS9012 E F G H	600	500	25	0.5	0.6	64 / 78 / 96 / 118 / 144	150		PNP
CS9013 E F G H	400	500	25	0.5	0.6	64 / 78 / 96 / 118 / 144	150		NPN
CS9014 A B C D	300	100	18	0.05	0.3	60 / 60 / 100 / 200 / 400	150		NPN
CS9015 A B C D	310 / 600	100	18	0.05	0.5 / 0.7	60 / 60 / 100 / 200 / 400	50 / 100	6	PNP
CS9016	310	25	20	0.05	0.3	28～97	500		NPN
CS9017	310	100	12	0.05	0.5	28～72	600	2	NPN
CS9018	310	100	12	0.05	0.5	28～72	700		NPN

附录七　部分国外模拟集成电路型号的识别

前缀	公司代号	前缀	公司代号	前缀	公司代号
AD	AD	MH	Mitel	G	IMI
AM	AMD	MT	Mitel	HA	Harris
AY	GI	NE	SIC	KC	SONY
CA	RCA	RM	RTN	LC	GI
CDP	RCA	SAB	SIEG	μPC	NEC
CX	SONY	SL	PLSB	XR	Exar
EA	NEC-EA	TAA	Pro. E	MK	MOSTEK（MK）
HA	Hitachi	TL	TII	N	SIC
ICL	Intersil	LP	NSC	RC	RTN
LA	Sanyo	M	Mitsubishi	RSN	TII
LF	NSC	ADC	NSC	SH	FSC
LH	NSC	AN	Panasonic	TA	Toshiba
LG	GI	BA	东具（日）	TCA	ALGG
LM	NSC	CD	NSC	μA	FSC
MA	Mitel	CS	Cherry	UL	SPR
MC	MOTA	DAC	NSC		

注：选自朱达斌等编《模拟集成电路的特性及应用》（航空工业出版社出版）。

附录八　部分常用集成运放的性能参数

型号	单运放	双运放	四运放	场效应管型	失调电压可调	外补偿	最小增益	总电源电压最小/V	总电源电压最大/V	电源电流/mA	输入电压失调典型/mV	输入电压失调最大/mV	漂移典型/(μV/°C)	漂移最大/(μV/°C)	输入电流失调典型/nA	输入电流失调最大/nA	偏置典型/nA	偏置最大/nA	转换速率典型/(V/μs)	带宽典型/MHz	电源电压抑制比最小/dB	电源电压抑制比典型/dB	共模抑制比最小/dB	共模抑制比典型/dB	电压放大倍数最小(×1000)	电压放大倍数典型(×1000)	最大输出电流/mA	最大差模输入电压/V
741型																												
741C	√				√		1	10	36	2.8	2	6	—	—	20	200	80	500	0.5	1.2	70	90	76	90	20	200	20	30
OP01E	√				√		1	10	44	3	1	2	3	10	1	5	20	50	18	2.5	80	100	80	100	50	100	6	30
OP02E	√				√		1	10	44	2	0.3	0.5	2	8	0.5	2	18	30	0.5	1.3	90	110	90	110	100	250	6	30
OP11E					√		5	10	44	6	0.3	0.5	2	10	4	20	180	300	1	4	110	120	90	110	100	650	6	30
349			√				5	10	36	4.5	1	6	—	—	0.002	50	30	200	2	1	70	90	77	96	25	160	15	36
AD5121	√					√	1	10	36	1.5	—	—	—	5	—	—	—	0.025	3	1	80	—	80	—	300	—	10	20
AD741L	√				√		1	10	44	2.8	0.2	0.5	2	5	2	5	30	50	0.5	1	90	110	96	106	50	200	15	30
748C	√				√	√	U	10	36	3.3	2	6	4	—	20	200	80	500	0.5	1.2	70	90	76	90	50	200	15	30
μA777	√				√	√	U	10	44	2.8	0.7	5	4	30	0.7	20	25	100	0.5	1	70	95	76	96	25	250	20	30
1458S		√			√		1	8	36	12	—	6	—	—	30	200	200	500	20	1	70	90	76	100	20	100	10	30
1741S	√				√		1	6	44	3.5	0.7	5	3	—	8	20	30	150	12	1	80	90	80	100	50	200	10	30
ULN2171	√				√		1	7	40	3.1	1.5	5	5	20	3	50	70	300	1.5	4	—	100	70	100	25	100	—	30
4131				√	√	√	1	4	36	1.9	1	5	5	—	30	—	60	—	1.6	3.5	80	100	80	—	25	160	10	30
HA4741	√				√		1	10	40	7	1	5	5	—	—	—	—	—	1.6	3	74	—	80	—	25	50	10	30
LF13741	√			√	√		1	10	36	4	5	15	10	—	0.01	0.05	0.05	0.2	0.5	1	70	90	77	96	25	100	15	30
4136型																												
4136C			√		√		1	10	36	11	0.5	6	—	—	5	200	40	500	1.0	3.5	70	90	76	90	20	300	20	30
1456	√				√		1	10	36	3	5	10	5	—	5	10	15	30	2.5	19	70	110	74	84	70	100	5	40
RC4156			√		√		5	6	40	7	1	5	—	—	30	50	60	300	1.6	2.5	80	—	80	—	25	100	20	30
RC4157			√		√		1	6	40	7	1	5	5	—	30	50	60	300	8	8	80	—	80	—	25	100	20	30
4558C		√					1	10	36	5.6	2	6	—	—	30	200	80	500	1.0	70	70	—	74	84	20	200	15	30
HA4605			√				10	10	40	6.5	0.5	3.5	2	—	30	100	130	300	4	1	80	—	80	—	75	250	10	7
HA4625			√				10	10	40	6.5	0.5	3.5	2	—	30	100	130	300	20	1	80	—	80	—	75	250	10	7
301型																												
301A	√				√	√	U	10	44	2.5	8	7.5	6	30	3	50	70	250	0.5	1	—	90	70	96	25	160	10	30
AD301AL	√				√	√	U	10	44	3	0.3	0.5	2	5	3	5	15	30	0.5	1	—	100	—	100	—	300	10	30
307	√				√		1	10	44	2.5	2	7.5	6	30	3	50	70	250	0.5	1	70	90	70	96	15	—	10	30
NE5534	√				√	√	3	6	44	8	0.5	4	—	—	20	300	500	1500	6	10	80	100	80	100	25	100	20	0.5

注：选自朱达斌等编《模拟集成电路的特性及应用》（航空工业出版社出版）。"√"表示选定，"—"表示不存在。

附录九　W7800 系列三端集成稳压器的主要性能参数

电参数 名　称	输出 电压	输入直 流电压	最大输 入电压	最小输 入电压	电压调 整率	电流调 整率①	输出 电阻	最大输 出电流	峰值输 出电流	输出电 压温漂	最大耗散 功率②
符号	U_O	U_I	U_{Imax}	U_{Imin}	S_V	S_i	r_o	I_{OM}	I_{OP}	S_T	
单位	V	V	V	V	%/V	%	mΩ	A	A	mV/℃	W
W7805A	5	10	35	7	0.1	0.1	17	1.5	3.5	1.1	15
W7806A	6	11	35	8	0.1	0.1	17	1.5	3.5	0.8	15
W7809A	9	14	35	11	0.1	0.1	17	1.5	3.5	1	15
W7812A	12	19	35	14.5	0.1	0.1	18	1.5	3.5	1	15
W7815A	15	23	35	17.5	0.1	0.1	19	1.5	3.5	1	15
W7818A	18	26	35	20.5	0.1	0.1	22	1.5	3.5	1	15
W7824A	24	33	40	27	0.1	0.1	28	1.5	3.5	1.5	15

注：① $S_i = \Delta U_L / U_L \times 100\%$（电流由 $0 \to I_{OM}$）。

② 加 200 mm×200 mm 的散热片。

附录十　W117M/W117/W317M/W317 三端可调正压稳压器性能参数

参数名称	符号	测　试　条　件		单位	W117M	W117	W317M	W317
电压调整率	S_U	$3\text{ V} \leqslant U_I - U_O \leqslant 40\text{ V}$		%	0.02	0.02	0.04	0.04
电流调整率	S_I	$10\text{ mA} \leqslant I_O \leqslant I_{OM}$ $U_O = 5\text{ V}$		%	0.3	0.3	0.5	0.5
调整端电流	I_W			μA	50	50	50	50
调整端电流变化	ΔI_W	$10\text{ mA} \leqslant I_O \leqslant I_{OM}$ $2.5\text{ V} \leqslant U_I - U_O \leqslant 40\text{ V}$		μA	0.5	0.5	1	1
基准电压	U_{REF}	$3\text{ V} \leqslant U_I - U_O \leqslant 40\text{ V}$ $10\text{ mA} \leqslant I_O \leqslant I_{OM}$		V	1.25	1.25	1.25	1.25
温度稳定性		$T_L \leqslant T_j \leqslant T_H$		%	0.7	0.7	0.7	0.7
最小负载电流	I_{Omin}			mA	5	5	5	5
电流限制	I_{OM}	$U_I - U_O \leqslant 15\text{ V}$	A		0.7	2.2	0.7	2.2
		$U_I - U_O \leqslant 40\text{ V}$			0.1	0.4	0.1	0.4
波纹抑制比	S_R	$U_O = 10\text{ V}$ $f = 120\text{ Hz}$	无电容 C_{ADi}	dB	65	65	65	65
			$C_{ADi} = 10\mu F$		80	80	80	80
输出噪声	N_F	$10\text{ Hz} \sim 10\text{ kHz}$		%	0.003	0.003	0.003	0.003
长期稳定性		$T = 25\text{ ℃}$		%	0.3	0.3	1	1
热　阻 （结-外壳）	R_{jc}	塑料外壳、金属外壳		℃/W	5	3	5	3
					16	15	16	15

附录十一 常用逻辑符号对照表

名　称	国标符号	曾用符号	国外流行符号
与门			
或门			
非门			
与非门			
或非门			
与或非门			
异或门			
同或门			
集电极开路的 与门			
三态输入的 非门			

名 称	国标符号	曾用符号	国外流行符号
传输门	TG	TG	
双向模拟开关	SW	SW	
半加器	Σ CO	HA	HA
全加器	Σ CI CO	FA	FA
基本RS触发器	S Q R $\overline{Q}$	S_d Q R_d $\overline{Q}$	S_d Q R_d $\overline{Q}$
同步 RS 触发器	S Q $C1$ R $\overline{Q}$	S Q CP R $\overline{Q}$	S Q CK R $\overline{Q}$
边沿(上升沿) D 触发器	S $1D$ $>C1$ R	D S_d Q CP R_d $\overline{Q}$	D S_d Q CK R_d $\overline{Q}$
边沿(下降沿) JK 触发器	S $1J$ $C1$ $1K$ R	J S_d Q CP K R_d $\overline{Q}$	J S_d Q CK K R_d $\overline{Q}$
脉冲触发(主从) JK 触发器	S $1J$ $C1$ $1K$ R	J S_d Q CP K R_d $\overline{Q}$	J S_d Q CK K R_d $\overline{Q}$
带施密特触发 特性的与门	& ⊓	⊓	⊓

附录十二　数字集成电路的型号命名法

1. TTL 器件型号组成的符号及意义

第 1 部分		第 2 部分		第 3 部分		第 4 部分		第 5 部分	
型号前缀		工作温度范围		器件系列		器件品种		封装形式	
符号	意义	符号	意义	符号	意义	符号	意义	符号	意义
CT SN	中国制造的 TTL 类型 美国 TEXAS 公司产品	54 74	−55℃～+125℃ 0℃～+70℃	H S LS AS ALS FAS	标准 高速 肖特基 低功耗肖特基 先进肖特基 先进低功耗肖特基 快捷先进肖特基	阿拉伯数字	器件功能	W B F D P J	陶瓷扁平 塑封扁平 全密封扁平 陶瓷双列直插 塑料双列直插 黑陶瓷双列直插

示例：

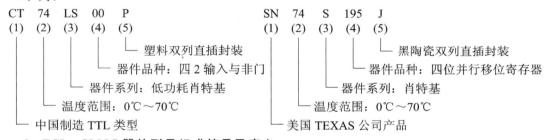

2. ECL、CMOS 器件型号组成符号及意义

第 1 部分		第 2 部分		第 3 部分		第 4 部分	
器件前缀		器件系列		器件品种		工作温度范围	
符号	意义	符号	意义	符号	意义	符号	意义
CC CD TC CE	中国制造的 CMOS 类型 美国无线电公司产品 日本东芝公司产品 中国制造 ECL 类型	40 45 145	系列符号	阿拉伯数字	器件功能	C E R M	0℃～70℃ −40℃～85℃ −55℃～85℃ −55℃～125℃

示例：

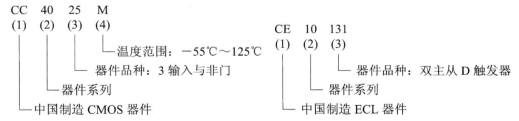

参 考 文 献

[1] 秦曾煌. 电工学(下册)[M]. 北京：高等教育出版社，2000.
[2] 江晓安. 模拟电子技术[M]. 西安：西安电子科技大学出版社，2016.
[3] 江晓安. 数字电子技术[M]. 西安：西安电子科技大学出版社，2016.
[4] 李雅轩. 模拟电子技术[M]. 西安：西安电子科技大学出版社，2000.
[5] 卢庆林. 模拟电子技术[M]. 重庆：重庆大学出版社，2013.
[6] 陈大钦. 电子技术基础实验[M]. 北京：高等教育出版社，1994.
[7] 刘忠全. 电子技术[M]. 北京：高等教育出版社，1999.
[8] 唐竞新. 模拟电子技术解题指南[M]. 北京：清华大学出版社，1998.
[9] 周连贵. 电子技术基础[M]. 北京：机械工业出版社，1998.